PHPフレームワーク

Laravel
入門

第2版

掌田　津耶乃・著

秀和システム

■本書で使われるサンプルコード・プロジェクトは、次のURLでダウンロードできます。

http://www.shuwasystem.co.jp/support/7980html/6099.html

■本書に掲載しているコードやコマンドが紙幅に収まらない場合は、見かけの上で改行しています (↵ で表しています) が実際に改行するとエラーになるので、1行に続けて記述して下さい。

■サンプルコードの中の《Validator》のような表記は、《 》内にそのクラスのインスタンスが入ることを示しています。

■本書について

1. macOS、Windows に対応しています。
2. 本書は Laravel 6.0 をベースに執筆をしていますが、Laravel 7.8（2020 年 4 月 28 日リリース）でも動作確認をしています。

■注意

1. 本書は著者が独自に調査した結果を出版したものです。
2. 本書は内容に万全を期して作成しましたが、万一誤り、記載漏れなどお気づきの点がありましたら、出版元まで書面にてご連絡ください。
3. 本書の内容に関して運用した結果の影響については、上記にかかわらず責任を負いかねますのであらかじめご了承ください。
4. 本書およびソフトウェアの内容に関しては、将来予告なしに変更されることがあります。
5. 本書の一部または全部を出版元から文書による許諾を得ずに複製することは禁じられています。

■商標

1. Microsoft、Windows は、Microsoft Corp. の米国およびその他の国における登録商標または商標です。
2. macOS は、Apple Inc. の登録商標です。
3. Apache は、Apache Software Foundation の米国およびその他の国における登録商標または商標です。
4. XAMPP および Apache Friends は、BitRock の登録商標です。
5. Laravel は、Taylor Otwell 氏の商標です。
6. その他記載されている会社名、商品名は各社の商標または登録商標です。

はじめに

ようこそ、PHP フレームワークの世界へ！

　PHPは、だれもが気軽に入れるWeb開発向けのプログラミング言語です。が、「**誰もが気軽に**」という利点は、欠点にもなり得ます。多くのPHPプログラマは他言語での本格的な開発経験があまりありません。プログラム開発の常道をあまり知らないまま開発し、さまざまなトラブルに遭遇してしまうことも多いのではないでしょうか。

　こうした多くのPHPプログラマの悩みを解消してくれるのが、プログラムのシステムそのものを提供してくれる「**フレームワーク**」です。PHPでは多くのフレームワークが使われていますが、中でも多くの開発者に支持され、ほぼデファクトスタンダードの地位を固めつつあるのが「**Laravel**」でしょう。

　Laravelは、SymfonyやComposerなどの技術を使い、非常に短い学習時間で本格的なアプリケーションを構築できます。またBladeという独自のテンプレートエンジンやEloquentというORMを搭載し、洗練された開発を実現します。これから新たにPHPのフレームワークを学ぼう、という人には、Laravelは格好の一本といえるでしょう。

　本書は、2017年に出版された『PHPフレームワークLaravel入門』の改訂版です。初版が出てから既に2年が経過し、その間、Laravelも着実にアップデートされて2019年秋にはLaravel 6がリリースされました。本書は、このLaravel 6をベースに解説を行います。

　本書では、Model-View-Controllerと呼ばれるフレームワークの中心部分の機能、そしてアプリケーション開発に役立つ各種の機能について解説しています。基本的には前著作の内容を踏襲しつつ、アップデートにより変更された部分については、最新バージョンに合わせた形で修正しました。

　本書とLaravelにより、「**フレームワークによるPHP開発**」という新しい世界を体験して下さい。今までのPHPに対するイメージが一新すること間違いないはずですよ。

2019年12月

掌田　津耶乃

目　次

Chapter 6 Eloquent ORM 235

Chapter 1

Laravelを準備する

ようこそ、Laravelへ！ まずはLaravelというフレームワークがどのようなものか、簡単に説明をしておきましょう。そして実際にLaravelが使えるように準備を整え、プロジェクトを作成して動かしてみましょう。

1-1 PHPフレームワークとLaravel

まずは、Laravelがどういうフレームワークかを理解し、Laravelを使えるようセットアップをしましょう。

PHP開発の問題点

PHPを使ってWeb開発を行っている人なら、おそらく一度や二度は「これ、なんとかならないかなぁ……」といったイライラに見舞われた経験があることでしょう。

PHPに限らず、どんな言語であれ、それなりにイライラの原因はあるものですが、PHPなどのライトウェイトな言語については、本格言語とは少し異なる事情があります。それは、プログラムを組んでいる多くの人が「プログラミング経験が比較的浅い人たち」である、という点です。

例えばC言語やJavaなどの開発に携わっている人は、それなりにプログラミングの経験を積んだ人が多いことでしょう。が、PHPなどのスクリプト言語は、誰でも手軽に扱うことができるため、それほどプログラミング経験のない人が自己流にプログラムを書いている、ということが多いように思えます。

もちろん、この「未経験者でもプログラミングできる」という手軽さが、PHPをここまで普及させることになった大きな要因でもあるのですが、しかしいつまでも「あまり経験がないまま、自己流にプログラミングしている」という状況を放っておくわけにはいきません。なぜなら、こうした自己流の開発は、いずれさまざまな問題を引き起こすことになりかねないからです。

セキュリティの問題

自己流プログラミングの最大の問題点は「セキュリティの甘さ」です。本格的にプログラミングの経験を積んだことがないと、セキュリティに関する認識がどうしても甘くなります。そもそも、「なんでセキュリティとか気にしないといけないの？」と疑問に思っている人もいるかもしれません。

単純な静的HTMLだけのページならまだしも、データベースなどの情報を元に動的にWebを生成するようなサイトになると、外部からの攻撃への対策を考えなければいけません。そうしたことをすべて自分で調べて解決していくのはかなり大変でしょう。

メンテナンスの問題

自己流に書いたソースコードというのは、そのときはいいのですが、しばらくたってから読み返すと、「なんでこんなことをしているんだろう？」と、理解できないように感じられることが多々あります。その時その時で思いついたやり方で書いている、という人が大半でしょうから、コーディングルールやデザインパターンなどもあまり考えずに書いているはずです。

なにより困るのは、他人への引き継ぎができない点です。何らかの理由で自分がメンテナンスできなくなり、他の人間にメンテナンスを移行することになると、メンテを任された人間はソースコードを見てかなり困惑するでしょう。

拡張性の問題

自分一人で考えて作ったものというのは、最初から拡張性や汎用性などを考えて設計することはあまりありません。なにしろ、自分しかプログラミングする人間はいないのですから、自分さえわかっていればいいや、とつい思ってしまいます。

が、例えばそのWebサービスが急に人気が高まったりしたときには、より大勢の人に快適に使ってもらえるようにシステムを改良や拡張する必要が生ずるでしょう。そうなると、途端に壁にぶつかることになります。機能をどう拡張すればいいのか、悩んでしまうのです。なにしろ、拡張性など考えずに作ってきたのですから。

結局、基本部分から全部作り直し、なんてことになってしまうことだってあるでしょう。最初からきちんと設計できていれば、そんな無駄な手間を掛けることもなかったのです。

図1-1：自分で開発する場合、セキュリティやメンテナンス性、拡張性などはすべて自分で実現しないといけない。

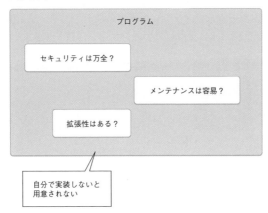

フレームワークの導入

こうした問題の多くは、「きちんとしたシステム設計」がなされていれば回避できます。とはいえ、プログラミング経験が豊富な人でない限り、この種の設計がささっとできるわけではありません。この種の技術は、一朝一夕に身につくものではないのですから。

そこで、「きちんと設計されたシステムそのものが手に入ればいいんじゃないか？」と誰もが考えるようになります。最初からセキュリティ、メンテナンス性、拡張性といったものを考えて設計されたシステム。それに基づいてプログラムを作成していけば、誰でも堅牢でわかりやすいプログラムが作成できる、そんなシステム。――どうです、そんなものがあれば、すぐにでも使いたいと思いませんか？

それが、「フレームワーク」と呼ばれるものなのです。

フレームワークは「システム」を提供する

フレームワークは、開発で多用されるさまざまな機能や仕組みをもったソフトウェアです。似たようなものに「ライブラリ」がありますが、フレームワークはライブラリではありません。

ライブラリは、開発に役立つ便利な機能を揃えたソフトウェアです。これらは、あくまで「機能」を提供するものです。それを自分のプログラムでどう使うかは、プログラマ自身が自分で考えて組み込む必要があります。

これに対し、フレームワークは単に機能を提供するだけでなく、その機能を使う「仕組み」も提供します。フレームワークを導入した場合、プログラムの基本的な部分はフレームワーク自身に組み込まれているプログラムによって行われます。

プログラマは、そのフレームワークに用意されている仕組みにしたがって、必要な処理を追加していきます。それらは、フレームワークのシステムによって必要に応じて呼び出され、実行されていきます。プログラマは、ただその「呼び出されて動くプログラム」の部分だけを作成すればいいのです。

基本的な仕組み自体が提供されることで、フレームワークを利用したプログラムでは、先ほどの「セキュリティ」「メンテナンス性」「拡張性」といったものをすべて手に入れることができます。フレームワークのシステムには基本的なセキュリティに関する機能が組み込まれているのが一般的ですし、それ以外のメンテナンス性や拡張性も担保されます。

図1-2：フレームワークを利用すると、セキュリティやメンテナンス性、拡張性などはすべてフレームワーク自身が用意してくれる。

主なフレームワーク

PHPの世界では、十年以上も前から本格的なフレームワークがいくつも登場し、利用されるようになりました。主なPHPのフレームワークには以下のようなものがあります。

CakePHP

日本でもっとも人気の高いPHPフレームワークでしょう。これは2005年にcakeという

フレームワークでリリースされ、十年以上に渡って第一線で使われ続けています。

■Symfony

日本ではそれほどでもないようですが、これも2005年に登場し、現在まで広く使われています。現在、ver.4となっており、またSymfonyブームが再燃しつつあるようです。

■Zend Framework

2006年に登場したこのフレームワークは、PHPの開発元であるZend Technologies Ltd.によって開発されたものです。2016年に最新のver. 3がリリースされています。

■CodeIgniter

2006年にリリースされました。フレームワークというよりライブラリの集合体のようなもので、非常に軽量なのが特徴です。

■Yii

2008年にリリースされました。日本では馴染みが薄いものですが、中国や東欧などで広く使われています。

リリース時期を見ればわかるように、PHPの世界では、2005 ～ 2006年にCakePHP、Symfony、Zend Framewrk、CodeInginterといったフレームワークが相次いで登場し、それらがあっという間に普及していきました。このため、それから十年以上の間、PHPのフレームワークといえばこの4本で決まり、といってよかったでしょう。

が、最近になって、こうした4大フレームワークの牙城は崩されることになりました。5番目のフレームワーク、「Laravel」の登場によって、です。

Laravelの特徴

Laravelは、2012年にリリースされた、PHPフレームワークの中では比較的後発のフレームワークです。が、リリースされて以後、この数年の間にLaravelは着実にPHPの世界で浸透し、広がってきました。現在では先発のフレームワークたちを抜き去り、海外だけでなく日本においてもほぼ「PHPフレームワークのデファクトスタンダード」の地位を確立した、といっていいでしょう。

では、Laravelとはどのような特徴を持ったフレームワークなのでしょうか。簡単に整理してみましょう。

▍MVC フレームワーク

Laravelは、いわゆる「MVCフレームワーク」と呼ばれるものです。アプリケーションをModel-View-Controllerの各機能に分けて整理し、これらのパーツを作ることで開発を行います。

MVCは、アプリケーションフレームワークで広く使われているアーキテクチャです。フレームワークを使うなら、MVCに準拠したものを選ぶべきです。そういった意味でも、Laravelは最初に学ぶフレームワークとして適しているでしょう。

▌低い学習コスト

Laravelの最大の特徴は、その「学習コスト」にあります。Laravelは非常にコードがわかりやすく、習得のために多くの時間と労力を必要としません。非常に多くの機能をもっていますが、それらの実装は非常に容易で、簡単なコードで各種の機能を利用できるようになります。また簡単なだけでなく、例えばユニットテストなどに多くの機能を用意するなど、高品質のアプリケーションを作るための機能も充実しています。

「学び始めてすぐに使えるようになる、それでいて作れるアプリは高品質」——これがLaravelの一番の特徴といってよいでしょう。

▌Composer と Symfony の導入

Laravelは、プログラムの土台部分にSymfonyを使っています。SymfonyはPHPの世界で古くから使われているフレームワークで、大規模な開発に多くの実績があります。このSymfonyベースであるということは、非常に堅牢なシステムが土台となっていると考えてよいでしょう。

また、Laravelのインストールやソフトウェアのインストールなどは、すべて「Composer」というパッケージ管理ツールを使って行うようになっています。これもPHPの標準ともいえるツールであり、プログラムの管理が非常に容易になっています。

▌ORM や Blade テンプレート

Laravelでは、データベースアクセスに、**ORM**(Object-Relational Mapping)と呼ばれる技術を導入しています。これにより、PHPのオブジェクトを扱うようにデータベースを利用できます。

また画面の表示には、一般的なPHPの他に「Blade」と呼ばれるテンプレートエンジンを搭載しています。これにより、複雑なデザインもわかりやすく、すっきりと記述できるようになります。

Laravelのサイト

このLaravelは、Webサイトで公開されています。アドレスは以下のようになります。本家は英語ですが、日本語サイトで主なドキュメントは見られますから、こちらを利用するのがよいでしょう。

■Laravelサイト

https://laravel.com/

■日本語サイト

http://laravel.jp/

図1-3：Laravelの日本語サイト。ここで必要な情報は手に入る。

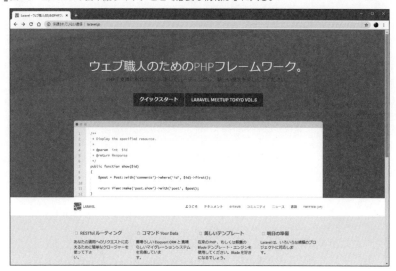

　ここで、Laravelに関する必要な情報は手に入るでしょう。ただし、Laravelのソフトウェアは、ここからダウンロードするわけではありません。インストールには別の方法をとります（詳細は後ほど）。

Composerについて

　では、Laravel利用のための準備を整えましょう。Laravelは、一般的なアプリケーションのように、「プログラムをダウンロードしてインストールする」といったやり方はしません。ではどうするのかというと、「Composer」というプログラムを利用します。

　Composerは、PHPのパッケージ管理プログラムです。これは、以下のアドレスで公開されています。

　　　https://getcomposer.org/

図1-4：ComposerのWebサイト。ここで公開されている。

　ここから必要に応じてインストーラをダウンロードしたりすることができます。ただし、インストールの手順はプラットフォームによって少し異なります。

Windows のインストール

　Windowsの場合、いくつかのインストール方法がありますが、もっともわかりやすいのは、インストーラをダウンロードしてインストールする方法でしょう。以下のアドレスにアクセスして下さい。

https://getcomposer.org/download/

図1-5：このページからComposer-Setup.exeをダウンロードする。

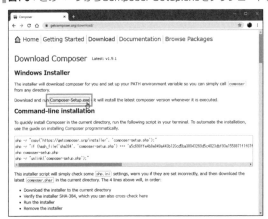

　このページの上の辺りに、「Composer-Setup.exe」というリンクがあるので、これをクリックして下さい。これでインストーラがダウンロードされます。ダウンロードが完了したら、これをダブルクリックして起動して下さい。

❶ Installation Options

画面に「Developer mode」というチェックボックスが表示された画面が現れます。これは、デベロッパーモードでインストールを行うためのものです。これはONにするとアンインストーラが用意されなくなるので、OFFのまま次に進みます。

図1-6：Developer modeの設定。そのまま次に進む。

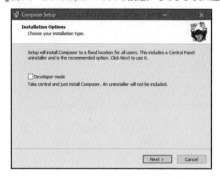

❷ Settings Check

使用するPHPを設定します。プルダウンリストに、インストール済みのPHPが一覧表示されるはずですので、ここから利用したいPHPプログラムを選択して次に進んで下さい。

図1-7：使用するPHPを選択する。

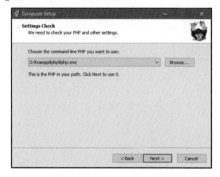

❸ Proxy Settings

プロキシーサーバーを使っている場合は、その設定を行います。使っていない場合は不要ですので、そのまま次に進みます。

図1-8：プロキシーの設定をする。

❹ Ready to Install

　インストールの準備ができました。内容を確認し、「Install」ボタンでインストールを開始しましょう。

図1-9：Installボタンを押してインストールを実行する。

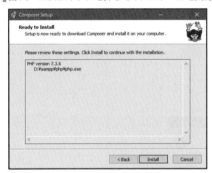

❺ Completing Composer Setup

　インストールが完了すると、このような画面になります。後は「Finish」ボタンを押して終了するだけです。

図1-10：インストールが完了したら、Finishボタンで終了する。

macOS のインストール

macOSの場合、専用のインストーラは用意されていません。そこで、Composerのファイルを直接ダウンロードして配置をします。以下のアドレスにアクセスして下さい。

https://getcomposer.org/download/

図1-11：Composerのサイトからcomposer.pharをダウンロードする。

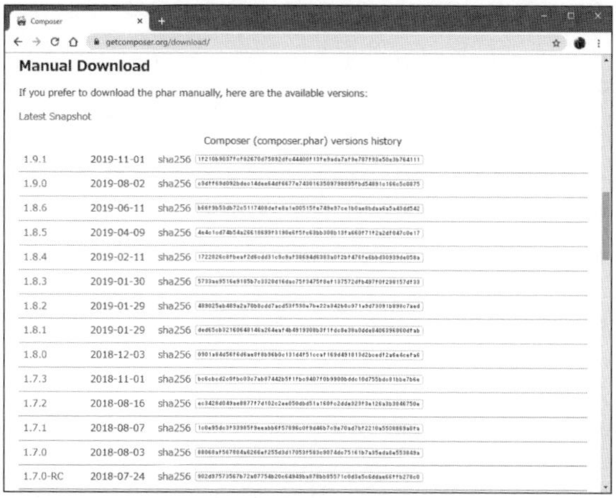

このページの下の方に「Manual Download」という表示があります。ここから、最新バージョンのリンクをクリックして下さい。これで「ダウンロード」フォルダに「composer.phar」というファイルがダウンロードされます。これがComposerの本体です。

/usr/local/binに配置

続いて、ターミナルを起動し、cd ~/Download/ で「ダウンロード」フォルダに移動して下さい。そして以下のコマンドを実行します。

```
sudo mv composer.phar /usr/local/bin/composer
```

実行後、パスワードを尋ねてくるので入力すると、composer.pharが、/usr/local/bin/内にcomposerというファイル名で移動します。これで、いつでもcomposerが呼び出せるようになります。

パーミッションを設定

配置したcomposerのパーミッション（アクセス権）を変更します。ターミナルから以下のように実行して下さい。

```
chmod a+x /usr/local/bin/composer
```

これでcomposerが実行できるようになりました。Composerの準備はこれで完了です。そのままターミナルから「composer -V」と実行してみましょう。Composerのバージョンが表示されれば、正常にインストールできています。

図1-12：composer -Vでバージョンが表示されればOK。

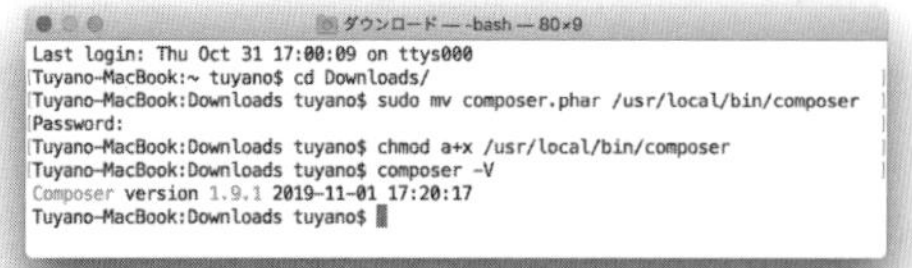

Laravelをインストールする

　Composerが準備できたら、次はLaravelのインストールです。これも、コマンドを使って行います。Windowsならばコマンドプロンプト、macOSならばターミナルを起動して下さい。そして、以下のように実行をします。

```
composer global require laravel/installer
```

　これで、Laravelがインストールされます。インストールには少し時間がかかりますが、再び入力できる状態になったら作業終了です。

図1-13：composerコマンドを使ってLaravelをインストールする。

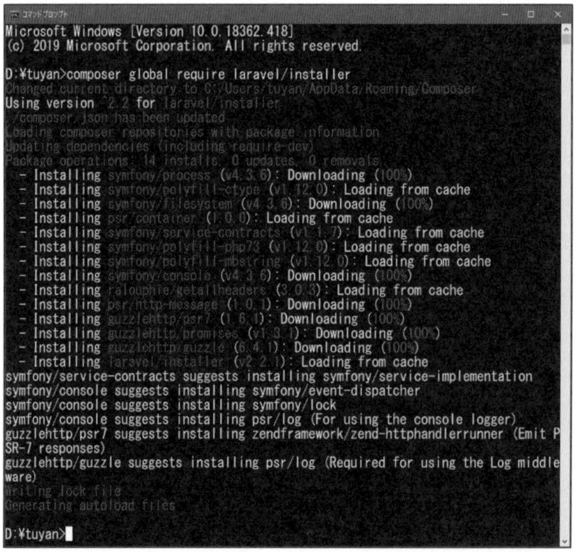

環境変数 PATH の設定

　これでLaravelはインストールできましたが、環境変数PATHにインストール場所のパスを追記していないとLaravelのコマンドが使えません。PATHの設定を行っておきます。

■Windowsの場合

「システム」コントロールパネルを開き、「詳細設定」タブの「環境変数」ボタンをクリックします。

■**図1-14**：「システム」コントロールパネルの「環境変数」ボタンをクリックする。

現れたウインドウで、「システム環境変数」のリストから「Path」を探して選択し、「編集...」ボタンをクリックします。

■**図1-15**：「Path」を選択して編集する。

現れたウインドウで、以下のパスを追加します。なお「利用者名」の部分にはそれぞれの利用者の名前が当てはまります。

```
C:\Users\利用者名\AppData\Roaming\Composer\vendor\bin
```

　　Pathの編集ウインドウがリストになっている場合は、「新規」ボタンを押して、リスト
に項目が追加されたら上記のパスを記述します。テキストを直接編集するようになって
いたら、Pathのテキストの一番前に上記のパスを記述し、最後にセミコロン（;）をつけま
す（セミコロンの後に、それまでのパスのテキストが続くようにする）。

■**図1-16**：Pathの編集ウインドウで、Laravelがインストールされているパスを追加する。

■macOSの場合

　　macOSでは、ターミナルで環境変数を追加して使うのが一番簡単でしょう。ターミナ
ルから以下のように実行して下さい。

```
echo "export PATH=~/.composer/vendor/bin:$PATH" >> ~/.bash_profile
source ~/.bash_profile
```

　　これで、Laravelがコマンドとして認識されるようになります。一度この作業を行って
おけば、設定が保存されるので、ターミナル終了後も、いつでもLaravelコマンドが使え
ます。

Column　Laravel Installerについて

　　インストールされたプログラムは、実は、Laravel本体ではありません。Laravel
Installerは名前の通り、Laravelをインストールするためのプログラムです。「では、
Laravel本体は別にインストールするのか」というと、そうではありません。

　　Laravelは、ワープロやゲームのような一般的なアプリケーションとは形態が違うソフ
トウェアなのです。Laravelは、Laravelのフレームワークが組み込まれたアプリケーショ
ンのプロジェクトを作成し、それを使って開発を行います。Laravel Installerにより作成
されたプロジェクトは、既にLaravelが組み込まれた状態になっているわけです。

　　つまり、「Laravelを利用する」というのは、Laravelというソフトウェアをインストール
して使うのではなく、「専用インストーラを使って、Laravelを使ったプロジェクトを作成
する」ということなのです。そのためのインストーラがLaravel Installerです。ですから、
実用上は「Laravel Installer ＝ Laravel」と考えて問題ないでしょう。

Laravelのバージョンについて

　Laravelは、一定期間ごとにバージョンアップされています。本書執筆時現在（2019年12月）、最新バージョンは「Laravel 6」となっています。この前のバージョンは5.8でしたから、「5.xから6に大幅にアップされた」と思ったかもしれません。が、実はそういうわけではありません。

　Laravelは、6.0からSemantic Versioningというバージョニング規約に準拠する形にバージョンルールが変更されました。この関係で、本来、5.9としてリリースされる予定だったものに若干の機能などが追加されたものが新しいメジャーバージョンであるLaravel 6としてリリースされました。従って、Laravel 6といっても実質的にはLaravel 5.9相当といってよいでしょう。

　今後、メジャーリリースは年に2回（2月と8月）リリースされる予定になっています。これまでとはバージョン番号の変わるスピードが大きく変わり、一定期間ごとにLaravel 7、Laravel 8とアップデートされることになります。が、そうなっても「こっちはLaravel 6しか使ってない。大変だ！」と慌てる必要はありません。バージョンアップのルールが変わったために定期的にメジャーバージョンが変わるようになっただけなのです。

▌PHP は 7.2 以降！

　Laravel 6は、それまでの5.8から少しだけアップデートした実質5.9ですが、1つだけ重要な変更点があります。それは対応PHPのバージョンが「**7.2以降**」に変わったことです。

　PHP 7.1以前を利用しているWebサーバーは意外に多く残っています。例えばレンタルサーバーなどを利用している場合は、お使いのサーバーのPHPバージョンを確認して下さい。これが7.2より古いとLaravel 6以降は使えません。

1-2　Laravelを使ってみる

　Laravelを使って、実際にアプリケーションを作成してみましょう。そして内蔵のWebサーバーで実際に動かしてみましょう。

Laravel開発の手順

　では、Laravelを使ってみましょう。Laravelでの開発は、基本的にコマンドラインから実行して行います。開発の流れをざっと整理すると次のようになるでしょう。

❶ プロジェクトの作成

　Laravelでは、プログラムは「プロジェクト」の形で作成をします。プロジェクトとい

うのは、アプリケーションで必要となるファイルやフォルダ一式をまとめたものです。
Webアプリケーションでは、多数のファイル類を作成していくため、それらを階層的に
整理しまとめていく必要があります。

　プロジェクトの作成を行うことで、アプリケーションに必要となるファイルやフォル
ダ類をすべて、自動生成することができます。手作業でこれらを用意していくのに比べ
ると圧倒的に楽です。

❷ 必要なプログラムの作成

　プロジェクトを作り、アプリケーションの基本部分が用意できたら、その上に作成す
るアプリケーションの機能となる部分を作っていきます。これには、PHPのスクリプト
ファイルや画面表示のためのテンプレート、その他各種の設定ファイルの編集などが必
要となるでしょう。

　この部分が、Laravelでの「プログラミング」となる部分です。これは1つのファイルを
作れば完成というわけではなく、必要に応じていくつものファイルを作っていく必要が
あるでしょう。

❸ サーバーで実行

　基本的なプログラムができたら、実際にアプリケーションを実行して動作を確認して
いきます。Laravelには、Webサーバー機能が内蔵されており、別途HTTPサーバーなど
を用意しなくともその場で実行することができます。

　こうして動作を確認したら、また②に戻ってプログラムの作成や修正を行い、再び③
でサーバーを使って操作確認する。この操作を繰り返して開発を進めていくことになる
でしょう。

❹ デプロイする

　アプリケーションが完成したら、実際に公開するWebサイトにデプロイ（プログラム
をアップロードし動かせる状態にすること）します。PHP対応のレンタルサーバーや、
クラウドサービスなど、Laravelが使える環境はいろいろとあります。それらにファイル
をアップロードして、実際にアクセスし、正常に動作することを確認できたら、開発終
了です。

　本書のほとんどのページを費やして説明をするのは、この手順の2の部分の作業です。
Laravelでは、どのようなプログラムを作成していくのか、これがもっとも重要です。
　ただし、この部分を飛ばしても、一連の作業そのものは行うことができます。プロジェ
クトを作り、そのままサーバーで実行すれば、作ったプロジェクトの動作を確認すると
ころまで行えるのです。

プロジェクトの作成

　では、Laravelのプロジェクトを作成しましょう。これはコマンドラインから実行します。Windowsならばコマンドプロンプト、macOSならばターミナルを起動しましょう。

❶ ディレクトリを移動する

　プロジェクトを作成する場所にディレクトリを移動します。ここではデスクトップに移動することにしましょう。以下のように実行して下さい。

```
cd Desktop
```

図1-17：cd Desktopでデスクトップに移動する。なお筆者の環境ではDドライブに利用者ホームがあるが、通常はCドライブになる。

❷ laravel newを実行する

　laravelコマンドを実行します。laravelコマンドは、「laravel new プロジェクト名」という形で実行すると、その名前でプロジェクトを作成します。
　ここでは、「laravelapp」という名前で作ることにしましょう。以下のようにコマンドを実行して下さい。

```
laravel new laravelapp
```

図1-18：laravel newコマンドでプロジェクトを作成する。時間がかかるのでじっと待つこと。

Note

　もし、Laravelのインストールが正常に行えていなかったり、パスが正しく設定できていないなどのために、Laravelコマンドがうまく動いてくれないような場合は、composerを使ってLaravelプロジェクトを作成することもできます。これは以下のようになります。

```
composer create-project laravel/laravel プロジェクト名 --prefer-dist
```

　「プロジェクト名」のところに、作成するプロジェクトの名前を当てはめて実行します。今回は「laravelapp」という名前で作成していますから、以下のように実行すればよいでしょう。

```
composer create-project laravel/laravel laravelapp --prefer-dist
```

　これで、先ほどのlaravel newコマンドと同様にプロジェクトが作成されます。
　プロジェクトを作成すると、デスクトップに「laravelapp」というフォルダが作成されます。これが、プロジェクトのフォルダです。この中に、アプリケーションに必要なファイル類が一式そろって保存されています。

アプリケーションを実行する

　では、作成されたプロジェクトを実行してみましょう。プロジェクトは、アプリケーションに必要なファイル類を一通り備えています。要するに、「プロジェクト＝アプリケーション」といっても差し支えありません。これをWebサーバーで実行すれば、そのままアプリケーションを使うことができます。

　Laravelには、Webサーバー機能が内蔵されています。これを利用してアプリケーションを実行してみましょう。
　コマンドプロンプトまたはターミナルは、まだ起動したままになっていますか？　では、作成した「laravelapp」プロジェクトの中に、以下のようにしてディレクトリを移動しましょう。

```
cd laravelapp
```

　もし、ウインドウを閉じてしまっていたなら、再度コマンドプロンプトまたはターミナルを起動し、デスクトップの「laravelapp」内に移動して下さい。プロジェクト内に移動したら、以下のようにしてサーバーを実行します。

```
php artisan serve
```

図1-19：php artisan serveでサーバーを起動する。

　これを実行すると、ウインドウに「Laravel development server started: <http://127.0.0.1:8000>」といった表示が現れます。これが現れたら、Webブラウザから以下のアドレスにアクセスして下さい。

　　http://localhost:8000/

　これで、Laravelアプリケーションのトップページが表示されます。これが、デフォルトで用意されているアプリケーションのページです。これ以外の表示はまだありませんが、これでWebアプリケーションがちゃんと動いていることは確認できるでしょう。

図1-20：http://localhost:8000にアクセスすると、アプリケーションのトップページが表示される。

　動作を確認したら、コマンドプロンプトまたはターミナルで**Ctrlキー＋「C」キー**を押して下さい。これでサーバーが停止します。

Column Laravelの内蔵サーバーについて

　Laravelはサーバー機能を内蔵していて簡単にサーバーでアプリケーションを実行できます。このサーバー機能は、実はPHP本体にあるものを利用しています。

　PHPでは、5.4以降にビルトインサーバー機能が用意されています。この機能を利用してサーバー機能を提供しています。

　これは、あくまで動作確認用のものであり、本格的な運用に耐え得るほど堅牢なサーバーではありません。決して、この機能を使ってそのままアプリケーションを公開したりしないで下さい。

XAMPPにデプロイする

Laravelを単体で動かすならば、これで十分です。が、実際にアプリケーションを公開する場合、おそらく多くの人がレンタルサーバーなどを利用することになるでしょう。

ここでは、XAMPP（ザンプ）を利用してLaravelアプリケーションを公開する手順を説明しておきましょう。

XAMPPは、個人でWebサーバー環境を構築するのに広く使われているソフトウェアです。これは以下から入手できます。

https://www.apachefriends.org/jp/index.html

図1-21：XAMPPのWebサイト。ここからインストーラをダウンロードできる。

XAMPPは、Webサーバー機能としてApache HTTPサーバーを内蔵しています。このApache HTTPサーバーは、オープンソースのWebサーバープログラムとして世界で最も広く利用されています。レンタルサーバーなども多くはこのApache HTTPサーバーをWebサーバーとして利用しているでしょう。

Laravel アプリの公開アドレス

XAMPPは、XAMPPのフォルダ内に「htdocs」というフォルダをもっています。これが、Webサーバーの公開ディレクトリになります。このフォルダ内にファイル類を配置すれば、それがそのままWebサーバーで公開されるようになります。

例えば、「htdocs」フォルダ内に、先ほど作成した「laravelapp」フォルダをそのまま入れたとしましょう。すると、XAMPPのWebサーバーを起動してlaravelappにアクセスをする場合、以下のアドレスになります。

http://localhost/laravelapp/public/

ここにWebブラウザからアクセスをすると、先に内蔵サーバーで確認したのと同じトップページが表示されます。

　Laravelアプリケーションでは、公開されるWebページは、アプリケーション内の「public」というフォルダに用意されます。このため、**/laravelapp/public/**というように、アプリケーションのフォルダ名の後にpublicがついたアドレスを指定します。/laravelapp/にアクセスしてもトップページの画面は現れないので注意して下さい。

指定のアドレスで公開する

　しかし、トップページが/public/にある、というのは、なんともスマートさに欠けるのは確かです。実際にWebアプリケーションを公開するとき、**http://○○/public/**よりも、**http://○○/**のほうがはるかにすっきりします。

　XAMPPで使われているApache HTTP Serverでは、各種の設定情報を**httpd.conf**というファイルに記述しています。このファイルに必要な情報を記述することで、アクセスするアドレスを変更することも可能です。

　では、httpd.confファイルを探してテキストエディタで開いて下さい。XAMPPの場合、XAMPPのフォルダ内にある「apache」フォルダの中の「conf」フォルダに配置されています。
　ファイルを開いたら、末尾に以下のように追記をしましょう。

リスト1-1

```
Alias / "/xampp/htdocs/laravelapp/public/"

<Directory "/xampp/htdocs/laravelapp/public/">
    Options Indexes FollowSymLinks MultiViews
    AllowOverride all
    Order allow,deny
    Allow from all
</Directory>
```

　ここでは、ハードディスク直下に「xampp」というフォルダ名でXAMPPがインストールされている前提で記述してあります。配置場所や、アプリケーションのフォルダ名が違っている場合は、**"/xampp/htdocs/laravelapp/public/"**のパス部分を、それぞれのプロジェクトの「public」フォルダのパスに変更して下さい。
　修正したらファイルを保存し、Webサーバーを起動しましょう。**http://localhost/**にアクセスすると、laravelappのトップページが表示されるようになります。

図1-22：http://localhostにアクセスすると、laravelappのトップページが表示されるようになった。

> **Note**
>
> 　レンタルサーバーなどでは、httpd.confの変更が可能なところとできないところがあります。直接編集はできなくとも、代わりの設定手段などを用意しているところもあります。また、多くのレンタルサーバーはLinuxなどで動いており、Apache HTTP Serverがインストールされているディレクトリも異なります。
>
> 　これらは利用するサーバーによって違いますので、実際にデプロイする際にはサーバー管理者に問い合わせて確認するようにして下さい。

Chapter **2**

ルーティングと
コントローラ

Laravelアプリケーションにアクセスして何らかの処理を
行うには、アドレスと処理を関連付ける「ルーティング」と、
全体の制御を行う「コントローラ」が必要です。この2つの基
本についてここでしっかり身に付けておきましょう。

2-1 ルーティング

特定の**アドレス**にアクセスしたとき、どの**処理**を呼び出して実行するか。それを管理するのが「ルーティング」です。ルーティングは各Webページを管理する基本となるもの。このルーティングの基本について、しっかり理解しましょう。

アプリケーションの構成

では、前章で作成したプロジェクトを使い、Laravelの基本的な使い方を覚えていくことにしましょう。まずは、Laravelのアプリケーションというのがどのようになっているのか、その中身を見てみることにしましょう。

作成した「laravelapp」フォルダの中には、多数のファイルとフォルダが用意されています。それらの役割について簡単に説明しておきましょう。

▌Laravel のファイルについて

まずは、「laravelapp」フォルダ内に作成されているファイル類についてです。ここには、Gitというプロジェクト管理ツールやComposer関係のファイルなどもあり、必ずしも開発者がすべて利用するわけではありません。

.editorConfig	エディタに関する汎用設定ファイル
.env、.env.example	動作環境に関する設定情報
.gitatttributes、.gitignore	git利用に関する情報
.styleci.yml	StyleCIというコードチェッカーのファイル
artisan	artisanコマンド(php artisan serveで使ったもの)
composer.json、composer.lock	composerの利用に関するもの
package.json、package-lock.json	JavaScriptのパッケージ管理ツール(npm)で利用するもの
phpunit.xml	PHPUnit(ユニットテストプログラム)に関するもの
server.php	サーバー起動時に利用されるプログラム
webpack.mix.js	webpackというJavaScriptパッケージツールで使うもの
yarn.lock	yarnというパッケージマネージャが使うファイル(自動生成される)

図2-1：Laravelアプリケーションの内部。多数のファイルとフォルダがある。

Laravel のフォルダについて

　続いて、フォルダ関係です。フォルダは、それぞれに役割が決まっており、フォルダの中に必要なファイル類が収められています。これらのフォルダの役割をざっと頭に入れておきましょう。

app	アプリケーションのプログラム部分がまとめられるところです。アプリケーションの開発時には、ここに必要なスクリプトファイルを追加していきます。
bootstrap	アプリケーション実行時に最初に行われる処理がまとめられています。
config	設定関係のファイルがまとめられています。
database	データベース関連のファイルがまとめられています。
public	公開フォルダです。JavaScriptやスタイルシートなど、外部にそのまま公開されるファイルはここにまとめられます。
resources	リソース関係の配置場所です。プログラムが利用するリソースファイルが用意されます。プログラムのテンプレートファイルなどが用意されます。
routes	ルート情報の保存場所です。アクセスするアドレスに割り当てられるプログラムの情報などが記されています。
storage	ファイルの保存場所です。アプリケーションのプログラムが保存するファイルなどが置かれます。ログファイルなどはここに保存されます。
tests	ユニットテスト関係のファイルが用意されます。
vendor	フレームワーク本体のプログラムがまとめられています。

　これから先、私たちがもっともよく利用することになるのは「app」と「routes」フォルダでしょう。プログラムを作成し、それを適当なアドレスに割り当てるには、この2つのフォルダにファイルを作ったり、用意されたファイルを編集したりする必要があります。

　続いて、テンプレートを配置する「resources」フォルダ。これも、画面にWebページを表示するためには必要になってくるでしょう。「database」フォルダもいずれ使うことになります。

　その他のフォルダは、使用頻度はかなり低くなるはずです。必要が生じたときだけファイルを作成・編集し、後はほとんど使わない、というケースが多いでしょう。

　まずは、「app」「routes」「resources」フォルダ。この3つの役割だけしっかりと覚えておいて下さい。これらは本章の中で使うことになります。

「app」フォルダについて

　Laravelアプリケーションに用意されているフォルダの中でも、もっとも重要かつ利用頻度が高いのは「app」フォルダです。これからLaravelのプログラムを色々と作っていくことになりますが、そのほとんどは、この「app」フォルダ内に用意されることになります。

　「app」フォルダは、Laravelアプリケーションの「アプリケーション」部分のプログラムが配置されます(Laravelフレームワークの部分は「vendor」フォルダに配置されます)。この「app」フォルダを開いてみると、更にその中にいくつものフォルダが用意されていることがわかるでしょう。ここで簡単にまとめておきます。

Console	コンソールプログラムを配置するところです。
Exceptions	例外に関する処理を配置するところです。
Http	これが、Webアプリケーションにアクセスしたときの処理をまとめておくところです。アプリケーションの基本的なプログラムはここに作成します。
Providors	プロバイダと呼ばれるプログラムを配置します。
User.php	ユーザー認証に関するスクリプトです。当面、使うことはありません。

　もっとも重要なのは、「Http」というフォルダです。この中に、アプリケーションの基本的なプログラムとなるものが作成されていきます。それ以外のものは、「必要に応じて利用する」というものですので、今すぐ役割を理解する必要はありません。

図2-2：「app」フォルダの中身。

ルーティングと「routes」フォルダ

Laravelのプログラムは「app」フォルダの中に作成をしていきますが、その前に頭に入れておいてほしいのが「ルーティング」という機能についてです。

一般的なWebサイトというのは、Webサーバーの公開フォルダの中にファイルを用意しておくと、そのままそのファイルにアクセスができます。例えば「webapp」というフォルダに「helo.html」とファイルを用意すれば、**http://○○/webapp/helo.html**というアドレスにアクセスすると自動的にそのファイルが読み込まれ、表示されるわけです。

が、Laravelのようなフレームワークを使っている場合、そうはいきません。Laravelは、特定のアドレスにアクセスをすると、**そのアドレスに割り付けられたプログラム**が実行され、それによって必要な処理や画面表示などが作られます。

このように、「○○というアドレスにアクセスをしたら、××という処理を呼び出す」という関連付けを行っているのが「ルーティング」という機能です。ルーティングは、アクセスを設定している情報（**ルート**と呼ばれます）を管理する機能です。

プログラムの作成の前に、このルーティングの仕組みがわかっていないと、そもそもプログラムを思ったように公開することができません。Laravelのルーティングは、どのように行われているのか見てみましょう。

▌**図2-3**：特定のアドレスにアクセスすると、それに対応する処理が呼び出される。その関連付けを行っているのが「ルーティング」だ。

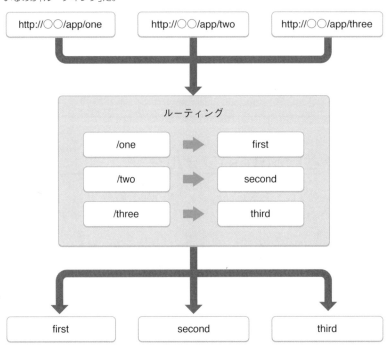

▌「routes」フォルダについて

　このルーティングに関する情報をまとめてあるのが、「routes」フォルダです。この中には、デフォルトでいくつかのスクリプトファイルが用意されています。

api.php	APIのルーティングです。例えばユーザー認証などのように、プログラム内から利用するAPIの機能を特定のアドレスに割り当てるのに利用されます。
channels.php	ブロードキャストチャンネルのためのルーティングです。
console.php	コンソールプログラムのためのルーティングです。
web.php	これが、一般的なWebページとしてアクセスするためのルーティングです。

　基本的に、Webページとして公開するものはすべて**web.php**にルート情報を記述する、と考えて下さい。当分の間、それ以外のファイルは利用しません。

図2-4：「routes」フォルダの中身。デフォルトで4つのファイルが用意されている。

ルート情報の記述

では、web.phpのスクリプトがどのようになっているのか見てみましょう。以下に、デフォルトで記述されている内容を示しておきます。なお、コメント類は省略してあります。

リスト2-1

```php
<?php
Route::get('/', function () {
    return view('welcome');
});
```

非常にシンプルなスクリプトが書かれています。これは、トップページにアクセスしたときの処理について記述したものです。Laravelアプリケーションでは、デフォルトでトップページの表示が用意されていました。あの画面を表示させるためのものだ、と考えればよいでしょう。

では、ルート情報の記述の基本を整理しましょう。

■ルート情報の基本（GETアクセス）

```
Route::get( アドレス , 関数など );
```

GETアクセスのルート情報は、Routeクラスの「get」という静的メソッドを使って設定します。これは第1引数に割り当てる**アドレス**を、第2引数にはそれによって呼び出される**処理**を用意します。これは関数を指定することもありますし、「コントローラ」と呼ばれるものを指定することもあります。

getメソッドでアドレスと処理を割り当てる、というのがルート情報設定の基本である、ということはしっかりと理解しておきましょう。

トップページのルート情報

では、デフォルトで用意されているトップページのルート情報がどのようなものなのか見てみましょう。ここでは、第1引数に'/'というトップページを示すアドレスを、そ

して第2引数には関数を指定しています。この関数は、以下のように記述されています。

```
function(){
        return 値 ;
}
```

引数なしの**クロージャ(無名関数)**になっています。内部では、returnで戻り値を指定しています。このreturnで返される値が、そのアドレスにアクセスした際に表示される内容となります。

ここでは、「view」という関数を使って戻り値を用意しています。これは以下のように利用します。

```
view( テンプレート名 )
```

このviewは、指定したテンプレートファイルをロードし、レンダリングして返す働きをします。要するに、このviewで引数にテンプレートを指定すると、それがレンダリングされて返され、ブラウザに表示される仕組みになっていると考えて下さい。

図2-5：Route::getで、アドレスと関数を引数に指定する。関数では、viewを使うことで、「views」フォルダのテンプレートファイルを利用できる。

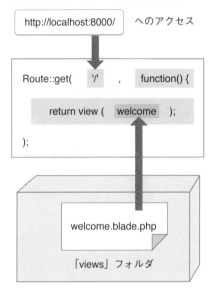

welcome テンプレートについて

では、この例ではどのような内容が記述されているのでしょうか。returnで返しているのは、**view('welcome')**という関数の戻り値です。これで、**welcome.blade.php**というテンプレートファイルをレンダリングして表示します。

　そのwelcome.blade.phpというテンプレートファイルはどこにあるのでしょうか。これは、「resources」フォルダ内の「views」フォルダの中に用意されています。テンプレートについてはいずれ改めて説明をしますが、ここでは「resources」内の「views」フォルダの中にある、ということだけしっかり理解しておいて下さい。

図2-6：「views」フォルダの中に、welcome.blade.phpが用意されている。

welcome.blade.php の内容

　welcome.blade.phpの中身がどのようになっているのか、確認してみましょう。ここでは、直接処理に関係ないスタイルシートの記述やリンクの表示などは省略してあります。

リスト2-2

```
<!doctype html>
<html lang="{{ app()->getLocale() }}">
    <head>
        <meta charset="utf-8">
        <meta http-equiv="X-UA-Compatible" content="IE=edge">
        <meta name="viewport" content="width=device-width,
            initial-scale=1">

        <title>Laravel</title>

        <!-- Fonts -->
        <link ……略……>

        <!-- Styles -->
        <style>
            ……略……
        </style>
    </head>
    <body>
        <div class="flex-center position-ref full-height">
            @if (Route::has('login'))
                <div class="top-right links">
                    @if (Auth::check())
                        <a href="{{ url('/home') }}">Home</a>
```

```
            @else
                <a href="{{ url('/login') }}">
                    Login</a>
                <a href="{{ url('/register') }}">
                    Register</a>
            @endif
        </div>
    @endif

    <div class="content">
        <div class="title m-b-md">
            Laravel
        </div>

        <div class="links">
            ……略……
        </div>
    </div>
</div>
    </body>
</html>
```

　基本的にはHTMLのコードが書かれているように思えますが、見たことのない文もたくさん書かれていますね。**@で始まる文**です。

　これは、実はHTMLではありません。といって、PHPとも違います。これは、「Blade」という、Laravelに組み込まれているテンプレートエンジンを使って書かれたソースコードなのです。

　Laravelでは、PHPをそのまま使ってWebページの表示を作成することもできますが、内蔵するBladeテンプレートエンジンを使うほうがはるかに多いでしょう。Bladeについては、改めて説明をします。ここでは、**「views」フォルダの中にテンプレートファイルが用意され、それをview関数で読み込んで表示している**という基本的な処理の仕組みがわかれば十分です。

ルート情報を追加する

　ルート情報の基本がわかったら、実際にルート情報を追加してみることにしましょう。「routes」フォルダ内のweb.phpをテキストエディタなどで開いて下さい。一般的なWebページへのアクセスは、この中にルート情報を記述します。

　では、記述されているソースコードの一番下に、以下のリストを追記しましょう。

リスト2-3

```
Route::get('hello',function () {
    return '<html><body><h1>Hello</h1><p>This is sample page.
        </p></body></html>';
});
```

　記述したら、コマンドラインまたはターミナルから「php artisan serve」コマンドを実行してアプリケーションを実行しましょう。そして、以下のアドレスにアクセスをして下さい。

　　http://localhost:8000/hello

図2-7：/helloにアクセスすると、このように表示される。

　Webブラウザでアクセスすると、「Hello」と表示された画面が現れます。これが、追加したルート情報による表示です。

HTMLを出力する

　ここでは、Route::getの第2引数に以下のような関数を用意しています。

```
function() {
        return '……HTML のソースコード……';
}
```

　returnで、HTMLのソースコードを直接返すことで、そのソースコードがそのままWebブラウザへと送られていることがわかります。テンプレートを使わず、テキストで出力内容を作成してそのまま送信するなら、このようにとても簡単に出力内容を作れるのです。

ヒアドキュメントを使う

　HTML出力の基本がわかったら、ヒアドキュメントを使ってもう少し本格的な内容を出力させてみましょう。ヒアドキュメントというのは、PHPで長文テキストを記述するのに使われるものですね。<<<演算子を使い、リスト内に直接記述されたテキストをまとめて変数などに代入できます。

先ほどのRoute::get文を削除し、以下のリストを追記して下さい。なお、最初から記述されていたRoute::get文（welcomeの出力用）は消さないように注意しましょう。

リスト2-4

```
$html = <<<EOF
<html>
<head>
<title>Hello</title>
<style>
body {font-size:16pt; color:#999; }
h1 { font-size:100pt; text-align:right; color:#eee;
    margin:-40px 0px -50px 0px; }
</style>
</head>
<body>
    <h1>Hello</h1>
    <p>This is sample page.</p>
    <p>これは、サンプルで作ったページです。</p>
</body>
</html>
EOF;

Route::get('hello',function () use ($html) {
    return $html;
});
```

図2-8：修正した/hello。ヒアドキュメントを利用して少しまともなページにした。

/helloにアクセスすると、ある程度デザインされた形でタイトルと本文テキストが表示されます。このように、ヒアドキュメントなどを利用してHTMLのソースコードをきちんと用意できれば、Route::getだけである程度作り込んだWebページを表示させることができます。

もちろん、これは「こういうこともできる」ということであって、本格的なWebページを作る場合は別の方法が用意されています。Route::getの働きとして、「HTMLコードを

returnする関数を用意すればそのままWebページが表示される」という仕組みを理解しておく、ということです。

ルートパラメータの利用

Route::getでは、アクセスする際にパラメータを設定し、値を渡すことができます。これは以下のように記述をします。

```
Route::get('/ ○○ /{ パラメータ }', function( $受け取る引数 ) {……});
```

第1引数のアドレス部分に、{パラメータ}という形でパラメータを用意します。これで、この{パラメータ}に指定されたテキスト部分がパラメータとして取り出されるようになります。

第2引数の関数では、パラメータの値を受け取る変数を引数として用意しておきます。これは、パラメータ名と同じ名前である必要はありません。{パラメータ}で指定したパラメータの値は、そのまま関数の引数に渡されます。

パラメータは複数用意することもできます。関数の引数を複数用意することで、これらの値を受け取れるようになります。

図2-9：getの第1引数に{パラメータ}とパラメータを指定し、関数に引数を用意することで、アクセスしたアドレスからパラメータを取り出せる。

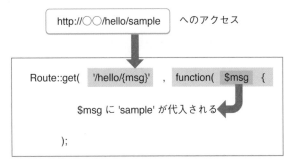

パラメータを利用する

では、実際にルートパラメータを利用してみましょう。先ほど追記したリスト部分を以下のように修正して下さい。

リスト2-5

```
Route::get('hello/{msg}',function ($msg) {

$html = <<<EOF
<html>
<head>
```

```
<title>Hello</title>
<style>
body {font-size:16pt; color:#999; }
h1 { font-size:100pt; text-align:right; color:#eee;
    margin:-40px 0px -50px 0px; }
</style>
</head>
<body>
    <h1>Hello</h1>
    <p>{$msg}</p>
    <p>これは、サンプルで作ったページです。</p>
</body>
</html>
EOF;


    return $html;
});
```

　今回は、**ヒアドキュメント内に変数を埋め込んで利用する**ため、Route::getの第2引数に用意する**クロージャ(無名関数)**内にヒアドキュメントを移動してあります。

　修正できたら、/hello/のアドレスの後にテキストを追記してアクセスしてみましょう。すると、アドレスに追加した部分がパラメータとして取り出され、Webページ内にメッセージとして表示されます。例えば、

　　　http://localhost:8000/hello/this_is_test

このようにアクセスをすると、「this_is_test」の部分がパラメータとして取り出され、Webページにメッセージとして表示されます。

図2-10：http://localhost:8000/hello/の後にテキストを記述してアクセスすると、hello/以降の部分がパラメータとして取り出され、表示される。

Route::get のパラメータについて

　では、作成したリストを見てみましょう。ここでは、Route::getメソッドの引数を以下のようにしています。

第1引数	'hello/{msg}'
第2引数	function ($msg){……}

第1引数では、**'hello/{msg}'** というようにして、hello/の後に **{msg}** というパラメータを用意しています。

第2引数では、クロージャの引数に **$msg** というパラメータを用意しています。これにより、{msg}の値が$msg引数に渡されるようになります。

ここでは1つのパラメータだけを用意していますが、複数になっても同じです。

```
Route::get('hello/{id}/{pass}',function ($id, $pass) {……略……});
```

例えば、このように記述すれば、**$id** と **$pass** という2つのパラメータ引数を利用できるようになります。

必須パラメータと任意パラメータ

このパラメータは、基本的に「必須パラメータ」であり、パラメータを指定せずにアクセスするとエラーになってしまいます。用意されているルートパラメータは必ず付けてアクセスしなければいけません。

図2-11：ルートパラメータの値を付けずにアクセスすると、このようなエラーになってしまう。

では、パラメータを付けなくともアクセスできるようにすることはできないのでしょうか。これは、もちろん可能です。それには「任意パラメータ」を使うのです。

任意パラメータは、その名の通り「任意に付けて利用できるパラメータ」です。これは、パラメータ名の末尾に「?」を付けて宣言をします。そして、第2引数の関数では、値が渡される仮引数にデフォルト値を指定し、引数が渡されなくとも処理できるようにしておきます。

先ほどの **リスト2-5** で記述したRoute::getの1行目の部分を以下のように書き換えてみて下さい。

```
Route::get('hello/{msg?}',function ($msg='no message.') {……
```

これで、msgパラメータは任意パラメータになります。パラメータを付けずにアクセスをすると、メッセージとして「no message.」と表示されるようになります。

図2-12：パラメータを付けずにアクセスすると「no message.」と表示される。

2-2 コントローラの利用

　Webページの具体的な処理は、コントローラを使って行うのが基本です。コントローラは、MVCアーキテクチャの基本となるもの。その使い方を基礎からしっかり理解しましょう。

MVCとコントローラ

　ルーティングは、アクセスしたアドレスを元に処理を割り振るための機能です。先ほど、Route::getを使って簡単なWebページを表示させてみましたが、もちろんルーティングはWebページを作って表示するためのものではありません。具体的に実行すべき処理は別に用意されていて、それを特定アドレスに割り振って呼び出すためのものです。

　では、呼び出される「具体的に実行すべき処理」というのは、どういうものか。それを実装するために用意されているのが「コントローラ」です。

▌MVC アーキテクチャ

　コントローラを知るには、まず「MVC」と呼ばれるアーキテクチャについて理解しなければいけません。
　MVCは、「Model-View-Controller」の略で、アプリケーションの処理を、MVCの3つの要素の組み合わせとして構築していく考え方です。MVCは、それぞれ以下のような役割を果たします。

モデル(Model)	データ処理全般を担当します。具体的には、データベースアクセスに関する処理全般を扱うものと考えてよいでしょう。
ビュー(View)	画面表示を担当します。表示に使うテンプレートなどがこれに相当します。
コントローラ(Controller)	全体の制御を担当します。必要に応じてModelを使ってデータを取得したり、Viewを利用して画面表示を作成したりします。

　モデル(Model)やビュー(View)は、特定の機能に特化したものです。これに対しコントローラ(Controller)は処理全体の制御を担当するものであり、プログラムの本体部分といってもよいものなのです。モデルやビューは、不要であれば用意しないでおくことも可能ですが、コントローラは、ないと処理そのものが実行できません。

　Laravelの開発は、まずコントローラを作るところから始まる、といってもよいでしょう。

図2-13：Webアプリケーションにアクセスをすると、コントローラが処理を行う。必要に応じてビューやモデルを利用し、画面表示やデータベースのデータなどを受け取っていく。

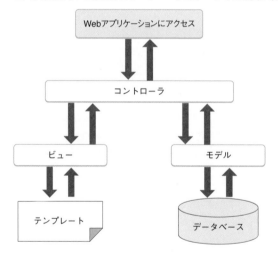

コントローラの作成

　では、コントローラを作成してみましょう。コントローラは、PHPのスクリプトファイルとして作成します。テキストエディタ等でファイルを作成してもいいですが、ここでは**artisan(アーティザン)**コマンドを使って作成しましょう。

　コマンドプロンプトまたはターミナルで、プロジェクトフォルダ(ここでは「laravelapp」フォルダ)の中にcdコマンドで移動して下さい。そして以下のようにコマンドを実行します。

```
php artisan make:controller HelloController
```

これで、「HelloController」という名前のコントローラが作成されます。

図2-14：artisanコマンドでHelloControllerを作成する。

artisan の make:controller について

ここでは、artisanコマンドというものを使いました。これは、以下のような形で実行します。

```
php artisan コマンド
```

今回使ったのは、「make:controller」というコマンドです。これは以下のように実行をします。

```
php artisan make:controller コントローラ名
```

これで、指定した名前でコントローラが作成されます。今回は、HelloControllerというコントローラを作成していました。コントローラは通常、「○○Controller」というように、名前の後に「Controller」を付けたものが使われます。

HelloController.phpをチェックする

では、作成されたコントローラのファイルを見てみましょう。コントローラは、「app」フォルダの「Http」フォルダ内にある「Controllers」というフォルダの中に作成されます。
このフォルダを開くと、その中に「HelloController.php」というファイルが見つかります。これが、作成したHelloControllerのスクリプトファイルです。

図2-15：「Controllers」フォルダの中に、新たにHelloController.phpというファイルが作成された。

では、このファイルをテキストエディタで開いてみましょう。すると、以下のような
スクリプトが書かれていることがわかります。

リスト2-6

```php
<?php

namespace App\Http\Controllers;

use Illuminate\Http\Request;

class HelloController extends Controller
{
    //
}
```

これが、コントローラの基本ソースコードになります。ポイントを整理していきましょう。

Controllers 名前空間

コントローラは、クラスとして作成されます。このクラスは、App\Http\Controllers
という**名前空間**に配置されます。

名前空間というのは、クラスを階層的に整理するための仕組みです。フォルダを使っ
て階層的にファイルを整理するのと同じようなものをイメージすればよいでしょう。

ここでは、App\Http\Controllersという名前空間を使っていますが、これはよく見る
とどこかで見覚えのある名前が並んでいるのがわかります。そう、コントローラのファ
イルが置かれている場所は、「app」フォルダ内の「Http」フォルダの中にある「Controllers」
フォルダの中でした。このフォルダ構成に沿って名前空間が指定されていることがわか
るでしょう。

この名前空間を指定しているのが最初の文です。

```
namespace App\Http\Controllers;
```

これは、コントローラクラスを作成する際の基本設定として覚えておきましょう。

図2-16：名前空間は、フォルダを階層的に整理した状態に似ている。

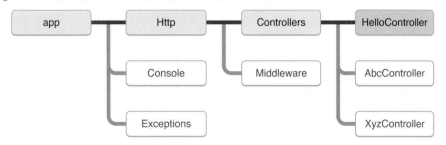

useによるクラスのインポート

次に記述されているのは、**use文**です。これは以下のように記述されています。

```
use Illuminate\Http\Request;
```

ここでは、Illuminate\Httpパッケージ内に用意されている「Request」を**使える状態**にしています。まだこの段階ではRequestは不要ですが、これから多用することになるクラスですので、デフォルトでuse文が追加されているのです。

クラスの定義

続いて、クラスの定義がされています。ここでは、HelloControllerクラスが以下のように定義されています。

```
class HelloController extends Controller
{
    //
}
```

コントローラクラスは、このように**Controller**というクラスを継承して作成をします。また名前は、既に触れたように「○○Controller」というものにしておきます。これは必須というわけではありませんが、クラスをわかりやすく整理する上で必要な命名ルールと考えて下さい。

これで、コントローラクラスは用意できました。後は、ここに具体的な処理をメソッドとして追加していくだけです。

アクションを追加する

では、コントローラに処理を追加しましょう。

コントローラに用意される処理は、「アクション」と呼ばれます。これはメソッドの形で用意されます。アクションは、コントローラに用意される処理を行うためのもので、複数を用意することができます。

HelloController.phpを以下のように書き換えて下さい。

リスト2-7

```
<?php

namespace App\Http\Controllers;

use Illuminate\Http\Request;

class HelloController extends Controller
{
```

```
    public function index() {

        return <<<EOF
<html>
<head>
<title>Hello/Index</title>
<style>
body {font-size:16pt; color:#999; }
h1 { font-size:100pt; text-align:right; color:#eee;
    margin:-40px 0px -50px 0px; }
</style>
</head>
<body>
    <h1>Index</h1>
    <p>これは、Helloコントローラのindexアクションです。</p>
</body>
</html>
EOF;

    }
}
```

　ここでは、HelloControllerクラスの中に「index」というメソッドを追加しています。これが、アクションとして使われるメソッドです。

　アクションメソッドは、このindexのように引数を持たないメソッドとして用意されます（ただし、必要に応じて引数を用意する場合もあります。これについては後述します）。

　アクションメソッドでは、**return**でHTMLのソースコードを返しています。このようにreturnされた内容が、アクセスしたWebブラウザへ返され、それが表示されることになります。

ルート情報の用意

　これでコントローラにアクションは用意できましたが、これだけでは表示はされません。アクションを使うようにするためには、**アクションにルートを割り当てる設定**が必要です。

　「routes」フォルダの**web.php**を開き、先に追記した内容（**リスト2-5**）を削除して下さい。そして、以下の文を改めて追記しましょう。

リスト2-8

```
Route::get('hello', 'HelloController@index');
```

Route::getを使って、ルート情報を設定しています。ここでは、第2引数には関数は使っていません。代わりに、'HelloController@index'というテキストが用意されています。

コントローラを利用する場合は、このように第2引数に「呼び出すコントローラとアクション」を指定します。これは、**'コントローラ名@アクション名'**というように、コントローラとアクションを@でつなげて記述します。

これにより、第1引数のアドレスにアクセスされると、第2引数に指定されたコントローラのアクションが実行されるようになります。

ルート情報まで記述できたら、Webブラウザで/helloにアクセスをしてみましょう。「Index」というタイトルの画面が表示されます。これがindexアクションによって作成されたWebページです。

図2-17：/helloにアクセスすると、このような画面が表示される。

ルートパラメータの利用

では、ルートパラメータはどのように利用することになるのでしょうか。これもアクションメソッドを修正して使ってみることにしましょう。

HelloControllerクラスを以下のように修正して下さい（namespaceとuse文は変わらないため、省略してあります）。

リスト2-9

```
class HelloController extends Controller
{

    public function index($id='noname', $pass='unknown') {

        return <<<EOF
<html>
<head>
<title>Hello/Index</title>
<style>
```

```
body {font-size:16pt; color:#999; }
h1 { font-size:100pt; text-align:right; color:#eee;
    margin:-40px 0px -50px 0px; }
</style>
</head>
<body>
    <h1>Index</h1>
    <p>これは、Helloコントローラのindexアクションです。</p>
    <ul>
        <li>ID: {$id}</li>
        <li>PASS: {$pass}</li>
    </ul>
</body>
</html>
EOF;


    }
}
```

　続いて、ルート情報の修正です。web.phpに追記した、HelloController@indexへの
Roue::get文を以下のように修正して下さい。

リスト2-10

```
Route::get('hello/{id?}/{pass?}', 'HelloController@index');
```

　これで修正完了です。/hello/taro/yamadaというように、/helloの後に2つのパラメー
タを付けてアクセスしてみましょう。それらのパラメータの値が画面に表示されます。

図2-18：/hello/taro/yamadaとアクセスすると、「ID: taro」「PASS: yamada」とパラメータの値が表
示される。

ルートパラメータの設定

　では、Route::get文から見てみましょう。ここでは以下のように第1引数が用意されて
いました。

```
'hello/{id?}/{pass?}
```

　{id?}と{pass?}の2つのパラメータが用意されています。いずれも**?**を付けて、**任意パ
ラメータ**として用意してあります。Route::getのパラメータについては、先にRoute::get
で設定したのとまったく同じことがわかります。

■アクションメソッドの設定

　では、コントローラクラスに用意したアクションメソッドを見てみましょう。ここで
は、以下のようにメソッドの定義が変更されています。

```
public function index($id='noname', $pass='unknown') {……}
```

　indexメソッドには、**$id**と**$pass**の2つの引数が追加されました。これが、ルートパラ
メータに指定された**{id}**と**{pass}**の値を受け取るための引数になります。先にRoute::get
の第2引数にクロージャとして処理を用意しましたが、あれがそのままアクションメソッ
ドに置き換わっていることがわかるでしょう。

　今回は任意パラメータですので、それぞれの引数にはデフォルト値を指定してありま
す。このあたりも、Route::getでルートパラメータを使ったときの無名関数の書き方と
まったく同じですね。

複数アクションの利用

　コントローラには、複数のアクションを用意することができます。複数のアクション
を用意した場合、どのようにアクセスされるのでしょうか。試してみましょう。
　HelloController.phpのHelloControllerクラスを以下のように修正しましょう。クラ
ス以外にグローバル変数や関数も用意されていますので、それらも記述して下さい
（namespace、useは省略しています）。

リスト2-11

```
global $head, $style, $body, $end;
$head = '<html><head>';
$style = <<<EOF
<style>
body {font-size:16pt; color:#999; }
h1 { font-size:100pt; text-align:right; color:#eee;
    margin:-40px 0px -50px 0px; }
</style>
EOF;
$body = '</head><body>';
$end = '</body></html>';
```

```php
function tag($tag, $txt) {
    return "<{$tag}>" . $txt . "</{$tag}>";
}


class HelloController extends Controller
{

    public function index() {
        global $head, $style, $body, $end;

        $html = $head . tag('title','Hello/Index') . $style .
            $body
            . tag('h1','Index') . tag('p','this is Index page')
            . '<a href="/hello/other">go to Other page</a>'
            . $end;
        return $html;
    }

    public function other() {
        global $head, $style, $body, $end;

        $html = $head . tag('title','Hello/Other') . $style .
            $body
            . tag('h1','Other') . tag('p','this is Other page')
            . $end;
        return $html;
    }
}
```

　コントローラの記述ができたら、続けてルーティングも用意しておきましょう。web.
phpに用意したHelloController@indexのルート情報を削除し、以下の文を新たに追記し
て下さい。

リスト2-12

```php
Route::get('hello', 'HelloController@index');
Route::get('hello/other', 'HelloController@other');
```

　修正ができたら、Webブラウザで/helloにアクセスをしてみて下さい。そして、「go
to Other page」のリンクをクリックしてみましょう。/hello/otherに移動し、このページ
の表示が現れます。

図2-19：/helloにアクセスし、「go to Other page」のリンクをクリックすると、/hello/otherのページに移動する。

複数ページの対応

ここでは、HelloControllerコントローラクラスに、「index」「other」という2つのアクションメソッドを用意してあります。そしてweb.phpにて、**/hello**にindexを、**/hello/other**にotherをそれぞれ割り当てています。

ページが複数になっても、このように基本的な実装の仕方は何ら変わりはありません。ただし、注意しておきたいのは、割り当てるアドレスです。

アクションとアドレスの関係

ここでは、/helloと/hello/otherにアクションを割り当ててあります。基本的に、アドレスとコントローラまたはアクションの関連は、以下のように対応させるのが一般的です。

```
http:// アプリケーションのアドレス / コントローラ / アクション
```

HelloControllerのindexアクションならば、**/hello/index**としておくのが一般的です。ただし、Webの世界では、indexは省略してアクセスできるようにしておくのが一般的ですので、**/hello**でアクセスできるようにしてあります。同じ考え方で、otherアクションは**/hello/other**に割り当ててあります。

これは、「一般的にそうする」ということであって、そうしなければいけないわけではありません。例えば、アクションメソッドが、getNextPageActionみたいな名前であれば、/hello/getnextpageactionとするより、アクション名を省略して/hello/nextとしておく、といったことはあるでしょう。よりわかりやすいアドレスにするためにコントローラ名やアクション名を少し修正するのはよくあることです。

ただし、その構成をまるで変えてしまうのは混乱の元です。例えば、HelloControllerのindexアクションを、/welcome/homeに割り当てる、というようにまったく関連性のないアドレスに割り当てることは推奨されないでしょう。ただし、その割り当て方に決まったルールがあり、それに基づいて割り当てているのであれば、問題はありません。

ルートの設定を独自のやり方で割り当てること自体が問題なのではありません。問題なのは、「割当方式が統一されない」ことです。どのようなやり方であれ、アプリケーション全体で首尾一貫していれば混乱はしません。

シングルアクションコントローラ

　複数アクションを用意するのとは反対に、「1つのコントローラに1つのアクションだけしか用意しない」というような設計をすることもあります。このような場合には、「シングルアクションコントローラ」としてクラスを用意します。

　シングルアクションコントローラは、特別なクラスというわけではありません。一般的なアクションメソッドの代わりに、「__invoke」というメソッドを使って処理を実装します。

■シングルアクションコントローラの基本形

```
class コントローラ extends Controller
{
    public function __invoke() {
        ……アクション処理……
    }
}
```

　これ以外にアクションメソッドは用意しません。メソッドは追加できますが、それらはアクションとしての利用はできません。

　シングルアクションコントローラとして作成されたコントローラは、ルート情報の設定も少し変わってきます。

```
Route::get( 'アドレス' , 'コントローラ名' );
```

　このように、コントローラ名だけを指定します。アクションの指定はしません。これにより、指定のアドレスにコントローラが割り当てられます。そしてそのアドレスにアクセスをすると、クラスの__invokeが呼び出され処理が実行される、というわけです。

HelloController をシングルアクション化

　では、実際にやってみましょう。HelloControllerクラスをシングルアクションコントローラに変更してみることにします。以下のようにソースコードを修正して下さい（namespace、useは省略します）。

リスト2-13

```
class HelloController extends Controller
{

    public function __invoke() {

        return <<<EOF
```

```
<html>
<head>
<title>Hello</title>
<style>
body {font-size:16pt; color:#999; }
h1 { font-size:30pt; text-align:right; color:#eee;
  margin:-15px 0px 0px 0px; }
</style>
</head>
<body>
  <h1>Single Action</h1>
  <p>これは、シングルアクションコントローラのアクションです。</p>
</body>
</html>
EOF;

    }
}
```

　コントローラの修正が終わったら、ルート情報です。web.phpを開き、HelloController
のルート情報を削除して以下のリストを改めて追記します。

リスト2-14

```
Route::get('hello', 'HelloController');
```

　これで作業完了です。Webブラウザから/helloにアクセスをすると、「Single Action」
とタイトル表示されたWebページが表示されます。
　ここでは、割り当てるコントローラまたはアクションを示す第2引数には、コントロー
ラ名だけしか記述されていません。これで、指定したコントローラの__invokeが呼び出
されて処理が実行されるようになるのです。

図2-20：/helloにアクセスすると、HelloControllerの表示が現れる。

リクエストとレスポンス

　コントローラの基本的な使い方はだいぶわかってきたことでしょう。最後に、クライアントとサーバーの間のやり取りを管理する「リクエスト（Request）」と「レスポンス（Response）」について触れておきましょう。

　ここまで作成してきたアクションメソッドを見ると、引数も特に用意されておらず、非常にあっさりとした構造でした。が、実際のWebアクセスというのは、内部で非常に多くの情報をやり取りしています。

　既にPHPを使っている皆さんなら、アクセスに関する情報を取得するために、**$_REQUEST**などのグローバル変数を利用したことがあるでしょう。$_REQUESTは、リクエストに関する情報をまとめたものでした。

　クライアントからサーバーへアクセスをしたとき、クライアントから送られてきた情報は「リクエスト」として扱われます。そしてサーバーからクライアントへ返送する情報は「レスポンス」として扱います。このリクエストとレスポンスをうまく扱うことが、Webサイトへのアクセス処理にはとても重要なことでした。

　このリクエストとレスポンスの情報は、Laravelでも利用することができます。これは、**Illuminate\Http**名前空間に用意されている「Request」「Response」というクラスとして用意されています。

　これらのオブジェクトには、リクエストまたはレスポンスに関する情報を保管するプロパティや、それらを操作するためのメソッドが用意されています。本格的な利用はもう少しLaravelを使いこなせるようになってから考えるとして、とりあえずこれらのオブジェクトがどんなものか、どう使うのかぐらいは覚えておきましょう。

図2-21：クライアントからサーバーへアクセスしたときの情報はリクエスト、サーバーからクライアント
へと返送されるときの情報はレスポンスとしてまとめられている。

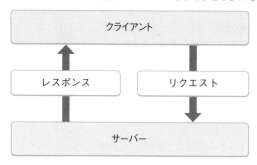

RequestおよびResponse

では、実際にRequestおよびResponseオブジェクトを使ってみましょう。
HelloController.phpを以下のように修正して下さい。なお、今回はuse文などもすべて掲
載しておきます。

リスト2-15

```php
<?php

namespace App\Http\Controllers;

use Illuminate\Http\Request;
use Illuminate\Http\Response;

class HelloController extends Controller
{

    public function index(Request $request, Response $response) {

$html = <<<EOF
<html>
<head>
<title>Hello/Index</title>
<style>
body {font-size:16pt; color:#999; }
h1 { font-size:120pt; text-align:right; color:#fafafa;
  margin:-50px 0px -120px 0px; }
</style>
</head>
<body>
  <h1>Hello</h1>
```

```
    <h3>Request</h3>
    <pre>{$request}</pre>
    <h3>Response</h3>
    <pre>{$response}</pre>
</body>
</html>
EOF;
        $response->setContent($html);
        return $response;
    }
}
```

これで完成です。続いて、ルート情報の設定も行っておきましょう。web.phpに追記した文を削除し、新たに以下のリストを追加します。

リスト2-16

```
Route::get('hello', 'HelloController@index');
```

これで、/helloにアクセスしたらHelloControllerのindexアクションが実行されるようになりました。

では、/helloにWebブラウザからアクセスしてみましょう。クライアントからヘッダー情報が、またレスポンスからはキャッシュコントロールや日付などの情報が得られているのがわかります。

図2-22：/helloにアクセスすると、Request/Responseのプロパティが表示される。

アクションメソッドの引数定義

ここでは、まずRequestとResponseを利用するため、use文を追記してあります。

```
use Illuminate\Http\Request;
use Illuminate\Http\Response;
```

Requestはデフォルトで用意されていましたので(**リスト2-6**参照)、それにResponseの useを追加しています。これで両方のクラスが利用できるようになりました。

これらの利用は、アクションメソッドで行います。indexを見ると、以下のような形 で定義されています。

```
public function index(Request $request, Response $response) {……
```

引数に、RequestとResponseが用意されているのがわかります。このように、これら を引数に追加するだけでインスタンスが用意され、使えるようになります。

Request の主なメソッド

では、Request/Responseの利用例として、いくつかのメソッドを紹介しておきましょ う。まずはRequestからです。これは、アクセスしたURLに関するものがいくつか用意 されているのでまとめておきましょう。

```
$request->url();
```

urlは、アクセスしたURLを返します。ただし、クエリー文字列(アドレスのあとに付 けられる、?abc=xyzというようなテキスト)は省略されます。

```
$request->fullUrl();
```

fullUrlは、アクセスしたアドレスを完全な形で返します(クエリー文字列も含まれま す)。

```
$request->path();
```

pathは、ドメイン下のパス部分だけを返します。

Response の主なメソッド

続いてResponseです。こちらは、クライアントへ返送する際のステータスコード、表 示コンテンツの設定などがあります。

```
$this->status();
```

アクセスに関するステータスコードを返します。これは正常にアクセスが終了していたら200になります。

```
$this->content();
$this->setContent( 値 );
```

コンテンツの取得・設定を行うものです。contentはコンテンツを取得し、setContentは引数の値にコンテンツを変更します。

これらのオブジェクトは、これから先、Laravelを使いこなすにつれて利用価値が高まっていくことでしょう。まずは、ここに挙げたメソッドを使って、オブジェクトの使い方を覚えておきましょう。

Column サービスとDI

Laravelでは、アクションメソッドの引数にRequestやResponseを追加するだけで、それらが利用できるようになりました。これは、考えてみると不思議なことです。なぜ、引数を追加するだけでそれが使えるようになったのでしょうか。

これを理解するには、「サービス」と「サービスコンテナ」と呼ばれる機能について知る必要があります。Laravelでは、各種の機能が「サービス」と呼ばれる形のプログラムとして用意されています。そしてこのサービスは、「サービスコンテナ」と呼ばれるものに組み込まれ、管理されています。

アクションメソッドに引数を追加すると、サービスコンテナによって対応するクラスのインスタンスがその引数に渡され、利用できるようになっていたのです。この機能は「メソッドインジェクション」と呼ばれます。

このサービスコンテナのように、必要に応じて自動的に機能を組み込む仕組みは、Laravel以外でも多用されています。これは一般に「DI」(Dependency Injection、依存性注入)と呼ばれ、関連する機能を自動的に組み込む働きを実現するものです。このDIという技術により、メソッドに引数を追加するだけで自動的にサービスが組み込まれるメソッドインジェクションが実現されています。

この辺りについては、サービスについての知識がないと今一つ理解できないかもしれません。本書では、これらについては特に言及しません。本書の続編『PHPフレームワークLaravel実践開発』で、サービス関連について説明していますので、更に学びたい人はそちらを参照して下さい。

Chapter 3

ビューとテンプレート

画面表示を担当するのが「ビュー(View)」です。Laravel
では、ビューはPHPのスクリプトと、「Blade」というテン
プレートエンジンを使った方法が用意されています。これら
の利用についてここでしっかりマスターしましょう。

3-1 PHPテンプレートの利用

Laravelでは、PHPのスクリプトファイルで「テンプレート」を作成し、それを表示することができます。また「Blade」という独自の高機能なテンプレート機能も持っています。これらを使い、画面表示の基本をマスターしましょう。

ビューについて

前章で、コントローラを使い、簡単な表示を作成しました。しかし、表示内容をテキストの値として変数に持たせるようなやり方では、あまり複雑な表現はできません。本格的なWebページを作るためには、HTMLを使ってそのまま表示内容を記述できるような仕組みが必要でしょう。

こうした用途のために用意されているのが「テンプレート」です。テンプレートは、Laravelの「ビュー(View)」を担当する重要な部品です。

先に述べたように、Laravelでは、Model-View-Controller(MVC)というアーキテクチャに基づいて設計がされています。ビューは、画面表示を担当する部分で、画面の表示に関する部分を簡単にわかりやすい形で作れるようにしています。そのために採用されているのが、テンプレートという考え方です。

テンプレートは、画面表示のベースとなるものです。あるアドレスにアクセスすると、コントローラはそのアドレスで使われるテンプレートを読み込んで表示します。ただし、ただ読み込まれたHTMLのコードがそのまま表示されるわけではありません。

レンダリングの考え方

テンプレートには、あらかじめ変数や処理などが記述されています。Laravelでは、テンプレートを読み込んだ後、その中に必要な情報をはめ込むなどして、実際の表示を生成することができます。この作業は「レンダリング」と呼ばれます。

レンダリングにより、テンプレート内に用意されている処理や変数などが実行され、処理結果や変数の値などが実際の表示として組み込まれていくのです。このレンダリングという作業により、コントローラで用意しておいた値や変数などを組み込んだHTMLソースコードが生成されます。

レンダリングは、「テンプレートエンジン」によって行われます。テンプレートエンジンは1つだけではなく、いろいろなものがあります。どのテンプレートエンジンを使うかによって、テンプレートの書き方なども変わってきます。

Laravelでは、大きく2つのテンプレートが用いられます。1つは、**PHPのソースコードをそのままテンプレートとして使う方法**です。そしてもう1つは、Laravelが独自に作成した「**Blade**(ブレード)」と呼ばれるテンプレートエンジンを使った方法です。

この2つの方法が使えるようになれば、画面表示についての基本はほぼマスターした

といえるでしょう。

図3-1：クライアントがアクセスすると、呼び出されたコントローラからテンプレートが読み込まれ、テンプレートエンジンによってレンダリングされる。テンプレートエンジンはさまざまなものが利用できる。

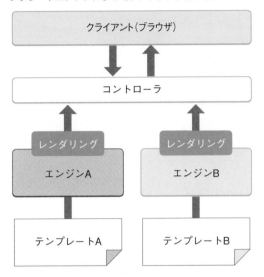

PHPテンプレートを作る

では、実際にテンプレートを利用してみることにしましょう。ここでは、前章で作成したHelloControllerを使い、このコントローラに用意されたアクションからテンプレートを読み込んで利用してみます。

まずは、テンプレートファイルを作成しましょう。テンプレートファイルは、「resources」フォルダ内の「views」というフォルダの中に配置します。

このフォルダを開き、その中に「hello」というフォルダを作成して下さい。テンプレートは、各コントローラごとにフォルダを用意し、その中にそのコントローラで使うテンプレートをまとめておくのが一般的です。これは必ずそうしないといけないわけではありませんが、テンプレートをわかりやすく管理するために「そう配置するのが基本」と考えて下さい。

では、この「hello」フォルダの中に、「index.php」という名前でPHPファイルを作成しましょう。

図3-2：「views」内に「hello」フォルダを作り、その中に「index.php」ファイルを作成する。

ソースコードは、以下のように記述しておきます。

リスト3-1

```
<html>
<head>
    <title>Hello/Index</title>
    <style>
    body {font-size:16pt; color:#999; }
    h1 { font-size:100pt; text-align:right; color:#f6f6f6;
        margin:-50px 0px -100px 0px; }
    </style>
</head>
<body>
    <h1>Index</h1>
    <p>This is a sample page with php-template.</p>
</body>
</html>
```

　見ればわかるように、PHPといっても、ただHTMLのコードが記述されているだけです。まずは、ただのHTMLを表示するところから始めることにしましょう。

ルートの設定でテンプレートを表示する

　では、このテンプレートを読み込んで表示してみます。まずは、ルート情報を設定し、テンプレートをレンダリング表示するようにしてみます。
　web.phpを開き、既にある/helloのルート情報を削除して下さい。そして、以下の文を新たに追記します。

リスト3-2

```
Route::get('hello', function() {
    return view('hello.index');
});
```

これで完成です。コントローラは？　実は、今回は使いません。まずは、ルート情報の設定のところで、直接テンプレートを使ってみます。

記述したら、**/hello**にWebブラウザからアクセスをして下さい。用意したindex.phpのHTMLソースコードがそのまま読み込まれ、画面に表示されます。

図3-3：/helloにアクセスすると、index.phpの内容が表示される。

view メソッドについて

ここでは、第2引数に用意されるクロージャ（無名関数）内で「view」というメソッドを使っています。このviewは、引数にテンプレート名をテキストで指定すると、そのテンプレートを読み込んで返します。viewは、このような形で呼び出します。

```
view( 'フォルダ名 . ファイル名' )
```

テンプレートは、「views」フォルダから検索されます。ここでは、**'hello.index'**という値をviewの引数に指定していますが、これで「views」内の「hello」フォルダの中にある**index.php**が指定されます。フォルダ内にあるファイルは、このように「フォルダ.ファイル」という形で記述をします。

単に'hello'だけだと、「views」フォルダ内にあるファイルを検索してしまいます。フォルダを使ってテンプレートを整理している場合は、「どのフォルダ内の何というファイルか」をきちんと指定しなければいけません。

Column viewとResponse

このviewメソッドの戻り値をreturnすると、そのままテンプレートの内容が表示されます。このことから、「viewは、テンプレートを読み込んでその内容を返すんだ」と思ってしまいがちですが、実はそうではありません。

viewが返すのは、「Response」インスタンスなのです。もちろん、このResponseには、指定したテンプレートのレンダリング結果がコンテンツとして設定されています。ですから、テンプレートの内容がきちんと表示されます。結果として「viewの戻り値をそのまま返せばテンプレートの内容が表示される」という点では同じですが、「viewにより、テンプレートのソースコードがそのまま返されるわけではない」という点は知っておきましょう。

コントローラでテンプレートを使う

では、コントローラでテンプレートを使いましょう。ルート情報のクロージャで使ったviewをそのままアクションメソッド内で利用するだけですから、使い方はすぐにわかります。

まず、コントローラを修正しましょう。HelloControllerクラスのindexメソッドを以下のように修正して下さい。

リスト3-3

```php
public function index()
{
    return view('hello.index');
}
```

returnでviewの結果を返している点は先ほどとまったく同じです。修正したら、web.phpに記述した/helloのルート情報のRoute::get文を以下のように書き換えます。

リスト3-4

```php
Route::get('hello', 'HelloController@index');
```

これで修正完了です。Webブラウザから/helloにアクセスすると、先ほどと同様にindex.phpテンプレートの内容が表示されます。

やっていることは、先ほどと同じです。ただ、Route::getでviewするか、**Route::getで呼び出されたアクションメソッド内でview するか**の違いだけです。

図3-4：/helloにアクセスすると、index.phpの内容が表示される。

値をテンプレートに渡す

ただHTMLのソースコードをそのまま表示するだけなら、テンプレートを使う意味がありません。テンプレートでは、必要な値を渡して表示したり、必要な処理を実行して結果を表示したりできるからこそ、役に立つのです。

では、こうした値の表示を行ってみましょう。index.phpの<body>タグ部分を以下のように書き換えて下さい。

```
<body>
    <h1>Index</h1>
    <p><?php echo $msg; ?></p>
    <p><?php echo date("Y年n月j日"); ?></p>
</body>
```

今回は、変数**$msg**と、現在の日付をそれぞれ<p>タグにまとめて表示しています。index.phpテンプレートは、基本的にはただのPHPスクリプトです。したがって、**<?php ?>**タグを使ってPHPのスクリプトを記述すれば、そのままスクリプトを実行できます。

ただし、そのためには、コントローラ側からテンプレート側へ、必要な変数などの値を受け渡す方法がわかっていなければいけません。ここでは、$msgを表示していますから、この$msgという変数をテンプレートに渡さなければいけません。

では、コントローラのアクションメソッドを修正しましょう。HelloControllerクラスのindexアクションメソッドを以下のように書き換えて下さい。

```
public function index()
{
    $data = ['msg'=>'これはコントローラから渡されたメッセージです。'];
    return view('hello.index', $data);
}
```

修正したら、/helloにアクセスしてみましょう。「これはコントローラから渡されたメッセージです」というテキストが表示されます。$msgに値を渡し、それが表示されることが確認できました。

図3-5：実行すると、$msgのテキストが表示される。

テンプレートへの値の受け渡し

ここでは、**indexアクションのviewメソッド**を呼び出しているところで、必要な値をテンプレート側に渡しています。ここでは、viewの呼び出しは以下のように記述しています。

```
return view( テンプレート , 配列 );
```

　第2引数に、**配列**（連想配列）が渡されています。ここで配列に用意した値が、そのまま
まテンプレート側に変数として用意されるのです。例えば今回の例では、

```
['msg'=>'これはコントローラから渡されたメッセージです。']
```

このような配列が用意されていました。これで、配列の値である「これはコントローラ
から渡されたメッセージです。」というテキストが、キーである'msg'という名前の変数と
してテンプレートに用意されることになります。
　このようにviewの第2引数では、テンプレート側に用意する変数名をキーに指定して、
値を用意します。配列ですから、必要があればいくつでも値を用意して渡すことが可能
です。

図3-6：コントローラ側で配列として用意した値は、viewでテンプレート側に渡されて使えるようになる。

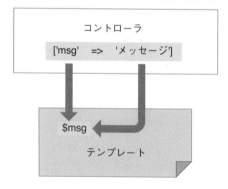

ルートパラメータをテンプレートに渡す

　値の受け渡しですぐに思い浮かぶのは、「ルートパラメータ」の利用についてでしょう。
アクセス時のアドレスに記述しておいた値が、そのままテンプレートで表示されるよう
にするためには、どうするのでしょうか。

　これは、2つの部分に切り分けて考えるとよいでしょう。1つは、**ルートパラメータを
受け取る部分**。もう2つは、**値をテンプレートに書き出す部分**です。
　ルートパラメータを受け取る処理は、既にやりました。アクションの引数に仮引数を
用意しておき、Route::getでアドレスにパラメータを追記しておくのでしたね。
　この方法で、ルートパラメータはコントローラで受け取れます。後は、それをテンプ
レートに渡して表示するだけです。

　では、実際にやってみましょう。まずはテンプレートの修正です。index.phpの
<body>部分を以下のように修正します。

リスト3-7

```
<body>
    <h1>Index</h1>
    <p><?php echo $msg; ?></p>
    <p>ID=<?php echo $id; ?></p>
</body>
```

ここでは、$idという変数を追加して表示させています。これがパラメータとして渡される値です。

アクションの修正

では、コントローラのアクションを修正しましょう。HelloControllerクラスのindexメソッドを以下のように書き換えて下さい。

リスト3-8

```
public function index($id='zero')
{
    $data = [
        'msg'=>'これはコントローラから渡されたメッセージです。',
        'id'=>$id
    ];
    return view('hello.index', $data);
}
```

ここでは、引数に**$id**を追加しています。引数が省略されることも考え、デフォルト値を用意しておきました。そしてこの引数$idを、配列に'id'というキーで追加しておきます。これで、引数$idの値がそのまま、テンプレートで$idという変数で使えるようになりました。

ルート情報の修正

最後にルート情報の修正です。web.phpに記述してあった/helloのルート情報を以下のように修正して下さい。

リスト3-9

```
Route::get('hello/{id?}', 'HelloController@index');
```

第1引数のアドレスに、**{id?}**という形でルートパラメータを用意しておきました。この{id?}の値が、コントローラのindexアクションメソッドに引数として渡されることになります。それがそのままテンプレートの$idに渡され表示される、というわけです。

修正ができたら、/hello/○○というように、/hello/の後に値をつけてアクセスをしてみて下さい。パラメータとしてつけた値が「ID=○○」という形で画面に表示されます。

図3-7：/hello/hanakoとアクセスすると、ID=hanakoと表示される。

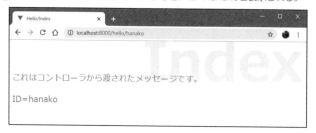

クエリー文字列の利用

　アクセスするアドレスの情報を利用して値を渡す方法は、もう1つあります。「クエリー文字列」を使うのです。

　クエリー文字列は、アドレスの後に「?○○=××」といった形式でつけられたテキスト部分のことです。GoogleやAmazonなどのサイトにアクセスすると、アドレスの後に延々と「○○=××&△△=◇◇……」といった暗号のようなものが記述されているのを見たことがあるでしょう。あれがクエリー文字列です。

　クエリー文字列は、ルートパラメータとは少し受け取り方が違います。これも実際に試しながら使い方を説明しましょう。

　テンプレートは、先ほどのものをそのまま利用することにします。コントローラのアクションとルート情報だけクエリー文字列用に書き換えればよいでしょう。

　まずは、コントローラのindexアクションメソッドからです。以下のように修正して下さい。

リスト3-10

```php
public function index(Request $request)
{
    $data = [
        'msg'=>'これはコントローラから渡されたメッセージです。',
        'id'=>$request->id
    ];
    return view('hello.index', $data);
}
```

　ここでは、引数に**Requestインスタンス**を渡すようにしています。そして、テンプレートに渡す**'id'**の値は、**$request->id**というようにして取り出しています。このidが、クエリー文字列で渡される値です。

　続いて、ルート情報を修正します。/helloのルート情報を以下のように修正します。

リスト3-11

```
Route::get('hello', 'HelloController@index');
```

　見ればわかるように、アドレスから{id?}が消えています。特に何の仕掛けもない、ごく一般的なルート情報の記述に戻されていることがわかるでしょう。
　これで、Webブラウザから、例えば以下のようにアクセスをしてみて下さい。

　　http://localhost:8000/hello?id=query_string_sample

図3-8：「?id=メッセージ」とクエリー文字列をつけてアクセスする。

　すると、画面には「ID=query_string_sample」とテキストが表示されます。
　ここでは、**?id=query_string_sample**というようにして、idというキーにquery_string_sampleというテキストを設定してアクセスをしています。この値が、アクションメソッドでは**$request->id**として取り出されていたのです。

　このようにクエリー文字列を使って渡された値は、「$request->キー名」というようにして取り出すことができます。ルートパラメータと異なり、ルート情報には何ら特別な記述は必要ありません。ただアクションでRequestを引数に用意しておくだけでいいのです。

3-2 Bladeテンプレートを使う

　Laravelには、「Blade」という独自のテンプレートエンジンが用意されています。このテンプレートの基本的な書き方を覚えましょう。そしてフォーム送信などの基本的な処理が行えるようになりましょう。

Bladeを使う

　PHPスクリプトファイルをそのままテンプレートとして使うのは、わかりやすくていいのですが、記述が煩雑になってしまうきらいがあります。ちょっと値を表示するだけ

でも、**<?php echo ○○; ?>**などと書かなければならないのですから。

　また、PHPタグが**< >**を使っており、一般的なHTMLのタグと同じ形式になっているため、HTMLの作成ツールなどを使うとタグの構造が崩れたりしてしまいますし、ページをいくつかに分割してまとめてレイアウトするような機能もありません。全部、HTMLとPHPで手作業でレイアウトしていくしかないのです。

　Laravelに独自に用意されている「**Blade**（ブレード）」というテンプレートエンジンは、非常に効率的にレイアウトを作成していくための機能を持っています。テンプレートを継承して新たなテンプレートを定義したり、レイアウトの一部をセクションとしてはめ込むなどしてレイアウトを作っていくことができます。Laravelを利用しているなら、ぜひBladeを使ってテンプレート作成をできるようになりたいところです。

テンプレートを作る

　では、実際にBladeテンプレートを作って利用してみることにしましょう。Bladeテンプレートも、PHPテンプレートと同様、「resources」内の「veiws」フォルダの中に配置します。

　「views」内に作成した「hello」フォルダの中に、「index.blade.php」という名前でファイルを作成してください。これがBladeのテンプレートファイルです。Bladeは、このように「○○.blade.php」という名前でファイルを用意します。

　作成したindex.blade.phpには、以下のようにソースコードを記述しておきましょう。

リスト3-12

```
<html>
<head>
    <title>Hello/Index</title>
    <style>
    body {font-size:16pt; color:#999; }
    h1 { font-size:50pt; text-align:right; color:#f6f6f6;
        margin:-20px 0px -30px 0px; letter-spacing:-4pt; }
    </style>
</head>
<body>
    <h1>Blade/Index</h1>
    <p>{{$msg}}</p>
</body>
</html>
```

　基本的な部分は、普通のHTMLそのままです。ただし、よく見ると、<p>タグの部分に、**{{$msg}}**が用意されています。これは、変数$msgを埋め込んだものです。Bladeでは、**{{$変数}}**というようにして変数をテンプレート内に埋め込むことができます。

アクションの修正

　では、続いてコントローラのアクションメソッドを修正しましょう。indexアクションメソッドを以下のように書き換えて下さい。

リスト3-13

```
public function index()
{
    $data = [
        'msg'=>'これはBladeを利用したサンプルです。',
    ];
    return view('hello.index', $data);
}
```

これで完成です。/helloにアクセスすると、index.blade.phpテンプレートを使って画面が表示されます。

図3-9：/helloにアクセスすると、Bladeを使った画面が表示される。

Column index.phpとindex.blade.php、どっちを使うの？

　index.blade.phpを使ってページの表示ができましたが、ちょっと考えてみて下さい。ここでは、「Bladeテンプレートを使う」といった設定は一切行っていません。そして、これまで使っていたindex.phpもそのままになっています。それなのに、view('hello.index'～)と実行すると、index.blade.phpを使って画面の表示がされました。

　Laravelでは、Bladeテンプレートがあると、それが優先して読み込まれます。テンプレート名を'index'と指定してあるなら、index.phpではなく、index.blade.phpが使われるのです。このファイルがない場合には、index.phpが使われます。このため、同名のファイル「○○.php」「○○.blade.php」があれば、「○○.blade.php」が使われます。

フォームを利用する

　基本的なWebページの表示ができるよになったところで、次は「フォーム送信」を行ってみましょう。フォームは、ユーザーからの入力を受けて処理をする際の基本となるものです。

　これも実際にサンプルを作りながら説明しましょう。まずは、テンプレート側からです。index.blade.phpの<body>タグ部分を以下のように修正して下さい。

リスト3-14

```
<body>
```

```
    <h1>Blade/Index</h1>
    <p>{{$msg}}</p>
    <form method="POST" action="/hello">
        @csrf
        <input type="text" name="msg">
        <input type="submit">
    </form>
</body>
```

　ここでは、**\<form method="POST" action="/hello">**という形でフォームを用意して
あります。/helloにPOST送信されたときの処理を用意すれば、そこで送られたフォーム
を処理できるようになります。
　ここでの最大のポイントは、\<form>タグの次にある文です。

```
@csrf
```

　@csrfを出力しています。@csrfは「Bladeディレクティブ」と呼ばれ、テンプレートに
決まったコードを生成して書き出す働きをします。

CSRF対策について

　@csrfは、CSRF対策のために用意されたBladeディレクティブです。
　CSRFは、「Cross Site Request Forgery」と呼ばれる、Webサイト攻撃の一つです。スク
リプトなどを使い、外部からフォームを送信するもので、フォームに大量のコンテンツ
を送りつけたりするのに用いられています。
　@csrfは、「トークン」と呼ばれるランダムな文字列を非表示フィールドとして追加し
ます。そして、このトークンの値が正しいフォームだけを受け付けるようにします。こ
うすることで、用意されたフォームからの送信かどうか見分けることができるようにな
り、フォーム以外からの送信を受け付けないようにします。

　Laravelでは、CSRF対策がなされていないフォームの送信は、例外が発生して受け付
けられないようになっています。したがって、フォームを利用する際には、必ず@csrf
をフォーム内に用意しておく必要があります。

図3-10：CSRFは、外部からプログラムなどによってフォームを送信する攻撃。用意されたフォームかどうか見分ける工夫が必要になる。

送信フォーム

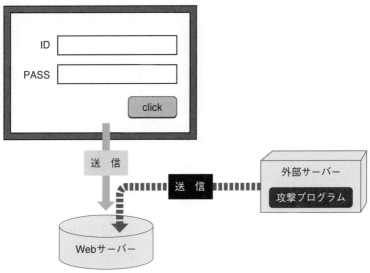

アクションの用意

　では、コントローラにアクションを用意しましょう。今回は、/helloにアクセスしたときの表示と、フォームを送信したときの処理の2つのアクションが必要となります。

　HelloController.phpを開き、HelloControllerクラスを以下のように修正して下さい（namespace、useは省略）。

リスト3-15

```php
class HelloController extends Controller
{

    public function index()
    {
        $data = [
            'msg'=>'お名前を入力して下さい。',
        ];
        return view('hello.index', $data);
    }

    public function post(Request $request)
    {
        $msg = $request->msg;
```

```
        $data = [
            'msg'=>'こんにちは、' . $msg . 'さん！',
        ];
        return view('hello.index', $data);
    }
}
```

indexメソッドは、/helloにアクセスした際の処理です。これは、これまでと同じような内容ですから説明は不要でしょう。

postメソッドが、/helloにPOST送信されたときの処理です。ここではRequestインスタンスを引数に用意してあります。そして、以下のようにフォームの内容を取り出しています。

```
$msg = $request->msg;
```

name="msg"を指定してあったフィールドの値は、このように$request->msgで取り出すことができます。フォームで送信された値は、すべてnameのプロパティとして取り出せるようになっているのです。

POSTのルート設定

残るは、ルート情報の追記です。web.phpに以下の文を追記して下さい。なお、既にある/helloにアクセスするためのRoute::get文はそのままにしておきましょう。削除したりはしないでください。

リスト3-16

```
Route::post('hello', 'HelloController@post');
```

POST送信は、**Route::post**というメソッドで設定します。メソッド名が違うだけで、使い方はRoute::getと同じです。割り当てるアドレスと、呼び出すアクションをそれぞれ引数に指定します。

ここでは、/helloにHelloControllerクラスのpostメソッドを割り当ててあります。同じアドレスでも、GETとPOSTというようにアクセスするメソッドの種類が違えば両方共に使うことができます。

図3-11：フォームに名前を入力して送信すると、「こんにちは、○○さん！」と表示される。

Column　ChromeにおけるTokenMismatchException問題

@csrfをつけておけばCSRF対策に引っかからずにフォーム送信ができる……はずなのですが、実際にやってみると、きちんと@csrfを書いてあるのに、送信するとTokenMismatchException（CSRF対策のトークンという値が合わないエラー）が出ることがあります。

　もし、この問題が発生したなら、他のWebブラウザで試してみてください。例えばMicrosoft Edgeではこうした問題は確認されていません。

　あるいは、開発中はCSRF対策の機能をOFFにしておく、ということもできます。CSRF対策を行っているのはVerifyCsrfTokenというミドルウェアで、これ使われないように設定しておけばよいのです。**4-4節**の「CSRF対策とVerifyCsrfToken」にその方法をまとめてありますので、そちらを参考にして下さい。

3-3　Bladeの構文

　Bladeでは、レイアウト内で表示を制御したり、レイアウトを継承して複数を組み合わせたりするための構文が用意されています。それらについて使い方を説明しましょう。

値の表示

　Bladeには、さまざまな機能が用意されており、それらを実装するための構文も揃っています。この構文の書き方がわからないと、Bladeの機能を引き出すことはできません。ここでBladeの基本的な構文の使い方について説明しておきましょう。

　まずは、値を埋め込む**{{ }}**からです。これは、既に使いましたね。変数などを埋め込むのに使いました。

```
{{ 値・変数・式・関数など }}
```

　このように、{{と}}の間に文を書くことで、その文が返す値をその場に書き出します。値として扱えるものであれば、関数でもメソッドでも指定することができます。

　この{{}}の出力は、基本的に**HTMLエスケープ処理**されます。HTMLタグなどをテキストとして設定した場合も、すべてエスケープ処理されるため、タグはテキストとして表示され、HTMLのタグとしては機能しません。

　もし、エスケープ処理されてほしくない場合は、以下のように記述します。

```
{!! 値・変数・式・関数など !!}
```

　{!!と!!}の間に値を設定します。これで、値はエスケープ処理されなくなり、HTMLタグなどはそのままタグとして機能するようになります。

@ifディレクティブ

　Bladeには、「ディレクティブ」と呼ばれる機能があります。これは、言語における構文のような役割を果たします。これは、いくつかの種類が用意されています。

　まずは、**条件分岐(if文)**に相当するディレクティブからです。これは以下のように利用します。

■条件がtrueの時に表示をする

```
@if （ 条件 ）
……出力内容……
@endif
```

■条件によって異なる表示をする

```
@if （ 条件 ）
……出力内容……
@else
……出力内容……
@endif
```

■複数の条件を設定する

```
@if （ 条件 ）
……出力内容……
@elseif （ 条件 ）
……出力内容……
@else
……出力内容……
@endif
```

　ディレクティブは、基本的に「@ディレクティブ名」という形で記述します。**@if**は、その後に条件を設定します。その条件がtrueならば、それ以降〜 @endifまでの部分を表示します。

　この@ifには、**@elseif**と**@else**というディレクティブがオプションとして用意されています。@elseは、条件がfalseのときに表示する内容を指定するものです。また@elseifは、条件がfalseのとき、次の条件を設定するものです。この@elseifは、いくつでも続けて記述できます。

基本的には、PHPのif文の働きと同じなので、動作がよくわからないということはないでしょう。違いは、ディレクティブの場合は何かを実行するのではなく「表示する」という点です。「条件がtrueならこれを表示する、falseならこれを表示する」というように、条件に応じて表示する内容を制御するのが@ifディレクティブです。

図3-12：@ifは、条件をチェックし、その結果によって表示する内容を変更する。

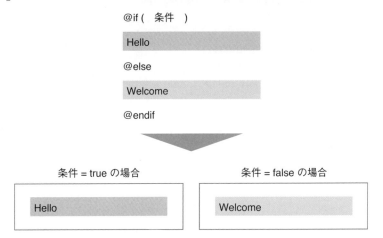

@if を利用する

では、実際に@ifディレクティブを使ってみましょう。先ほどの/helloの表示を@if利用に書き換えてみます。

index.blade.phpの<body>部分を、以下のように修正して下さい。

リスト3-17

```
<body>
    <h1>Blade/Index</h1>
    @if ($msg != '')
    <p>こんにちは、{{$msg}}さん。</p>
    @else
    <p>何か書いて下さい。</p>
    @endif
    <form method="POST" action="/hello">
        @csrf
        <input type="text" name="msg">
        <input type="submit">
    </form>
</body>
```

ここでは、@ifを利用し、$msg != ''がtrueならば（つまり、$msgに何か値があるならば）、$msgを使ったメッセージを表示しています。そして条件がfalseならば（つまり$msgが空ならば）、「何か書いて下さい。」と表示させています。

後は、コントローラ側で$msgの値の設定を行うようにアクションメソッドを修正しておくだけです。HelloController.phpのHelloControllerクラスを以下のように修正して下さい。

リスト3-18

```
class HelloController extends Controller
{

    public function index()
    {
        return view('hello.index', ['msg'=>'']);
    }

    public function post(Request $request)
    {
        return view('hello.index', ['msg'=>$request->msg]);
    }
}
```

図3-13：送信すると名前が表示される。表示の変更は、@ifで行っている。

修正したら、/helloにアクセスして動作を確認しましょう。アクセスすると、「何か書いて下さい」と表示されます。テキストを書いて送信すると、メッセージに変わります。何も送信されたテキストがないと$msgが空になり、@elseの表示がされるようになります。

特殊なディレクティブ

@ifは、条件分岐の基本となるディレクティブですが、その他にも@ifと同じように分岐処理を行うディレクティブがいくつか用意されています。ここでまとめておきましょう。いずれも@ifと同様、オプションとして@elseを追加することができます。

■条件が非成立の時に表示

```
@unless ( 条件 )
……表示内容……
@endunless
```

@ifの逆の働きをするものです。@unlessは、条件がfalseの場合に表示を行い、trueの場合は表示をしません。

@elseを用意した場合は、条件がtrueのときに表示されるようになります。

■変数が空の場合に表示

```
@empty （ 変数 ）
……表示内容……
@endempty
```

( )に指定した変数が空の場合に表示を行うためのものです。@elseは、変数が空でない(値が設定されている)場合に表示されます。

■変数が定義済みの場合に表示

```
@isset （ 変数 ）
……表示内容……
@endisset
```

@emptyと似ていますが、こちらは変数そのものが定義されているかどうかを確認するものです。変数が定義されている(そしてnullではない)場合に表示を行います。@elseを用意することで、変数が未定義だった場合の表示を用意できます。

@isset で変数定義をチェックする

では、例として@issetを利用したサンプルを挙げておきましょう。先ほどの@ifのソースコードを修正し、@isset利用に変更してみます。index.blade.phpの<body>タグ部分を以下のように修正しましょう。

リスト3-19
```
<body>
    <h1>Blade/Index</h1>
    @isset ($msg)
    <p>こんにちは、{{$msg}}さん。</p>
    @else
    <p>何か書いて下さい。</p>
    @endisset
    <form method="POST" action="/hello">
        @csrf
        <input type="text" name="msg">
        <input type="submit">
    </form>
</body>
```

ここでは、@issetで$msgが定義されているかどうかをチェックし、されていればメッセージを表示するようにしてあります。これに合わせて、HelloControllerクラスも以下

のように書き換えておきます。

リスト3-20

```
class HelloController extends Controller
{

    public function index()
    {
        return view('hello.index');
    }

    public function post(Request $request)
    {
        return view('hello.index', ['msg'=>$request->msg]);
    }
}
```

　ここでは、indexアクションメソッドでは値をテンプレートに渡していません。渡していませんから、テンプレート側では当然、$msgは未定義になります。@isset($msg)はfalseとなるわけです。

　このように、「GET時には値はない」「POSTされると値が渡される」という処理を@issetで分岐することができます。これによりコードがシンプルになっているのがわかるでしょう。

繰り返しのディレクティブ

　繰り返し関係のディレクティブも何種類かのものが用意されています。これらもまとめて整理しておきましょう。

■for構文に相当するもの

```
@for ( 初期化 ; 条件 ; 後処理 )
……繰り返す表示……
@endfor
```

　PHPのfor構文に相当するディレクティブです。for構文と同様に、( )内に初期化処理、繰り返し条件、繰り返しの後処理の3つを用意します。

■foreach構文に相当するもの

```
@foreach ( $配列 as $変数 )
……繰り返す表示……
```

```
@endforeach
```

　PHPのforeach構文に相当するディレクティブです。( )内には、配列と変数を用意します。これにより、配列から値を変数へと取り出す処理を繰り返していきます。

■foreach-else構文に相当するもの

```
@forelse ( $ 配列 as $ 変数 )
……繰り返す表示……
@empty
……$ 変数が空のときの表示……
@endforelse
```

　これは、foreach構文にelseを追加した場合の処理に相当するものです。( )の配列から順に値を取り出して処理を繰り返していく点は@foreachと同じです。値をすべて取り出し終えて取り出せなくなったとき、@emptyにある処理を実行して繰り返しを終えます。

■while構文に相当するもの

```
@while ( 条件 )
……繰り返す処理……
@endWhile
```

　PHPのwhile構文に相当するものです。引数に条件を設定し、その条件がtrueの場合に表示を行います。
　ただし、whileでは、実行時に条件で使っている変数などの値が変化しなければ無限ループとなってしまうため、ディレクティブ内で何らかの処理を実行する必要があります。これには、この後で触れる**@php**ディレクティブが必要となるでしょう。

繰り返しディレクティブを利用する

　では、実際に簡単なサンプルを作成して、繰り返しのディレクティブがどう機能するか確かめてみましょう。
　ここでは、@foreachディレクティブを利用してみることにします。index.blade.phpの<body>タグ部分を以下のように書き換えましょう。

リスト3-21

```
<body>
    <h1>Blade/Index</h1>
    <p>&#064;foreachディレクティブの例</p>
    <ol>
    @foreach($data as $item)
    <li>{{$item}}
    @endforeach
```

```
      </ol>
  </body>
```

ここでは、@foreachディレクティブに**($data as $item)**という形で繰り返しの設定を用意しています。これにより、$dataから順に値を取り出して$itemに代入する、という繰り返しが実行されます。コントローラ側では、$dataに配列を渡すようにしておけばいいのです。

では、HelloControllerクラスの修正をしましょう。indexアクションメソッドを以下のように書き換えて下さい。

リスト3-22

```
public function index()
{
    $data = ['one', 'two', 'three', 'four', 'five'];
    return view('hello.index', ['data'=>$data]);
}
```

図3-14：@foreachディレクティブを使い、配列$dataの値を順に表示する。

修正したら、/helloにアクセスしてみましょう。「one」「two」「three」「four」「five」と5つの項目がリスト表示されます。

ここでは、$dataにこれらの値を配列としてまとめたものを代入しています。そして、viewメソッドでは、['data'=>$data]というように$dataを'data'に設定してテンプレートに渡しています。これで、テンプレート側では$dataでデータの配列が利用できるようになります。

@break と @continue

PHPの繰り返し構文では、breakやcontinueといったキーワードが用意されていて、これらを使って繰り返しの中断や次のステップへの継続処理などが行えるようになっていました。

繰り返しディレクティブでも、これに相当するものが用意されています。

@break	PHPのbreakに相当。これが出力されると、その時点で繰り返しのディレクティブが中断されます。
@continue	PHPのcontinueに相当。これより後は表示せず、すぐに次の繰り返しに進みます。

　どちらもPHPの繰り返し構文ではおなじみのものですから、働きなどはわかるでしょう。では、実際に利用例を挙げておきましょう。

　index.blade.phpの<body>タグ部分を以下のように書き換えて下さい。

リスト3-23

```
<body>
    <h1>Blade/Index</h1>
    <p>&#064;forディレクティブの例</p>
    <ol>
    @for ($i = 1;$i < 100;$i++)
    @if ($i % 2 == 1)
        @continue
    @elseif ($i <= 10)
    <li>No, {{$i}}
    @else
        @break
    @endif
    @endfor
    </ol>
</body>
```

図3-15：No, 2 〜 10まで偶数の番号だけが表示される。

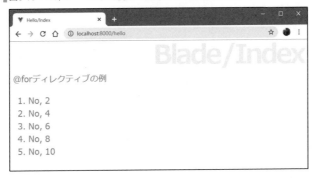

　/helloにアクセスすると、「No, 2」「No, 4」「No, 6」「No, 8」「No, 10」と項目が表示されます。

　ここでは、**@for ($i = 1;$i < 100;$i++)** というように、1 〜 100の間で繰り返しを実行しています。このままでは、No, 1 〜 No, 99の項目が表示されるはずですね。

が、繰り返しの中では、まず**@if ($i % 2 == 1)**をチェックしています。これで、$iが2で割って1あまる（つまり$iが奇数である）場合は**@continue**ですぐに次の繰り返しへ進むようになります。

更にその後の**@elseif ($i <= 10)**により、$iが10を超えたら@breakするようにしています。これにより、1 ～ 10の範囲で偶数の値だけが出力されていた、というわけです。

$loopによるループ変数

繰り返しディレクティブには、「$loop」という特別な変数が用意されています。これは「ループ変数」と呼ばれるもので、繰り返しに関する情報などを得ることができます。

この$loopはオブジェクトになっており、繰り返しに関するプロパティがいろいろと用意されています。以下に整理しておきましょう。

$loop->index	現在のインデックス（ゼロから開始）
$loop->iteration	現在の繰り返し数（1から開始）
$loop->remaining	あと何回繰り返すか（残り回数）
$loop->count	繰り返しで使っている配列の要素数
$loop->first	最初の繰り返しかどうか（最初ならtrue）
$loop->last	最後の繰り返しかどうか（最後ならtrue）
$loop->depth	繰り返しのネスト数
$loop->parent	ネストしている場合、親の繰り返しのループ変数を示す

これらの値を参照することで、現在の繰り返しの状態が知られます。では、これらを利用した簡単なサンプルを挙げておきましょう。

index.blade.phpの<body>タグ部分を以下のように書き換えて下さい。

リスト3-24

```
<body>
    <h1>Blade/Index</h1>
    <p>&#064;forディレクティブの例</p>
    @foreach ($data as $item)
    @if ($loop->first)
    <p>※データ一覧</p><ul>
    @endif
    <li>No,{{$loop->iteration}}. {{$item}}</li>
    @if ($loop->last)
    </ul><p>――ここまで</p>
    @endif
    @endforeach
</body>
```

図3-16：アクセスすると、最初と最後にメッセージが表示されたリストが表示される。

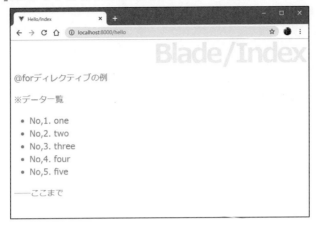

　/helloにアクセスすると、最初に「※データ一覧」、最後に「——ここまで」とメッセージが表示され、その間にデータのリストがナンバリングされて表示されます。

　ここでは@foreachディレクティブ内で、まず**@if ($loop->first)**をチェックしています。これで、最初の繰り返しの時にこの@ifディレクティブ部分が出力されます。同様に、**@if ($loop->last)**では最後の繰り返しの時に出力される内容が用意されます。

　項目を出力しているところでは、**No,{{$loop->iteration}}**というようにして、繰り返し回数を冒頭に表示させています。

　このように、$loopを利用することで、繰り返しの状態などに応じた表示を比較的簡単に作成していくことができます。

　なお、<p>タグ部分で「@for」とあるのは、@forをテキストとして表示させるためです。そのまま@forと書くとBladeのキーワードとして認識されてしまうので、文字コードに変換して書いてあります。

@phpディレクティブについて

　ディレクティブは、制御構文のような機能をテンプレートに簡単に組み込むことができますが、PHPのスクリプトそのものではありません。ifやforは利用できても、それだけで複雑な処理を組み立てられるわけではありません。PHPのスクリプトを直接実行することも必要となる場合があるでしょう。

　PHPのスクリプトは、**@php**というディレクティブを使って記述することができます。これは以下のように利用します。

```
@php
……PHP のスクリプト……
@endphp
```

　このディレクティブを使えば、Bladeテンプレート内で直接スクリプトを実行し、必要な処理を行うことができます。

　では、これも利用例を見てみましょう。先に、@whileという繰り返しのディレクティブを紹介しましたが、これはスクリプトで変数などの操作を行わないとうまく使いこなせません。@phpを併用して@whileを使ってみることにしましょう。

リスト3-25

```
<body>
    <h1>Blade/Index</h1>
    <p>&#064;whileディレクティブの例</p>
    <ol>
    @php
    $counter = 0;
    @endphp
    @while ($counter < count($data))
    <li>{{$data[$counter]}}</li>
    @php
    $counter++;
    @endphp
    @endwhile
    </ol>
</body>
```

図3-17：@whileを使って$data配列の中身を出力する。

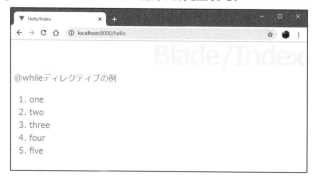

　ここでは、まず**$counter = 0;**というように変数$counterを初期化しています。そして@whileの繰り返し部分では、**$counter++;**で$counterを1増やしています。これで順に配列の項目を出力していき、**@while ($counter < count($data))**の条件がfalseになったら（$counterの値が配列の要素数になったら）繰り返しを抜けます。このように、変数の操作を行うスクリプトを少し足すことで、@whileが使えるようになります。

　ただし、「それなら、@phpでどんどん処理を書いていけばいい」とは考えないで下さい。テンプレートは、本来、「処理と表示を切り離す」ために用意されたものです。処理はコントローラ（アクション）で行い、テンプレートは表示を担当する、それが基本です。ですから、あまり複雑なスクリプトを@phpで記述する必要が生じたなら、「そのアプローチ自体が間違ったやり方ではないか」ということを考えてみて下さい。
　テンプレートに用意するスクリプトは必要最小限に。それが@php利用の基本です。

3-4 レイアウトの作成

Bladeには、レイアウトを継承し、いくつものテンプレートをセクションとして組み合わせてレイアウトを作成していく機能が用意されています。Blade式のレイアウトの作り方をここで説明しましょう。

レイアウトの定義と継承

ここまでのテンプレート（index.blade.php）は、基本的に1つのテンプレートの中でページ全体の表示を記述していました。これは1つ1つのテンプレートが完結していてわかりやすいのですが、多数のページを持ったWebサイトを構築する場合はかなり面倒になってきます。

多くのページがあるサイトでは、全体の統一感を持たせるために、共通したデザインでページが表示されるようにしているのが一般的です。そのためには、サイト全体で共通するベースとなるレイアウトを用意し、それをもとに各ページのデザインを行うようなやり方をする必要があるでしょう。

こうしたサイト全体を統一したデザインでレイアウトするために、Bladeには強力な機能が用意されています。それは「継承」と「セクション」です。

▌継承とは？

継承は、PHPのクラスで利用したことがあるでしょう。既に存在しているクラスを受け継いで、新しいクラスを作成するための機能でしたね。

Bladeの継承も、考え方としては同じです。すなわち、既にあるテンプレートのレイアウトを継承して新しいテンプレートを作成するのです。継承元のテンプレートに用意されている表示は、すべて新たに継承して作られたテンプレートでそのまま表示されます。新しいテンプレートでは、継承元にはない要素を用意するだけでいいのです。

▌セクションとは？

継承でページをデザインするとき、ページ内の要素として活用されるのが「**セクション**」です。

セクションは、レイアウト内に用意される区画です。レイアウト用テンプレートでは、ページ内にセクションの区画を用意しておき、継承して作られた新しいテンプレートで、そのセクションの内容を用意しておくのです。こうすることで、指定の内容がセクションに組み込まれ、レイアウトが完成します。

この「継承」と「セクション」により、ベースとなるレイアウトから同じレイアウトのページをいくつも作っていくことが可能になります。

図3-18：ベースとなるレイアウトを継承し、用意されたセクションに表示内容をはめ込んでいけば、同じレイアウトでページをどんどん作っていける。

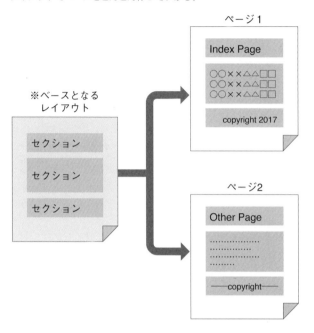

@sectionと@yield

セクションの利用のために、Bladeには2つのディレクティブが用意されています。**@section**と**@yield**です。この2つを使いこなすことが、レイアウト作成のポイントといってよいでしょう。

@section について

レイアウトで、さまざまな区画を定義するために用いられるのが、**@section**です。@sectionは、ページに表示されるコンテンツの区画を定義します。これは、以下のように記述します。

```
@section( 名前 )
……表示内容……
@endsection
```

これで、指定した名前でセクションが用意されます。このセクションは、同じ名前の@yieldにはめ込まれ、表示されます。
また、@sectionは、継承したページで@sectionによって上書きすることもできます。

@yield について

@yieldは、セクションの内容をはめ込んで表示するためのものです。これは以下のよ

うに記述します。

```
@yield( 名前 )
```

@yieldで指定した**名前**のセクションがあると、そのセクションが@yieldのところにはめ込まれます。**@yieldは配置場所を示す**ものなので、@yieldendのようなものはありません。具体的なコンテンツなどを用意する必要はないのですから。

ベースレイアウトを作成する

では、実際に簡単なサンプルを作成してみましょう。まずは、ベースとなるレイアウト用のテンプレートからです。

「resources」内の「views」フォルダの中に、新たに「layouts」というフォルダを作成して下さい。レイアウトのテンプレートは、このフォルダの中に用意することにしましょう。
「layouts」フォルダの中に、「helloapp.blade.php」という名前で新しいファイルを作成して下さい。これがベースとなるレイアウト用のファイルです。作成したら、以下のリストを記述しておきましょう。

リスト3-26

```html
<html>
<head>
    <title>@yield('title')</title>
    <style>
    body {font-size:16pt; color:#999; margin: 5px; }
    h1 { font-size:50pt; text-align:right; color:#f6f6f6;
        margin:-20px 0px -30px 0px; letter-spacing:-4pt; }
    ul { font-size:12pt; }
    hr { margin: 25px 100px; border-top: 1px dashed #ddd; }
    .menutitle {font-size:14pt; font-weight:bold; margin: 0px; }
    .content {margin:10px; }
    .footer { text-align:right; font-size:10pt; margin:10px;
        border-bottom:solid 1px #ccc; color:#ccc; }
    </style>
</head>
<body>
    <h1>@yield('title')</h1>
    @section('menubar')
    <h2 class="menutitle">※メニュー </h2>
    <ul>
        <li>@show</li>
    </ul>
    <hr size="1">
```

```
    <div class="content">
    @yield('content')
    </div>
    <div class="footer">
    @yield('footer')
    </div>
</body>
</html>
```

　ここでは、何ヶ所かにディレクティブが用意されています。以下に簡単にまとめておきます。

```
<title>@yield('title')</title>
<h1>@yield('title')</h1>
```

　タイトル表示の部分には、**'title'**という名前で@yieldを用意してあります。ここにtitleのコンテンツを設定します。また<body>内の<h1>にも同様に@yieldを用意し、タイトルを表示するようにしてあります。

```
@section('menubar')
```

　これは、メニュー表示の区画です。セクションは区画を定義するものですが、一番土台となるレイアウトで@sectionを用意する場合は、@endsectionではなく、**@show**というディレクティブでセクションの終わりを指定します。

```
@yield('content')
@yield('footer')
```

　残る@yieldはこの2つです。これらは、それぞれコンテンツとフッターをはめ込むために用意してあります。継承したレイアウトで、これらの名前で@sectionを用意しておけば、そのセクションのレイアウトがこれらの@yieldにはめ込まれることになるでしょう。

継承レイアウトの作成

　続いて、このレイアウト用テンプレートを継承して、実際のWebページに使うテンプレートを用意しましょう。
　ここでは、今まで利用してきた「index.blade.php」を開いて修正してみましょう。以下のようにindex.blade.phpのスクリプトを変更して下さい。

リスト3-27

```
@extends('layouts.helloapp')

@section('title', 'Index')
```

```
@section('menubar')
    @parent
    インデックスページ
@endsection

@section('content')
    <p>ここが本文のコンテンツです。</p>
    <p>必要なだけ記述できます。</p>
@endsection

@section('footer')
copyright 2020 tuyano.
@endsection
```

　今回は、先ほどのhelloapp.blade.phpとはうって変わって、HTMLらしい記述がほとんどないものになってしまいました。

@extends について

　まず最初に用意すべきは、レイアウトの継承設定でしょう。これは以下のように記述をしています。

```
@extends('layouts.helloapp')
```

　これで、「layouts」フォルダ内の「helloapp.blade.php」というレイアウトファイルをロードし、親レイアウトとして継承します。これがないと、レイアウトの継承そのものが機能しなくなりますので注意して下さい。

@section の書き方

　続いて、@setionの表示内容の書き方です。これには2通りあります。
　1つは、タイトルの表示に使った書き方です。

```
@section('title', 'Index')
```

　単純にテキストや数字などをセクションに表示させるだけなら、@sectionの引数内に、当てはめるセクション名と、そこに表示する値をそれぞれ引数に用意します。今回は、'title'という名前のセクションに、'Index'というテキスト値を設定します。
　もう1つの書き方は、**@endsection**を併用した書き方です。例えば以下の部分がそうですね。

```
@section('menubar')
    @parent
    インデックスページ
@endsection
```

@sectionから@endsectionまでの部分が、セクションの内容になります。親レイアウトに'menubar'というyieldがあれば、そこにはめ込まれて表示されるわけですね。

ただし、今回の親レイアウトには、'menubar'という@yieldはなく、@sectionがあります。この場合、@sectionは上書きして置き換わります。

このセクションには、**@parent**というディレクティブがありますが、これは親レイアウトのセクションを示します。親の@sectionに子の@sectionを指定する場合、親の@section部分を子のセクションが上書きします。このとき、親にあるセクションも残して表示したいこともあります。このようなときに、@parentで親のセクションをはめ込んで表示させることができます。

その他の@section('content')や@section('footer')などは、親レイアウト側は@yieldで場所を指定しているだけなので、その部分にセクションがはめ込まれて表示されます。

▌表示を確認する

親と子のレイアウトがそれぞれ用意できたら、実際に/helloにアクセスして表示を確認しましょう。helloapp.blade.phpのレイアウトに、index.blade.phpに用意したセクションがはめ込まれて表示されていることがわかるでしょう。

このように、レイアウトの継承を利用することで、子側のテンプレートには、セクションに表示する内容だけを記述すれば済みます。そしてすべて親のレイアウトを継承することで、同じレイアウトでページが表示されるようになるのです。

▌**図3-19**：/helloにアクセスして表示されるページ。helloapp.blade.phpのレイアウトにindex.blade.phpの内容がはめ込まれている。

コンポーネントについて

継承を利用したレイアウトでは、親レイアウトの必要な部分に子側のセクションをはめ込んで表示を完成させました。このやり方は、全体を一式揃えて作成するには大変便利な方法です。

が、ときには「一部を切り離して作成し、組み込みたい」ということもあるでしょう。例えばタイトルやフッターの表示などは、それぞれ独立した部品として用意しておけれ

ばとても便利です。各レイアウトからタイトルやフッターの部分を切り離すことで、純粋にそのページのコンテンツだけに集中することができます。また必要に応じてそれらの部品だけを修正すれば、サイト全体の表示を更新できるようになります。

このような場合に用いられるのが「コンポーネント」です。コンポーネントは、1つのテンプレートとして独立して用意されるレイアウト用の部品です。コンポーネントは、テンプレートから読み込まれ、必要な場所に組み込まれます。

図3-20：コンポーネントは、独立したテンプレートとして用意される部品。それらを組み合わせてレイアウトを構築できる。

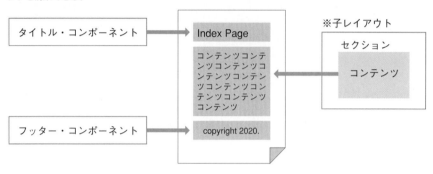

@component ディレクティブ

コンポーネントは、普通のテンプレートとして内容を作成します。コンポーネントといっても、書き方は普通のテンプレートと違いはありません。

作成されたコンポーネントは、**@component**というディレクティブを使って表示場所を設定されます。これは以下のように記述します。

■コンポーネントの組み込み

```
@component( 名前 )
……コンポーネントの表示内容……
@endcomponent
```

コンポーネントの名前は、「views」フォルダにあるファイル名で指定されます。例えば、「components」フォルダ内に「ok.blade.php」というファイル名で用意してあったならば、'components.ok'と指定すれば読み込むことができます。

コンポーネントを作成する

では、実際にコンポーネントを作成してみましょう。ここでは、「views」フォルダの中に、新たに「components」というフォルダを用意し、この中にコンポーネントを用意することにします。

「components」フォルダを作成し、その中に「message.blade.php」という名前でファイ

ルを作成して下さい。そこに以下のようにソースコードを記述します。

リスト3-28

```
<style>
.message { border:double 4px #ccc; margin:10px; padding:10px;
    background-color:#fafafa; }
.msg_title { margin:10px 20px; color:#999;
    font-size:16pt; font-weight:bold; }
.msg_content {margin:10px 20px; color:#aaa;
    font-size:12pt; }
</style>
<div class="message">
    <p class="msg_title">{{$msg_title}}</p>
    <p class="msg_content">{{$msg_content}}</p>
</div>
```

　ここでは、**{{$msg_title}}**と**{{$msg_content}}**という変数を表示するテンプレートを用意しておきました。それ以外に特に難しい点はないでしょう。ごく普通のHTMLタグベースのテンプレートであることがわかります。

コンポーネントを組み込む

　では、この**message**コンポーネントをテンプレートに組み込んで表示させてみましょう。ここでは、**index.blade.php**のcontentセクションの中に組み込んでみます。
　@section('content')のセクション部分を以下のリストのように修正して下さい。

リスト3-29

```
@section('content')
    <p>ここが本文のコンテンツです。</p>
    <p>必要なだけ記述できます。</p>

    @component('components.message')
        @slot('msg_title')
        CAUTION!
        @endslot

        @slot('msg_content')
        これはメッセージの表示です。
        @endslot
    @endcomponent

@endsection
```

図3-21：/helloにアクセスすると、messageコンポーネントのメッセージボックスが表示される。

修正したら、/helloにアクセスしてみましょう。コンテンツの下部に、四角い枠線で囲われたメッセージが表示されます。これが、messageコンポーネントの表示です。このように、コンポーネントを組み込むことで、さまざまな表示をレイアウトの中に追加できます。

スロットについて

ここでは、message.blade.phpの中に**{{$msg_title}}**と**{{$msg_content}}**という変数を用意していました。コンポーネントを利用する際には、これらの変数に必要な値を渡さなければいけません。

それを行っているのが、「スロット」です。スロットは、**{{ }}**で指定された変数に値を設定するためのものです。これは以下のように記述します。

```
@slot( 名前 )
……設定する内容……
@endslot
```

ここでは、@component('components.message')として「components」フォルダのmessage.blade.phpをコンポーネントとして組み込むことを指定しています。そしてこの@component内に、**@slot('msg_title')**と**@slot('msg_content')**を用意してあります。これらのスロットの内容が、コンポーネントの**$msg_title**と**$msg_content**にはめ込まれて表示されるのです。

コンポーネントを使い、ページに表示されるさまざまな部品を用意しておけば、それらを組み合わせてページをデザインできるようになります。そしてそれらはすべて統一されたデザインで表示されることになるのです。

サブビューについて

コンポーネントは使い勝手の良い部品ですが、例えばページフッターやサイドバーなどのように定形のコンテンツなどは、もっと単純に「用意したテンプレートをただはめ込んで表示できればいい」というものであったりします。こうしたものは、テンプレートを読み込んでそのままテンプレート内にはめ込むことができます。こうした「あるビューから別のビューを読み込んではめ込んだもの」を**サブビュー**といいます。

サブビューは、専用のテンプレートがあるわけではありません。ごく普通のテンプレートとして用意しておき、それをそのまま読み込んで表示するだけのシンプルな仕組みなのです。

スロットのようなものは、サブビューでは使えません。ただし、コントローラからテンプレートに渡された変数などは、そのままサブビューのテンプレート内でも使うことができます。また、サブビューを読み込む際に変数を渡すこともできます。

サブビューは、以下のようにして読み込みます。

```
@include( テンプレート名 , [……値の指定……] )
```

第1引数には、読み込むテンプレートファイルを指定します。単にテンプレートの内容を表示するだけならこれだけでかまいません。何らかの値をサブビューのテンプレートに渡したい場合は、第2引数に配列(連想配列)にまとめた値を用意しておきます。

message.blade.php をサブビューで読み込む

では、実際にやってみましょう。先ほど作成したmessage.blade.phpを、サブビューとしてコンテンツ内に読み込み、表示させてみましょう。

index.blade.phpの@section('content')部分を以下のように修正して下さい。

リスト3-30

```
@section('content')
    <p>ここが本文のコンテンツです。</p>
    <p>必要なだけ記述できます。</p>

    @include('components.message', ['msg_title'=>'OK',
        'msg_content'=>'サブビューです。'])

@endsection
```

/helloにアクセスすると、先程と同様にメッセージのボックスが表示されます。ここでは、@includeの第2引数に**msg_title**と**msg_content**の値を配列として渡しています。こうすることで、必要な値をテンプレート側に渡して表示させることができます。

@eachによるコレクションビュー

表示の一部を切り離して作成する、ということを考えたとき、意外と利用頻度が高いのが「繰り返しの表示」です。例えばデータを繰り返しディレクティブなどで表示させるとき、表示する各項目のレイアウトを切り離して作成できたら便利ではありませんか？
テーブルの表示、リストの表示、通常のテキストコンテンツの表示など、あらかじめ用意しておいたデータを繰り返し出力していくことはよくあります。こうした場合に役立つのが「@each」というディレクティブです。

@eachディレクティブは、あらかじめ用意されていた配列やコレクションから順に値を取り出し、指定のテンプレートにはめ込んで出力するものです。これは以下のように記述します。

```
@each( テンプレート名 , 配列 , 変数名 )
```

第2引数には、表示するデータをまとめた配列やコレクションを指定します。そして第3引数には、配列から取り出したデータを代入する変数名を指定します。テンプレート側では、この変数を使ってデータを受け取り、表示を行います。

@each による表示を利用する

では、実際にやってみましょう。まずは、繰り返し表示する項目のテンプレートを用意します。
今回は「components」フォルダの中に「item.blade.php」という名前でファイルを作成することにします。内容は以下のように記述しておきましょう。

リスト3-31

```
<li>{{$item['name']}} [{{$item['mail']}}]</li>
```

ここでは、$itemという変数からnameとmailの値を取り出して表示しています。ということは、nameとmailをまとめた配列データを、更に配列としてまとめたものを用意すればいいことがわかるでしょう。

続いて、index.blade.phpの@section('content')の修正です。@eachを使い、item.blade.phpでデータの項目を表示するようにしておきます。

リスト3-32

```
@section('content')
    <p>ここが本文のコンテンツです。</p>
    <ul>
    @each('components.item', $data, 'item')
    </ul>
@endsection
```

このようになりました。ここでは@eachで、$dataという変数を'item'に入れて繰り返すようにしてあります。

ということは、**アクションメソッド側で$data変数を用意しておき**、テンプレートに渡せばいいわけですね。では、HelloController.phpのindexアクションメソッドを修正しましょう。

リスト3-33

```
public function index()
{
    $data = [
        ['name'=>'山田たろう', 'mail'=>'taro@yamada'],
        ['name'=>'田中はなこ', 'mail'=>'hanako@flower'],
        ['name'=>'鈴木さちこ', 'mail'=>'sachico@happy']
    ];
    return view('hello.index', ['data'=>$data]);
}
```

図3-23：コントローラ側で用意したデータを@eachで繰り返し表示する。

これで完成です。$dataには、**['name'=>○○, 'mail'=>○○]**という形式の配列をデータとしてまとめてあります。@eachでは、この1つ1つの配列が取り出され、そこからnameとmailの値を取り出して項目として出力していくことになるのです。

　@eachは、テンプレート名を指定して呼び出すだけですから、新しいテンプレートを作成したら、テンプレート名を書き換えるだけでデータの表示をがらりと変えてしまうことができます。データを多用するアプリでは非常に便利なディレクティブでしょう。

3-5 サービスとビューコンポーザ

　ビューには、コントローラとは別にビジネスロジックを使って必要な情報などを処理し、ビューにデータを結合する「ビューコンポーザ」という機能があります。その基本について説明しましょう。

ビューコンポーザとは？

　Laravelでは、ビューはテンプレートを利用して作成されます。Bladeでは、@PHPディレクティブを利用することでPHPのスクリプトを埋め込むことができました。これにより、ビュー独自に何らかの処理が必要な場合もテンプレート側で処理を行うことができます。

　ただし、テンプレートというものの役割を考えるなら、そこにビジネスロジックを含めるのは感心しません。といって、コントローラ側でビューのための処理を記述していくのも何か違う気がするかもしれません。「ビューにビジネスロジックをもたせたい場合は、どこに処理を置くべきなのか？」というのは、MVCアーキテクチャ登場の当初からある、非常に悩ましい問題です。

Laravelでは、この問題を解決するための機能を提供します。それが「ビューコンポーザ」です。

ビューのビジネスロジック

ビューコンポーザは、ビューをレンダリングする際に自動的に実行される処理を用意するための部品です。これは関数やクラスとして用意できます。ビューコンポーザを作成し、これをアプリケーションに登録することで、ビューをレンダリングする際に常に処理を自動実行させることが可能になります。

ビューコンポーザでは、**ビューのオブジェクト（Viewクラス）**が引数として渡され、それを利用することでテンプレート側に必要な情報などを渡すことができます。渡された値は、テンプレートで変数として利用することができます。

図3-24：ビューコンポーザは、テンプレートがレンダリングされる際に呼び出され実行される。

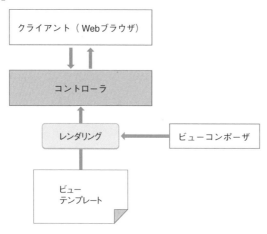

サービスとサービスプロバイダ

ビューコンポーザを利用するためには、その前に「サービス」と「サービスプロバイダ」という仕組みについて理解しておく必要があります。

サービスは、Laravelに用意されている機能強化のための仕組みの一つです。Laravelには、「**サービスコンテナ**」と呼ばれるシステムが用意されています。これは**DI**（Dependency Injection、依存性注入）と呼ばれる機能を使ったシステムで、必要に応じて「サービス」と呼ばれるプログラムを自動的に自身の中に組み込み、使えるようにしてくれるシステムです。このサービスとサービスコンテナにより、必要に応じて各種の機能をアプリケーション内に組み込み、機能拡張していくことができるようになっています。

このサービスを登録するために用意されるのが「**サービスプロバイダ**」です。サービスプロバイダを用意しておくことで、必要に応じて特定のサービスを組み込んで使えるようにできるのです。サービスプロバイダは、あらかじめ登録しておくための設定ファイルが用意されているので、そこに記述するだけでアプリケーションに組み込まれます。

サービスプロバイダとビューコンポーザ

　この「サービスとサービスプロバイダ」は、Laravelで非常に重要な役割を果たしています。自身でサービスを定義し、組み込んだりして使うこともももちろん可能ですが、サービスに限らず、アプリケーション内でさまざまな機能を実行するのにサービスプロバイダは利用されています。Laravelに用意されている各種機能そのものも、実はこのサービスとサービスプロバイダの仕組を利用して作られていることが多いのです。

　ビューコンポーザは、アクセスしたページをレンダリングする際に必要な処理を自動的に実行し、結果を組み込むことができます。が、その仕組は誰がいつどうやってコントローラ内に組み込むのか？　その秘密が、サービスプロバイダなのです。
　まず、事前にサービスを登録するためのサービスプロバイダを用意しておき、その中でビューコンポーザを利用するための処理を記述しておきます。このサービスプロバイダをアプリケーションに登録することで、その中に記述されたビューコンポーザが自動的に実行されるようになるのです。

図3-25：ビューコンポーザはサービスプロバイダ内から利用される。サービスプロバイダは自動的にアプリケーションに組み込まれ、利用できるようになる。

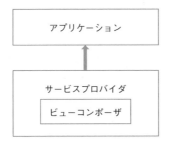

サービスプロバイダの定義について

　サービスプロバイダは、クラスとして定義されます。その基本的な形をまとめると以下のようになります。

サービスプロバイダの基本形

```
use Illuminate\Support\Facades\View;
use Illuminate\Support\ServiceProvider;

class プロバイダクラス extends ServiceProvider
{
  public function register()
  {
    // コンポーザの設定
  }
```

```
  public function boot()
  {
    // コンポーザの設定
  }
}
```

　サービスプロバイダは、**ServiceProvider**というクラスを継承して作成されます。これには、**register**と**boot**というメソッドが用意されます。

　registerメソッドは、サービスプロバイダの登録処理を行います。サービスを登録する処理などはここに記述されます。

　bootメソッドは、アプリケーションサービスへの**ブートストラップ処理**(アプリケーションが起動する際に割り込んで実行される処理)です。ここにコンポーザを設定する処理を用意することで、設定したビューをレンダリングする際に自動的にコンポーザが呼び出されるようになります。

　継承元のServiceProviderクラスには他にも各種のメソッドが用意されていますが、とりあえずbootだけ覚えておけば、ビューコンポーザの利用はできるようになります。

> **Note**
>
> 　ここで使うサービスプロバイダについてしっかりと理解するためには、サービスについて(更にはサービスコンテナについても)理解する必要があります。サービスの利用は、Laravelにおける非常に大きなテーマの一つで、今の段階で本格的にマスターするのはかなり大変でしょう。
>
> 　そこで、ここでは「ビューコンポーザの利用」に限定してサービスプロバイダを作成し、説明します。サービスやサービスプロバイダの働きについては、本書では特に取り上げません。これらについてもしっかりと学びたいという人は、本書の続編『PHPフレームワークLaravel実践開発』で説明をしていますので、そちらを参照して下さい。

HelloServiceProviderを作成する

　では、実際にサービスプロバイダを作成してみましょう。これは、手作業でファイルを作成してもいいのですが、**artisan**を利用すればもっと簡単に作成できます。

　コマンドプロンプトまたはターミナルでアプリケーションフォルダにカレントディレクトリを移動し、以下のようにコマンドを実行して下さい。

```
php artisan make:provider HelloServiceProvider
```

図3-26：artisan make:providerで、HelloServiceProviderを作る。

　これで、「HelloServiceProvider」というサービスプロバイダが作成されます。**artisan**

make:providerは、その後に記述した名前のサービスプロバイダを作成するコマンドです。

HelloServiceProvider.php をチェックする

では、作成されたサービスプロバイダを見てみましょう。これは、「app」内の「providers」というフォルダの中に作成されます。この中から、「HelloServiceProvider.php」を開いて、その中に書かれているソースコードを確認してみて下さい（コメントは省略して掲載します）。

リスト3-34

```php
<?php

namespace App\Providers;

use Illuminate\Support\ServiceProvider;

class HelloServiceProvider extends ServiceProvider
{
    public function boot()
    {
        //
    }

    public function register()
    {
        //
    }
}
```

これが、自動生成されたスクリプトです。SeviceProviderクラスを継承したHelloServiceProviderクラスが定義されているのがわかります。

クラス内には、bootとregisterというメソッドが用意されています。いずれも既に説明したものですね。registerはサービスの登録に使うものですから、今回は使いません。bootメソッドのみ利用します。

クロージャでコンポーザ処理を作る

では、ビューコンポーザを用意しましょう。これには、2通りの方法があります。1つは、ビューコンポーザのクラスを定義し、それをbootで設定するというもの。もう1つは、boot内に無名クラスでビューコンポーザの処理を組み込んでしまうというものです。

まずは、簡単な「クロージャを使った方法」からやってみましょう。今回は、簡単な値をビューに追加するサンプルを作ってみます。HelloServiceProvider.phpを以下のように書き換えて下さい。

リスト3-35

```php
<?php
namespace App\Providers;

use Illuminate\Support\Facades\View;
use Illuminate\Support\ServiceProvider;

class HelloServiceProvider extends ServiceProvider
{
    public function boot()
    {
        View::composer(
            'hello.index', function($view){
                $view->with('view_message', 'composer message!');
            }
        );
    }
}
```

ここでは、/helloのindexビュー(「views」内の「hello」フォルダ内にある「index.blade.php」テンプレートによるビュー)に「view_message」という値を設定する処理を作成しています。

View::composer について

ここでは、**View::composer**というメソッドを実行しています。これがビューコンポーザを設定するためのものです。このメソッドは以下のように利用します。

```
View::composer( ビューの指定 , 関数またはクラス );
```

第1引数には、ビューコンポーザを割り当てるビューを指定します。第2引数には、実行する処理となるクロージャか、ビューコンポーザのクラスを指定します。ここでは、以下のような関数を用意してあります。

```
function($view){
    $view->with('view_message', 'composer message!');
}
```

引数には、**$view**が用意されていますが、これはIlluminate\View名前空間にある**View クラスのインスタンス**です。これが、ビューを管理するオブジェクトになります。ここにあるメソッドなどを利用してビューを操作することができます。
ここでは、「with」というメソッドを使っています。これはビューに変数などを追加するためのもので、以下のように利用します。

```
$view->with( 変数名 , 値 );
```

例題では、'view_message'という**名前**で、'composer message!'というテキストを**値**に設定しています。

サービスプロバイダの登録

これでHelloServiceProviderは完成ですが、しかしこの状態ではまだ動きません。サービスプロバイダをアプリケーションに登録する必要があります。

登録は、プロジェクトの「config」フォルダ内にある「app.php」に記述をします。このファイルを開くと、以下のような記述が見つかります。

```
'providers' => [
    Illuminate\Auth\AuthServiceProvider::class,
    Illuminate\Broadcasting\BroadcastServiceProvider::class,
    ……以下略……
],
```

この**'providers'**という名前に設定された配列が、アプリケーションに登録されているプロバイダの一覧です。ここにプロバイダクラスを追記すれば、アプリケーション起動時にそれが登録され、利用できるようになります。

では、'providers'の配列を閉じる**]**の直前辺りを改行し、以下の文を追記しましょう。

リスト3-36

```
App\Providers\HelloServiceProvider::Class
```

これで、HelloServiceProviderクラスがプロバイダとしてアプリケーションに登録されます。

ビューコンポーザを利用する

では、実際にビューコンポーザを使ってみましょう。ここでは「hello」内の「index.blade.php」を修正します。@section('content')の部分を以下のように修正して下さい。

リスト3-37

```
@section('content')
    <p>ここが本文のコンテンツです。</p>
    <p>Controller value<br>'message' = {{$message}}</p>
    <p>ViewComposer value<br>'view_message' = {{$view_message}}
        </p>
@endsection
```

ここでは、**{{$message}}**と**{{$view_message}}**の2つの変数を埋め込んでいます。$view_messageは、先ほどビューコンポーザで値をビューに追加していましたね。後は、コントローラ側のアクションで$messageを用意するだけです。

では、HelloControllerクラスのindexアクションメソッドを以下のように修正しておきましょう。

リスト3-38

```php
public function index()
{
    return view('hello.index', ['message'=>'Hello!']);
}
```

これで修正完了です。では、php artisan serveでサーバーを起動し、/helloにアクセスして表示を確認しましょう。messageとview_messageのいずれも正しく値が表示されます。コントローラとビューコンポーザのそれぞれで用意した変数がどちらもちゃんとテンプレートで受け取れたことが確認できます。

図3-27：/helloにアクセスすると、messageとview_messageの値がそれぞれ表示される。

ビューコンポーザクラスの作成

ビューコンポーザの基本がわかったところで、より本格的な処理が作成できるように、独立したクラスとしてビューコンポーザを用意することにしましょう。

ビューコンポーザのクラスは、特に配置する場所は用意されていません。アプリケーションで利用できるスクリプトは、「Http」フォルダ内であればどこにおいても利用可能です。

今回は、「Http」フォルダ内に、新たに「Composers」という名前でフォルダを作成しましょう。そしてこのフォルダの中に、「HelloComposer.php」という名前でスクリプトファイルを用意することにします。

ファイルができたら、クラスのソースコードを以下のように記述しておきましょう。

リスト3-39

```php
<?php
namespace App\Http\Composers;

use Illuminate\View\View;

class HelloComposer
{

    public function compose(View $view)
    {
        $view->with('view_message', 'this view is "'
                . $view->getName() . '"!!');
    }
}
```

ビューコンポーザクラスは、ごく一般的なPHPのクラスです。特に継承なども利用していません。

コンポーザクラスで必要となるのは、「compose」メソッドです。これはViewインスタンスを引数として持っており、サービスプロバイダのbootから**View::composer**が実行された際に呼び出されます。

ここでは、**$view->getName()**というメソッドを使い、ビューの名前をview_messageに設定しています。

HelloServiceProvider の修正

では、HelloComposerをビューコンポーザとして利用するように、HelloServiceProviderを修正しましょう。bootメソッドを以下のように書き換えて下さい。

リスト3-40

```php
public function boot()
{
    View::composer(
        'hello.index', 'App\Http\Composers\HelloComposer'
    );
}
```

ビューコンポーザクラスを利用する場合は、View::composerメソッドの第2引数に、呼び出すクラス名をテキスト値で指定します。

修正したら、/helloにアクセスし、表示を確認しましょう。view_messageの値には「this view is "hello.index"!!」と表示されます。

図3-28：/helloにアクセスすると、ビュー名がview_messageに表示される。

　ビューコンポーザは、特定のビューを表示する際に必要となる処理を実行し、結果などの情報を組み込みます。ビューは、その情報を受け取り、表示するだけです。

　ビューコンポーザによる処理は、コントローラから見えません。コントローラで処理をする必要があるものは、ビューコンポーザに用意すべきではありません。

　コントローラで何らかの処理を行う必要がなく、「このビューでは常にこの処理をしてこの結果をビューに渡す」ということが決まっているような場合にビューコンポーザは役立ちます。「その処理は、指定のビューで常に行うものか、それとも必要に応じて呼び出すものか」をよく考えた上で、ビューコンポーザとして用意するか決めるようにしましょう。

Chapter 4

リクエスト・レスポンスを
補完する

Webの基本は、アクセスしてリクエストを受け取り、結果
のレスポンスを返すというものです。そのもっとも基本とな
る部分を補完するさまざまな機能がLaravelには用意されて
います。コントローラ以外のこれらの機能についてここでま
とめて説明しましょう。

4-1 ミドルウェアの利用

　ミドルウェアは、リクエストを受け取るとコントローラ処理の前後に割り込み、独自の処理を追加する仕組みです。このミドルウェアの使い方と開発の方法を覚え、独自のミドルウェアを作成できるようになりましょう。

ミドルウェアとは？

　MVCアーキテクチャは、モデル・ビュー・コントローラがそれぞれ切り離されています。プログラムの基本部分はコントローラですが、コントローラはそれぞれのアクションごとに処理を用意していきます。これは、個別に処理を作れるという点はよいのですが、「すべてのアクセス時に何かを処理しておく」ということになるとけっこう面倒臭いものになってしまいます。

　例えば、フォームに入力された値をチェックするような仕組みを考えてみましょう。フォームをPOST送信したときのアクションで、送られた値を1つずつチェックすることは可能です。が、フォームのあるページが1つでなかったら？　10ページ、あるいは100ページもあったらどうするのでしょう。全てに1つ1つの値をチェックする処理を書いていくのは、あまり効率的なやり方とは思えませんね。

　そこでLaravelでは、コントローラとは別に、「指定のアドレスにリクエストが送られてきたら、自動的に何らかの処理を行う」という仕組みを用意したのです。それが「ミドルウェア」です。

ミドルウェアはアプリケーションの前にあるレイヤー

　ミドルウェアとは、リクエストがコントローラのアクションに届く前（または後）に配置されるレイヤー層となるプログラムです。

　特定のアドレスにアクセスがあると、Laravelはルート情報を元に指定のコントローラのアクションを呼び出します。ミドルウェアは、その前に割り込んで、アクションの処理が実行される前（あるいは、後）に、指定の処理を実行させることができます。

　ミドルウェアの設定は、ルート情報を記述する際に指定できます。コントローラのアクションで処理を呼び出しているわけではありません。コントローラと完全に分離しているため、コントローラで行っている処理の内容には左右されません。

図4-1：ミドルウェアは、リクエストがアクションに届く前や後に割り込んで処理を実行する。

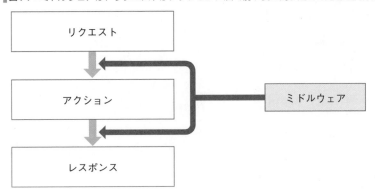

ミドルウェアを作成する

では、実際にミドルウェアを作成してみましょう。ミドルウェアは、手作業でスクリプトファイルを作成すれば作れますが、例によってArtisanコマンドを使えばもっと快適に作成することができます。

簡単なサンプルとして「HelloMiddleware」という名前で作ってみることにしましょう。コマンドプロンプトまたはターミナルを起動し、コマンドを入力します。

```
php artisan make:middleware HelloMiddleware
```

ミドルウェアの作成は、「aritisan make:middlewae ミドルウェア名」という形で実行します。ここではHelloMiddlewareという名前で作成をしました。

HelloMiddleware.php を確認する

ミドルウェアは、「Http」内にある「Middleware」というフォルダの中に作成されます。このフォルダには、既に標準でいくつかのミドルウェアが入っています。ここに、作成したHelloMiddleware.phpも作成されています。

図4-2：「Middleware」フォルダの中身。いくつかのミドルウェアが用意されている。HelloMiddleware.phpもここに作成される。

では、このMiddleware.phpを開いてみましょう。すると中には以下のようなスクリプトが記述されています(※コメントは省略してあります)。

リスト4-1

```php
<?php

namespace App\Http\Middleware;

use Closure;

class HelloMiddleware
{
    public function handle($request, Closure $next)
    {
        return $next($request);
    }
}
```

HelloMiddlewareクラス

　作成されたHelloMiddlewareは、特に何かのクラスを継承しているわけでもない、比較的シンプルなクラスです。ソースコードを見ると、以下のように書かれています。

```
namespace App\Http\Middleware;
```

　「app」内の「Http」フォルダ内にある「Middleware」フォルダの中にスクリプトファイルは置かれます。namespaceを指定しておかないと正しくクラスが利用できないので注意しましょう。

handle メソッドについて

　このHelloMidlewareクラスには、1つだけメソッドが用意されています。「handle」というもので、以下のように定義されます。

```
public function handle($request, Closure $next)
{
    ……実行する処理……
}
```

　第1引数の**$request**は、リクエストの情報を管理するRequestインスタンスが渡されます。そして**$next**は、**Closureクラスのインスタンス**です。これは無名クラスを表すためのクラスです。ここで渡された$nextはクロージャになっており、これを呼び出して実

行することでミドルウェアからアプリケーションへと送られるリクエスト（Requestインスタンス）を作成することができます。

HelloMiddlewareを修正する

では、実際に簡単な処理を作成してみましょう。HelloMiddlewareクラスのソースコードを以下のように修正して下さい（namespace、useは省略してあります）。

リスト4-2
```
class HelloMiddleware
{
    public function handle($request, Closure $next)
    {
        $data = [
            ['name'=>'taro', 'mail'=>'taro@yamada'],
            ['name'=>'hanako', 'mail'=>'hanako@flower'],
            ['name'=>'sachiko', 'mail'=>'sachico@happy'],
        ];
        $request->merge(['data'=>$data]);
        return $next($request);
    }
}
```

ここでは、handleメソッド内で「merge」というメソッドを呼び出しています。これは以下のように利用します。

```
$request->merge( 配列 );
```

このmergeは、フォームの送信などで送られる値（inputの値）に新たな値を追加するものです。これにより、dataという項目で$dataの内容が追加されます。コントローラ側では、**$request->data**でこの値を取り出すことができるようになります。

記述したら、HelloMiddlewareを登録します。「app」内の「Http」内にあるKernel.phpを開き、$routeMiddlewareに代入している変数内に以下の文を追加して下さい。

```
'hello' =>\App\Http\Middleware\HelloMiddleware::class,
```

これでHelloMiddlewareが登録され、利用可能になります。

ミドルウェアの実行

作成されたミドルウェアは、それだけではまだ利用することはできません。これを使うには、「利用するミドルウェアを呼び出す処理」の追記が必要になります。これは、ルーティングの際に実行するのが一般的です。

web.phpを開き、ルート情報にミドルウェアの呼び出し処理を追記しましょう。Route::getで/helloのルート情報を設定している文を以下のように変更して下さい。

リスト4-3

```
// use App\Http\Middleware\HelloMiddleware; を追記

Route::get('hello', 'HelloController@index')
    ->middleware(HelloMiddleware::class);
```

ミドルウェアを利用する場合は、Rouge::getの後にメソッドチェーンを使って「middleware」メソッドを追加します。引数には、利用するミドルウェアクラスを指定します。

このmiddlewareメソッドは、そのままメソッドチェーンとして連続して記述することができます。複数のメソッドチェーンを利用したい場合は、

```
Route::get(……)->middleware(……)->middleware(……);
```

このようにmiddlewareを連続して記述していくことができます。

ビューとコントローラの修正

これでミドルウェアHelloMiddlewareが/helloで動作するようになりました。では、ミドルウェアで組み込まれる変数$dataが正しく動いているか、ビューとコントローラを修正して確認しましょう。

まずは、コントローラの修正です。HelloControllerクラスのindexアクションメソッドを以下のように修正して下さい。

リスト4-4

```
public function index(Request $request)
{
    return view('hello.index', ['data'=>$request->data]);
}
```

続いて、テンプレートの修正です。index.blade.phpに記述してある@section('content')ディレクティブを以下のように修正しましょう。

リスト4-5

```
@section('content')
    <p>ここが本文のコンテンツです。</p>
    <table>
    @foreach($data as $item)
    <tr><th>{{$item['name']}}</th><td>{{$item['mail']}}</td></tr>
```

```
    @endforeach
    </table>
@endsection
```

　これで、ミドルウェアで追加されたデータが表示されるようになります。実際に/helloにアクセスして表示を確認して下さい。テーブルにデータがまとめられて表示されます。

図4-3：/helloにアクセスすると、$dataのデータがテーブルで表示される。

　ここでは、コントローラのアクションメソッドでviewの引数に**['data'=>$request->data]という形で**$request->dataの値を設定しておき、テンプレート側で@foreachを使い、その内容を出力させています。配列データの表示がわかれば、特に説明するまでもないでしょう。

　ここでは配列としてデータを持たせていますが、この先、データベースを本格的に利用するようになると、ミドルウェアを使って事前に必要なデータを処理したりできるため、コントローラの負担がずいぶんと軽くなります。

リクエストとレスポンスの流れ

　今回、サンプルとして作ったHelloMiddlewareは、リクエストがあったら処理を実行し、それからコントローラのアクションが呼び出されていました。が、実はミドルウェアは、「アクション後の処理」も作成することができます。

　これには、ミドルウェアのhandleメソッドの引数として渡されるクロージャと、メソッドの返値の働きをよく理解しておかなければいけません。

　handleでは、デフォルトでこのように処理が用意されていました。

```
public function handle($request, Closure $next)
{
    return $next($request);
}
```

　引数として$requestが渡され、そして一緒に渡されたクロージャの戻り値がreturnで返されていました。この$nextで返されるのは一体、何なのでしょうか？　実は、「レスポンス（Response）」インスタンスなのです。

　リクエストが送られてきてからクライアントにレスポンスが返されるまでの流れを整理すると、以下のようになります。

①リクエストが送られる。

②ミドルウェアのhandleが呼び出される。

③$nextを実行する。これは、複数のミドルウェアが設定されている場合は、次のミドルウェアのhandleが呼び出される。他にミドルウェアがない場合は、コントローラにあるアクションが呼び出される。

④アクションメソッドが終わると共にページがレンダリングされ、レスポンスが生成される。この生成されたレスポンスが、$nextの戻り値として返される。

⑤返されたレスポンスが、returnとして返され、これがクライアントへ返送される。

図4-4：クライアントからリクエストが送られると、ミドルウェアが受け取り、$nextでコントローラのアクションが呼び出される。その結果としてレスポンスが返され、これをreturnしたものがクライアントに戻される。

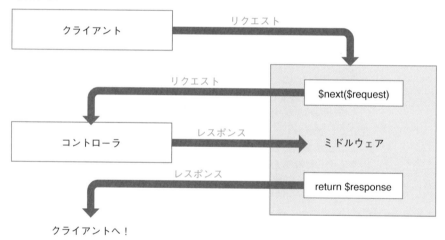

前処理と後処理

　この流れを理解すれば、コントローラの前に実行するミドルウェアと、後で実行するミドルウェアの作成方法がわかってきます。

前処理

　コントローラの前に実行する処理は、先ほど作成しました。これは、必要な処理をすべて実行してから$nextを実行し、それをreturnします。

```
public function handle($request, Closure $next)
{
    ……処理を実行する……
    return $next($request);
}
```

■後処理

コントローラの後に実行する処理は、$nextを実行してレスポンスを受け取ってから、必要な処理を実行していきます。そして処理が終わったところで、保管してあったレスポンスをreturnします。

```
public function handle($request, Closure $next)
{
    $response = $next($request)
    ……処理を実行する……
    return $response;
}
```

このように、handleメソッドの実装の仕方を少し変えることで、コントローラの前処理・後処理を作成できます。

レスポンスを操作する

では、先ほどコントローラの前に実行される例を挙げましたから、今度はコントローラの呼び出し後に実行されるミドルウェアのサンプルを作ってみることにしましょう。

新たにミドルウェアを作ってもいいのですが、今回は先ほどのHelloMiddleware.phpを書き換えて利用することにします。HelloMiddlewareクラスを以下のように修正して下さい。

リスト4-6

```
class HelloMiddleware
{
    public function handle($request, Closure $next)
    {
        $response = $next($request);
        $content = $response->content();

        $pattern = '/<middleware>(.*)<\/middleware>/i';
        $replace = '<a href="http://$1">$1</a>';
        $content = preg_replace($pattern, $replace, $content);
```

```
        $response->setContent($content);
        return $response;
    }
}
```

　ここでは、レスポンスから、クライアントに返送されるコンテンツを取り出し、その一部を置換して返送しています。

処理の流れ

　では、handleメソッドで行っている処理を見ていきましょう。まず最初に$nextを実行し、結果を$responseに代入します。

```
$response = $next($request);
```

　これで、コントローラのアクションが実行され、その結果のレスポンスが変数$responseに収められます。このレスポンスを使って処理を行います。
　まず、レスポンスから返送されるコンテンツを取得します。

```
$content = $response->content();
```

　$responseのcontentメソッドで、レスポンスに設定されているコンテンツが取得できます。これは、送り返されるHTMLソースコードのテキストが入っています。ここから、<middleware>というタグを正規表現で置換します。

```
$pattern = '/<middleware>(.*)<\/middleware>/i';
$replace = '<a href="http://$1">$1</a>';
$content = preg_replace($pattern, $replace, $content);
```

　これは、**<middleware>**○○**</middleware>**というテキストを、**<a href="http://○○">○○</a>**というテキストに置換する処理です。これにより、<middleware>というタグにドメイン名を書いておけば、そのドメインにアクセスするためのリンクが自動生成されるようになります。
　後は、レスポンスにコンテンツを設定し、returnするだけです。

```
$response->setContent($content);
return $response;
```

　レスポンスへのコンテンツ設定は、**setContent**というメソッドを使います。これでクライアントに返送されるコンテンツが変更されました。後は、レスポンスをreturnすれば作業終了です。

ビューとコントローラの修正

では、この新しいミドルウェアを使ってみましょう。まず、テンプレートの修正です。index.blade.phpの@section('content')ディレクティブを以下のように修正しましょう。

リスト4-7

```
@section('content')
    <p>ここが本文のコンテンツです。</p>
    <p>これは、<middleware>google.com</middleware>へのリンクです。</p>
    <p>これは、<middleware>yahoo.co.jp</middleware>へのリンクです。</p>
@endsection
```

今回は、サンプルとして2つの**<middleware>**タグを用意しておきました。google.comとyahoo.co.jpを値に設定してあります。

後はコントローラの修正ですね。HelloControllerクラスのindexアクションメソッドを以下のように変更しておきます。

リスト4-8

```
public function index(Request $request)
{
    return view('hello.index');
}
```

今回、コントローラ側では何も処理はしていません。値も特に設定してはおらず、ほぼデフォルトの状態でページを表示しているだけです。

では、修正が完了したら/helloにアクセスしてみましょう。すると、<middleware>タグの部分が、<a>タグのリンクに変更されているのがわかります。

図4-5：/helloにアクセスすると、<middleware>タグが<a>タグのリンクに変換されている。

グローバルミドルウェア

　ミドルウェアの基本的なコーディングがわかったところで、**登録**について改めて目を向けてみましょう。先ほどは、ルート情報を設定するところでmiddlewareメソッドを呼び出してミドルウェアを実行していました。このように、特定のアクセスにのみミドルウェアを割り当てる場合は、1つ1つのルートに追記をしていきます。

　が、例えば「すべてのアクセスで自動的にミドルウェアが実行されるようにしたい」という場合は、1つ1つのルートに追記をしていくのでは埒が明きません。
　このような場合は、「グローバルミドルウェア」と呼ばれる機能を使います。これはすべてのリクエストで利用可能となるものです。

■ グローバルミドルウェアの登録

　ミドルウェアの登録は、「Http」フォルダ内にある「Kernel.php」というスクリプトファイルを利用します。
　このファイルを開くと、その中に以下のような部分が見つかります。これが、グローバルミドルウェアの登録を行っているところです。

リスト4-9

```
protected $middleware = [
        \Illuminate\……略……\CheckForMaintenanceMode::class,
        \Illuminate\……略……\ValidatePostSize::class,
        ……以下略……
];
```

　グローバルミドルウェアは、Kernelクラスの$middlewareという変数の中に配列としてまとめられています。
　では、$middlewareの配列を閉じる]記号の前を改行し、以下の文を追記して下さい。

リスト4-10

```
\App\Http\Middleware\HelloMiddleware::class,
```

　これで、HelloMiddlewareがグローバルミドルウェアとして登録されます。グローバルミドルウェアとして登録すると、個々のミドルウェアの呼び出し処理は不要になります。
　先に記述した、Route::getのmiddlewareメソッドを削除しましょう。**web.php**の以下の部分ですね。

```
Route::get('hello', 'HelloController@index')
    ->middleware(HelloMiddleware::class);
```

```
Route::get('hello', 'HelloController@index');
```

これで、middlewareの呼び出し処理はなくなりました。/helloにアクセスすると、ミドルウェアが呼び出されなければ、先ほどのリンクの作成機能は動作しなくなるはずです。が、middlewareメソッドは呼び出していないのに、きちんとリンクが生成されています。グローバルミドルウェアに登録したことで、どこにアクセスしても常にミドルウェアが実行されるようになっているのです。

ミドルウェアのグループ登録

多数のミドルウェアを使うようになると、複数のミドルウェアを一つにまとめて扱えるようにできれば管理が楽になります。

ミドルウェアには、グループ化して登録するための仕組みも用意されています。これは、Kernel.phpの「$middlewareGroups」という変数として用意されています。この変数には、以下のような形で値が設定されています。

リスト4-11

```
protected $middlewareGroups = [
    'web' => [
            ……ミドルウェアクラス……
    ],

    'api' => [
            ……ミドルウェアクラス……
    ],
];
```

$middlewareGroups内には、**'web'**と**'api'**という項目があり、その中にミドルウェアのクラスがまとめられています。この'web'や'api'が、**グループ**です。$middlewareGroupsでは、このようにグループ名をキーとする値を用意し、そこにミドルウェアの配列を設定しています。こうすることで、その名前のグループで使われるミドルウェアが指定できます。

ここでは、webとapiというグループが用意されていますが、これらはルーティング情報を設定するところでmiddlewareメソッドを使って指定することができます。

▌グループを利用する

では、実際に簡単なグループを作って利用してみましょう。まず、グループの登録を行います。Kernel.phpの$middlewareGroupsの配列を閉じる]記号の手前を改行し、以下の文を追記しておきましょう。

リスト4-12

```
'helo' => [
    \App\Http\Middleware\HelloMiddleware::class,
],
```

　グループ化ですから複数のミドルウェアクラスを指定するのが一般的ですが、今回は
とりあえずHelloMiddlewareクラス1つだけのグループ'helo'を用意してみました。なお、
先に$middlewareに登録しておいたHelloMiddlewareクラスの指定は削除しておいて下さ
い。

　続いて、web.phpを開き、/helloのルート情報を以下のように修正します。

リスト4-13

```
Route::get('hello', 'HelloController@index')
    ->middleware('helo');
```

　これで、/helloにheloグループが設定されます。/helloにアクセスした際には、heloグ
ループに登録してあるすべてのミドルウェアが実行されます。

　とりあえず、「個々のルーティング情報への登録」「グローバルミドルウェアの登録」「グ
ループの登録」、この3つの登録方法がわかれば、ミドルウェアの利用はマスターできた
といってよいでしょう。

4-2 バリデーション

　フォームなどを使い、データを送信する場合、その値が正しい形式で書かれているか
どうかを検証する必要があります。これが「バリデーション」です。Laravelに用意されてい
るバリデーションの仕組みを理解し、基本的な値のチェックが行えるようにしましょう。

ユーザー入力時の問題

　ユーザーとインタラクティブに情報をやり取りするようなアプリケーションを作成す
る場合、重要になるのが「ユーザーに正しく情報を用意してもらうこと」です。
　一般に、情報の入力にはフォームが多用されますが、このフォームを使って送信され
た値をそのまま利用すると、問題を引き起こすことがあります。ユーザーは、こちらの
意図する通りに入力を行ってくれるわけではありません。時には間違った値を入力する
こともあります。また、そもそも最初から正しく入力するつもりなどない人間がデータ
を送信してくることだってあるのです。

　こうした場合に発生する問題を防ぐため、ユーザーからの入力は、必ずそれが正しい
形式で入力されているものかどうかをチェックし、間違った部分があれば再入力を求め
るなどの措置をとる必要があります。
　この「入力された情報が正しい形式かどうかをチェックする」ために用意されているの
が「バリデーション」と呼ばれる機能です。

図4-6：フォームを送信すると、それを受けたアクションの中でバリデーションをチェックする。問題なければ処理が実行され、問題があれば再度フォームを入力する。

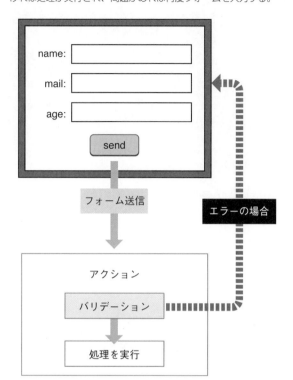

バリデーションとは？

　バリデーションというのは、入力情報を検証するための仕組みです。Laravelではさまざまなやり方で値の検証を行うことができますが、もっとも簡単なのは、コントローラの「validate」メソッドを利用するやり方です。

　これは、普段使っているコントローラの基底クラス（Controller）に組み込まれている、**ValidateRequests**という**トレイト**（メンバーをまとめてクラスに追加するためのもの）に用意されている機能です。基本的には、コントローラクラスにあるメソッドとして考えて構いません。

　このvalidateは、アクションメソッドから以下のように呼び出します。

```
$this->validate($request, [ 検証設定の配列 ]);
```

　第1引数には、リクエストを用意します。そして第2引数に、検証する設定情報を配列にまとめたものを用意します。設定は、「○○という項目には××の検証をする」というように、フォームのコントロール名と、そこに割り当てる検証ルールをセットにした形になっています。整理すると、この配列はこんな感じになります。

```
[
    '項目名' => '割り当てる検証ルール',
    '項目名' => '割り当てる検証ルール',
    ……略……
]
```

　フォームの各項目ごとに、割り当てる検証ルールをこうして配列にまとめたものを
validateメソッドの引数に指定すればいいのです。

バリデーションを利用する

　では、実際にバリデーションの機能を使ってみることにしましょう。まずはテンプレー
トにフォームを用意します。index.blade.phpの@section('content')ディレクティブを以下
のように書き換えましょう。

リスト4-14

```
@section('content')
    <p>{{$msg}}</p>
    <form action="/hello" method="post">
    <table>
        @csrf
        <tr><th>name: </th><td><input type="text"
            name="name"></td></tr>
        <tr><th>mail: </th><td><input type="text"
            name="mail"></td></tr>
        <tr><th>age: </th><td><input type="text"
            name="age"></td></tr>
        <tr><th></th><td><input type="submit"
            value="send"></td></tr>
    </table>
    </form>
@endsection
```

　ここでは、name、mail、ageといった入力フィールドを用意しておきました。バリデー
ションは、さまざまなデータを入力するようなフォームのほうがより利点がわかりやす
いので、3つのフィールドを用意してあります。

HelloController クラスの修正

　では、コントローラ側にバリデーションを利用するアクションを用意しましょ
う。ここでは/helloへのGETとPOSTのアクセスを行うメソッド2つを用意します。
HelloControllerクラスを以下のように書き換えて下さい。

リスト4-15

```
class HelloController extends Controller
{

    public function index(Request $request)
    {
        return view('hello.index', ['msg'=>'フォームを入力：']);
    }

    public function post(Request $request)
    {
        $validate_rule = [
            'name' => 'required',
            'mail' => 'email',
            'age' => 'numeric|between:0,150',
        ];
        $this->validate($request, $validate_rule);
        return view('hello.index', ['msg'=>'正しく入力されました！']);
    }
}
```

　indexメソッドは、単純ですね。msgという値を用意してviewを呼び出しているだけです。

　バリデーションの処理を行っているのが、postメソッドです。これが、フォームをPOST送信されたときの処理になります。

　説明は後で行うとして、とりあえず完成させて動作を確認しておきましょう。web.phpに記述してあるルート情報を確認して下さい。以下のように記述してあれば問題ありません。

リスト4-16

```
Route::get('hello', 'HelloController@index');
Route::post('hello', 'HelloController@post');
```

　一通り修正ができたら、/helloにアクセスし、フォームに値を入力して送信してみて下さい。すべての項目の入力が正しく行えていれば、「正しく入力されました！」とメッセージが表示されます。もし何かの問題があった場合は、メッセージは表示されず、フォームだけが表示されます。

図4-7：/helloにアクセスし、フォームに値を入力して送信する。値が問題なければ「正しく入力されました！」と表示される。

バリデーションの基本処理

　では、どのようにしてバリデーションが実行されているのか確認しましょう。postメソッドでは、まず最初にフォームで使うバリデーションの検証ルールの情報を変数にまとめています。

```
$validate_rule = [
    'name' => 'required',
    'mail' => 'email',
    'age' => 'numeric|between:0,150',
];
```

　検証ルールは、このように配列の形でまとめます。その中には、「'項目名' => 'ルールの指定'」というように、設定するフォームの項目名にルールを指定します。例えば、

```
'name' => 'required',
```

これは、nameという項目に、requiredというルールを設定することを示します。
　このルールは、同時に複数を指定することもできます。これには、|記号を使ってルールをつなげて記述します。

```
'age' => 'numeric|between:0,150',
```

　これは、ageという項目に、「numeric」と「between」の2つのルールを設定しています。1つ目は「値が数値である」という指定、2つ目は「0 〜 150の間の数字」という指定です。

バリデーションの実行

　実際のバリデーション処理は、その後にある「validate」メソッドで行っています。この部分です。

```
$this->validate($request, $validate_rule);
```

$requestと、先ほど用意した検証ルールの変数$validate_ruleを引数に指定してvalidateを示します。これでバリデーションのチェックが行われます。

後は、return viewでビューと必要な変数などをまとめて呼び出せば、処理は完了です。

Column バリデーションの結果の反映

ここでの処理を見て、「バリデーションの結果がどのように処理に反映されているのだろう？」と疑問を持った人もいることでしょう。

ここでは、ただvalidateメソッドを呼び出しているだけです。例えば、その結果を受け取って、それによって条件分岐で処理を行ったり、ということはありません。一体、どうやってエラーかどうでないかをチェックして処理を行っているのでしょうか。

実をいえば、これはLaravelのバリデーション機能が自動的に行っているのです。validateを実行し、問題がなければそのまま続きの処理を行っていきます。が、validate時に問題が発生すると例外が発生し、その場でフォームページを表示するレスポンスが生成されてクライアントに返信されます。したがって、その後に用意された処理は実行されず、フォームが再表示されるのです。

エラーメッセージと値の保持

バリデーションが機能していることはこれでわかりましたが、この状態では実用にはならないでしょう。

まず、問題がある場合は、どんなエラーが発生しているのか、エラーメッセージを表示できないといけません。何もないと、どの項目をどう変更すればいいかわからないでしょう。

また、再入力の際には、前回の値がフィールドに設定されている方が親切です。毎回、最初から入力し直すというのでは書く気も失せるでしょう。

この2点について修正をしましょう。これはいずれもテンプレートの修正だけで行えます。

では、index.blade.phpの@section('content')ディレクティブを以下のように修正して下さい。

リスト4-17
```
@section('content')
    <p>{{$msg}}</p>
    @if (count($errors) > 0)
    <div>
        <ul>
            @foreach ($errors->all() as $error)
                <li>{{ $error }}</li>
            @endforeach
        </ul>
    </div>
```

```
    @endif
    <form action="/hello" method="post">
    <table>
        @csrf
        <tr><th>name: </th><td><input type="text" name="name"
            value="{{old('name')}}"></td></tr>
        <tr><th>mail: </th><td><input type="text" name="mail"
            value="{{old('mail')}}"></td></tr>
        <tr><th>age: </th><td><input type="text" name="age"
            value="{{old('age')}}"></td></tr>
        <tr><th></th><td><input type="submit"
            value="send"></td></tr>
    </table>
    </form>
@endsection
```

　修正したら、/helloにアクセスして動作を確かめてみましょう。値を正しく入力しないで送信すると、フォームの上にエラーメッセージが表示されるようになります。また、フォームにはちゃんと前回の値が表示された状態でフォームが現れます。

　実際にやってみると、エラーメッセージはすべて英語なのがわかります。ちょっと使いにくいですが、とりあえず「発生したエラーメッセージすべてを表示する」という点はできるようになったので、今は良しとしましょう。

図4-8：フォームに正しく値を入力せずに送信すると、エラーメッセージが上に表示される。

■エラーメッセージ表示の仕組み

　では、エラーメッセージがどのように表示されているか、その表示部分を見てみましょう。ここでは、以下のような@if文を使ってメッセージ表示を行っています。

```
@if (count($errors) > 0)
    ……メッセージの表示処理……
@endif
```

　ここでは、**$errors**という変数の要素数をcountで調べ、それがゼロよりも大きい場合に表示を行っています。この$errorsという変数は、バリデーションで発生したエラーメッセージをまとめて管理するオブジェクトです。
　これはバリデーション機能によって組み込まれます。ユーザーがコントローラ側で$errorsへの値の設定などを行う必要はありません。何もしなくとも、validateでバリデーションチェックをすれば、その結果が$errors変数にまとめて保管されます。

　もし、$errorsに値が保管されているなら、$errorsからエラーメッセージをまとめて取り出し、foreachを使って順に出力していきます。

```
@foreach ($errors->all() as $error)
    ……メッセージの表示……
@endforeach
```

　$errors->all()は、エラーメッセージを配列にまとめて取り出します。後は、foreachでそこから順に値を取り出して出力していくだけです。

■前回送信した値

　もう1つの、「フォームのフィールドに、前回送信したときの値を表示させる」という処理について。これは、**<input>**タグの**value**に、前回の値を設定すればいいのです。今回のフォームを見ると、<input>タグにはこんな形でvalue属性が用意されているのがわかるでしょう。

```
value="{{old('name')}}"
```

　ここでは、「old」というメソッドを使っています。これは、引数に指定した入力項目の古い値（現在の値が設定される前の値）を返します。old('name')とすれば、nameというフィールドの前回送信した値を出力できる、というわけです。
　これらはいずれも、コントローラでの作業は一切必要ありません。テンプレートだけで処理を行うことが可能です。

フィールドごとにエラーを表示

　まとめてエラーメッセージを表示するのはこれでできましたが、やはりそれぞれのフィールドごとに、そのフィールドで発生したエラーメッセージを表示したほうがより

わかりやすいでしょう。これもやってみましょう。

index.blade.phpの@section('content')ディレクティブを以下のように修正して下さい。

リスト4-18

```
@section('content')
    <p>{{$msg}}</p>
    @if (count($errors) > 0)
    <p>入力に問題があります。再入力して下さい。</p>
    @endif
    <form action="/hello" method="post">
    <table>
        @csrf
        @if ($errors->has('name'))
        <tr><th>ERROR</th><td>{{$errors->first('name')}}</td></tr>
        @endif
        <tr><th>name: </th><td><input type="text" name="name"
            value="{{old('name')}}"></td></tr>
        @if ($errors->has('mail'))
        <tr><th>ERROR</th><td>{{$errors->first('mail')}}</td></tr>
        @endif
        <tr><th>mail: </th><td><input type="text" name="mail"
            value="{{old('mail')}}"></td></tr>
        @if ($errors->has('age'))
        <tr><th>ERROR</th><td>{{$errors->first('age')}}</td></tr>
        @endif
        <tr><th>age: </th><td><input type="text" name="age"
            value="{{old('age')}}"></td></tr>
        <tr><th></th><td><input type="submit" value="send">
            </td></tr>
    </table>
    </form>
@endsection
```

　修正ができたら、/helloからフォームを送信してみましょう。問題があると、そのフィールドの上にエラーメッセージが表示されるようになります。

図4-9：フォームを送信してエラーがあると、それぞれのフィールドの上にエラーメッセージが表示されるようになった。

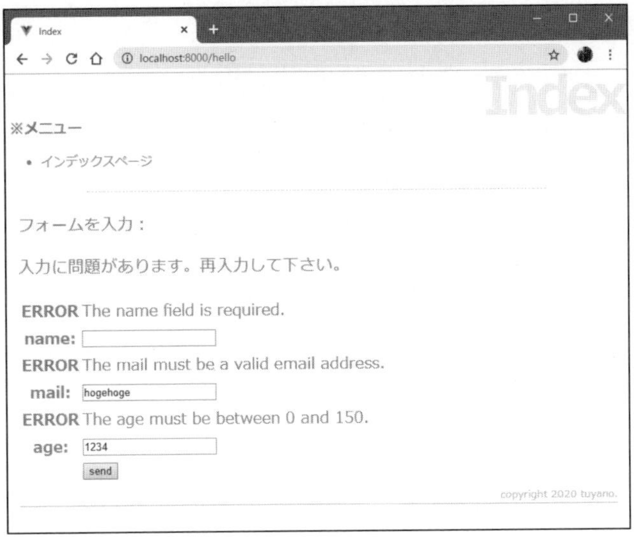

first でメッセージを取り出す

では、ここでやっている処理を見てみましょう。3つのフィールドそれぞれにエラーメッセージ表示の処理を用意していますが、どれも同じなのでnameフィールドの部分だけ見てみましょう。

```
@if ($errors->has('name'))
<tr><th>ERROR</th><td>{{$errors->first('name')}}</td></tr>
@endif
```

@ifディレクティブで、**$errors->has('name')**をチェックしています。この**has**はエラーが発生しているかをチェックするメソッドで、以下のように実行します。

```
$errors->has( 項目名 )
```

これで、引数に指定した名前のエラーメッセージがあるかどうかを調べます。結果は真偽値で、trueであればエラーが発生しています。

エラーが発生した場合は、**$errors->first('name')**という値を出力しています。**first**というメソッドは、指定した項目の最初のエラーメッセージを取得するためのもので、以下のように呼び出します。

```
$errors->first( 項目名 )
```

これで、エラーメッセージが取得されます。first('name')とすれば、name="name"の

<input>で発生したエラーメッセージが文字列で得られる、というわけです。

first と get

ただし、ここで注意したいのは、「firstで得られるのは、最初のエラーメッセージだけ」という点です。

エラーは、1つしかないわけではありません。複数の検証ルールを設定してある場合は、複数のエラーが発生することもあります。このような場合は、当然エラーメッセージも複数送られてきます。

firstは、そのうちの最初の1つだけを取り出します。では、発生したすべてのエラーメッセージを取得したい場合はどうすればいいのでしょう。

これは、「get」メソッドを使います。getは以下のように利用します。

```
$ 変数 = $errors->get( 項目名 );
```

引数には、取り出したい項目の名前を指定します。これで、その項目で発生したエラーメッセージが配列にまとめて得られます。後は、その中から順にメッセージを取り出し、処理すればいいわけです。

これで、エラーメッセージを取得するのに「all」「first」「get」の3つのメソッドが使えるようになりました。これらはそれぞれ以下の働きをします。

all	すべてのエラーメッセージを配列で取得
first	指定した項目の最初のエラーメッセージを文字列で取得
get	指定した項目のエラーメッセージすべてを配列で取得

この3つがわかれば、かなり柔軟にエラーメッセージを取り出し、処理していくことができるでしょう。

@errorディレクティブを使う

これで基本的なエラーメッセージの表示は行えるようになりました。@ifを使い、$errors->hasの値がtrueならば、$errors->firstや$errors->getでエラーメッセージを取り出して表示する。このやり方がわかっていれば、難しくはありません。ありませんが、ただ「面倒くさい」と感じるのは確かでしょう。

発生したエラーのメッセージを表示するのに、@ifでエラーの発生をチェックし、その中で指定した項目のエラーメッセージを探して表示する。面倒くさいですね、確かに。バリデーションのチェックとエラーメッセージの仕組みはわかっているのですから、それらをうまく活用するもっと便利な機能があってもいい気がしますね。

Laravel開発元もそのあたりはわかっていたと見え、Laravel 5.8からエラーメッセージ

専用のディレクティブを用意しました。それが、**@error**です。以下のように利用します。

■エラーメッセージの表示

```
@error( 名前 )
……$message でメッセージを表示……
@enderror
```

@errorディレクティブは、**( )**に指定した名前の項目のエラーをチェックします。その名前の入力項目でエラーが発生していたなら、このディレクティブ内に記述した内容を表示します。

このディレクティブ内では、発生したエラーメッセージが**$message**という変数として渡されます。ですから、これをそのまま適当なHTMLタグなどを使って出力すれば、それだけでエラーメッセージが表示できてしまうのです。

@error を使ってみる

では、実際に@errorディレクティブを使ってみましょう。先ほどの**リスト4-18**を@errorディレクティブ利用の形に書き直してみましょう。

リスト4-19

```
@section('content')
    <p>{{$msg}}</p>
    @if (count($errors) > 0)
        <p>入力に問題があります。再入力して下さい。</p>
    @endif
    <form action="/hello" method="post">
    <table>
        @csrf
        @error('name')
            <tr><th>ERROR</th>
            <td>{{$message}}</td></tr>
        @enderror
        <tr><th>name: </th><td><input type="text"
            name="name" value="{{old('name')}}"></td></tr>
        @error('mail')
            <tr><th>ERROR</th>
            <td>{{$message}}</td></tr>
        @enderror
        <tr><th>mail: </th><td><input type="text"
            name="mail" value="{{old('mail')}}"></td></tr>
        @error('age')
            <tr><th>ERROR</th>
            <td>{{$message}}</td></tr>
```

```
        @enderror
        <tr><th>age: </th><td><input type="text"
            name="age" value="{{old('age')}}"></td></tr>
        <tr><th></th><td><input type="submit" value="send">
            </td></tr>
    </table>
    </form>
@endsection
```

　保存したら、実際に/helloにアクセスしてフォームの動作を確認しましょう。先ほど
と全く同じようにエラーが表示されます。ここでのエラーメッセージの表示部分を見る
と、例えばこんな具合に書かれているのがわかります。

```
@error('name')
    <tr><th>ERROR</th>
    <td>{{$message}}</td></tr>
@enderror
```

　これは、**<input name="name">**の項目で発生したエラーを表示する部分です。
@error('name')だけでエラーの発生をチェックし、**{{$message}}**だけでエラーメッセー
ジを表示しています。@errorを使うと、エラーメッセージの表示が実にスッキリとシン
プルなものに変わるのがわかるでしょう。

バリデーションの検証ルール

　バリデーションの基本的な使い方はこれでわかりました。後は、具体的にどのような
検証ルールが用意されているか、でしょう。
　では、Laravelに用意されている主な検証ルールについてまとめましょう。

```
accept
```

　その項目がtrue、on、yes、1といった値かどうかをチェックするものです。これは、
主にチェックボックスに用います。チェックされていればOK、いなければ不可、という
ような処理をするものです。

```
active_url
url
```

　active_urlは、アドレスで指定されたドメインが実際に有効なものかどうかをチェック
します。これはdns_get_record関数でDNS情報を取得し、有効なIPアドレスかどうかを
チェックしています。
　urlは、単にurlの形式で書かれているかどうかをチェックします。

```
after: 日付
after_or_equal:日付
```

afterは、指定した日付よりも後かどうかをチェックします。after_or_equalは、指定した日付と同じかそれより後であるかチェックします。

これらはコロンの後に日付を表す文字列を付けて利用します。あるいは、日付を入力する他のフィールド名を指定することもできます。

```
before: 日付
before_or_equal:日付
```

afterの反対です。beforeは、指定の日付より前かどうかをチェックします。before_or_equalは、指定の日付と同じかそれより前であるかをチェックします。日付の値についてはafterと同じです。

```
alpha
alpha-dash
alpha-num
```

alphaは、入力したテキストがすべてアルファベットであるかチェックします。alpha-dashは、アルファベット＋ハイフン＋アンダースコアであるかチェックします。alpha-numは、アルファベットと数字であるかチェックします。

```
array
```

フィールドが配列となっているかどうかをチェックします。

```
bail
```

複数のバリデーションルールが2つの項目に適用されているとき、バリデーションエラーが発生したら残りのバリデーションルールの適用を中断します。

```
between: 最小値 ， 最大値
```

数値のフィールドで用いるもので、値が指定の範囲内かどうかをチェックします。betweenの後には、最小値と最大値をカンマで区切って記述しておきます。

```
boolean
```

値が真偽値かどうかをチェックします。true、false、0、1といった値であればOKです。それ以外の値は不可となります。

```
confirmed
```

　その項目が「項目名_confirmation」という名前の項目と同じ値であるかチェックします。例えば、「passwd」という項目にconfirmedを設定したら、「passwd_confirmation」という項目と同じ値かどうかをチェックします。パスワードなど、同じ値を二重に入力する場合のチェックに用いられます。

```
date
date_equals: 日付
date_format: フォーマット
```

　dateは、入力されたテキストが日時の値として扱えるものかどうかをチェックします。これは、strtotime関数でタイムスタンプに変換できればOKです。
　date_equalsは、入力された値が指定の日付と同じ日付かどうかをチェックします。
　date_formatは、入力された値が指定フォーマットの定義に一致しているかどうかをチェックします。フォーマットに沿った形式ならばOKです。

```
different: フィールド
same: フィールド
```

　指定されたフィールドと同じ値かどうかをチェックします。differentは、異なる値であればOKです。sameは反対に、同じ値ならばOKです。

```
digits: 桁数
digits_between: 最小桁数 , 最大桁数
```

　数値で使います。入力された値が、指定された桁数かどうかをチェックします。digitsは指定の桁数ならばOK。digits_betweenは、最小桁数〜最大桁数の範囲内であればOKです。

```
dimensions: 設定内容
```

　イメージファイルなどを設定する場合に用いるものです。対象ファイルの内容が設定内容に合致するかどうかを示します。設定内容は、以下の項目に値を設定したものになります。

min_width、max_width	最小幅、最大幅
min_height、max_height	最小高さ、最大高さ
width、height	幅、高さ
ratio	縦横比

　例えば「幅が50以上500以下」と設定したい場合は、「min_width=50, max_width=500」という値をdimensionsに設定します。

```
distinct
```

　配列として用意されている項目で使います。配列内に同じ値がないかチェックします。もし同じ値が複数あったなら不可となります。

```
email
```

　電子メールアドレスの形式かどうかをチェックします。これは形式をチェックするだけで、実際にそのアドレスが使えるかどうかはチェックしません。

```
exists: テーブル , カラム
```

　データベースを利用する場合に使われます。入力された値が、指定のデータベースの指定のカラムにあるかどうかをチェックします。あればOK、なければ不可となります。

```
file
```

　type="file"などで用いて、値がアップロードに成功したファイルであることを確認します。

```
filled
required
```

　filledは、その項目が空でない（何か入力されている）かチェックするものです。未入力の場合は不可です。
　requiredは、それが必須項目であることを示します。入力されていればOKです。

```
image
```

　ファイルのフィールドで指定します。指定されたファイルがイメージファイルかどうかをチェックします。

```
gt: 項目
gte: 項目
lt: 項目
lte: 項目
```

　指定した項目と値を比較します。これらは、それぞれ「gt → >」「gte → >=」「lt → <」「lte → <=」というように、比較演算子の記号に置き換えて考えるとわかりやすいでしょう。

例えば、「gt: A」とすれば、項目Aより大きいかどうかをチェックします。

　比較する2つの項目は、同じタイプの入力項目である必要があります。種類が異なっていると正しく比較できないので、注意して下さい。

```
in: 値1, 値2, ……
not_in: 値1, 値2, ……
```

　inは、入力された値が、in: 以降に用意した値に含まれているかチェックします。含まれていればOKです。not_inは逆で、含まれていなければOKです。

```
integer
numeric
```

　integerは、値が整数であることをチェックします。numericは、値が数値であることをチェックします。

```
ip
ipv4
ipv6
```

　値がIPアドレスかどうかをチェックします。ipはIPアドレスであればOKです。ipv4とipv6は、それぞれIPv4またはIPv6の値かどうかをチェックします。

```
json
```

　値がJSON形式の文字列かどうかをチェックします。

```
min: 値
max: 値
```

　値が、指定よりも大きいか小さいかをチェックします。minは、指定の値より小さいか、maxは指定の値よりも大きいかをチェックします。最大最小を同時にチェックする場合は、betweenを使います。

```
mimetypes: タイプ名
mimes: タイプ名
```

　type="file"などファイルを指定する項目で、その項目のMIMEタイプをチェックします。mimetypesは、"image/jpeg"といった形でタイプを指定し、mimesは"jpeg"とタイプを指定します。いずれも、カンマを使って複数の値を指定できます。

```
regix: パターン
```

指定した正規表現パターンにマッチするかチェックをします。マッチしなければ不可です。

```
nullable
```

nullが可能かどうか(必須項目ではないか)をチェックします。実際に値がnullかどうかではなく、「nullを許可しているか」を調べます。

```
password
```

Laravelのユーザー認証機能を利用している場合に使えます。これは、認証されている利用者のパスワードと一致するかどうかをチェックします。

```
present
```

この項目の値が存在することをチェックします。存在していれば、値はnullでも問題ありません。

```
required
required_if: 項目 , 値
required_unless: 項目 , 値
required_with: 項目
required_with_all: 項目 , 項目 , ……
required_without: 項目値
required_without_all: 項目 , 項目 , ……
```

必須項目に関する設定です。requiredは、必須項目である(値が用意されている)ことをチェックしますが、そのバリエーションがこれだけ用意されています。

required	必須項目である
required_if	指定した他の項目が指定の値と一致するときのみ必須項目扱いする
required_unless	指定の値が存在しないときのみそれ以外の指定項目を必須扱いする
required_with	指定した他の項目の値が存在するときのみ必須項目扱いする
required_with_all	指定したすべての項目の値が存在するときのみ必須項目扱いする
required_without	指定した他の項目の値が存在しないときのみ必須項目扱いする
required_without_all	指定したすべての項目の値が存在しないときのみ必須項目扱いする

```
starts_with: 値
ends_with: 値
```

項目の値が、指定の値で始まるかどうか、あるいは終わるかどうかをチェックします。

```
same: 項目
```

この項目の値が、指定の項目の値と一致するかどうかをチェックします。

```
size: 値
```

値の大きさをチェックします。文字列ならば文字数、数値の場合は整数値、配列の場合は要素の数をチェックし、指定の値と同じならばOKとします。

```
string
```

文字列の値かどうかをチェックします。

```
unique: テーブル , カラム
```

データベース利用の際に用います。指定のテーブルの指定のカラムに同じ値が存在しないか、チェックをします。

4-3 バリデーションをカスタマイズする

バリデーションは、使い方を独自に定義していくことができます。ここでは「フォームリクエスト」と「カスタムバリデーション」を作成してバリデーションをカスタマイズする方法を説明しましょう。

フォームリクエストについて

validateメソッドを使ったバリデーションは、比較的簡単にバリデーション機能を組み込むことができます。が、このやり方には問題もないわけではありません。

コントローラのアクション内に手作業でバリデーションの処理を書かなければいけません。アクションの処理をあれこれと編集するような場合は誤って書き換えてしまう危険があります。また、自分でバリデーションのメソッドを呼び出して処理するというのもあまりクールなやり方とは思えないでしょう。

コントローラは、それぞれのアクションで実行すべきビジネスロジックなどを実行することになるため、「入力された値のチェック」などはできれば他に切り離したいところです。そこでLaravelでは、「フォームリクエスト」と呼ばれる機能を考えました。

■フォーム用拡張リクエスト

　　フォームリクエストは、リクエストをフォーム利用のために拡張したものです。Laravelでは、クライアントからのリクエストは、**Request**クラスのインスタンスとして送られてきます。このRequestを継承して作成されたのが「FormRequest」です。これを利用することで、フォームに関する機能をリクエストに組み込むことができます。

　　送信されたフォームの内容をチェックするというのは、コントローラにあるより、「リクエストの内部で勝手に処理してくれる」というほうが圧倒的にスマートでしょう。
　　またフォームリクエストにはバリデーション関係の機能が組み込まれており、このクラスを継承してカスタマイズすることできめ細かな操作が行えるようになります。例えば、英語だったメッセージを日本語に変更することも可能です。

■**図4-10**：一般的なバリデーションはコントローラ内で実行されるが、フォームリクエストを使うとリクエスト内にバリデーション機能をもたせることができる。

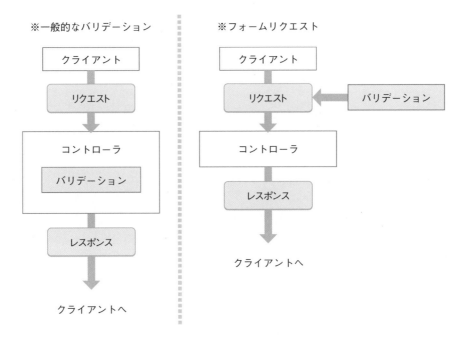

フォームリクエストの作成

　　では、実際にフォームリクエストを作成してみましょう。これもartisanコマンドを使って作成できます。
　　フォームリクエストは、「artisan make:request」というコマンドを使って作成します。では、コマンドプロンプトまたはターミナルから以下のようにコマンドを実行して下さい。

```
php artisan make:request HelloRequest
```

図4-11：artisan make:requestで、HelloRequestというフォームリクエストを作成する。

これで「HelloRequest」というフォームリクエストが作成されます。このスクリプトファイルは、「Http」内に作成される「Requests」というフォルダの中に、「HelloRequest.php」というファイル名で作成されます。フォームリクエストは、基本的にすべてこの「Requests」フォルダ内に配置します。

HelloRequestクラスの基本コード

では、作成されたHelloRequest.phpがどのようになっているのか、ソースコードを確認してみましょう。デフォルトでは以下のようなコードが作成されています（コメント類は省略してあります）。

リスト4-20

```php
<?php

namespace App\Http\Requests;

use Illuminate\Foundation\Http\FormRequest;

class HelloRequest extends FormRequest
{
    public function authorize()
    {
        return false;
    }

    public function rules()
    {
        return [
            //
        ];
    }
}
```

フォームリクエストは、FormRequestクラスを継承して作成されます。これはRequestを継承して作られており、リクエストの機能をベースにして更にバリデーションなどのフォームの処理に関する機能が追加されています。

このFormRequestには、以下の2つのメソッドが用意されています。

■authorize

このフォームリクエストを利用するアクションで、フォームリクエストの利用が許可されているかどうかを示すものです。戻り値としてtrueを返せば許可され、falseを返すと不許可になり、HttpExceptionという例外が発生してフォーム処理が行えなくなります。

■rules

適用されるバリデーションの検証ルールを設定します。これは、先にコントローラでvalidateメソッドを呼び出す際に第2引数に指定した、検証ルールの配列と同じものを用意し、returnします。ここでreturnされた検証ルールを元に、FormRequestでバリデーションチェックが実行されます。

この2つのメソッドを用意すれば、フォームリクエストは使えるようになります。では、実際にHelloRequestを修正してみましょう。

HelloRequest を修正する

ここでは、先にvalidateメソッドを使ってバリデーションを行ったときと同じ検証ルールを適用することにしましょう。HelloRequestクラスを以下のように修正して下さい。

リスト4-21

```
class HelloRequest extends FormRequest
{
    public function authorize()
    {
        if ($this->path() ==  'hello')
        {
            return true;
        } else {
            return false;
        }
    }

    public function rules()
    {
        return [
            'name' => 'required',
            'mail' => 'email',
            'age' => 'numeric|between:0,150',
        ];
    }
}
```

ここでは、まずauthorizeメソッドで、**$this->path**でアクセスしたパスをチェックしています。パスがhelloだった場合はtrueを、そうでない場合はfalseを返しています。これで、hello以外から利用できないようにしているのです。

rulesメソッドでは、先にvalidateメソッドのときに使ったのと同じ検証ルールの配列を用意し、returnしています。これでname、mail、ageの各フィールドにルールが適用されます。

アクションを修正する

後は、POST送信時の処理を行うコントローラのアクションを修正しておきましょう。HelloControllerクラスのpostメソッドを以下のように修正下さい。

リスト4-22

```
// use App\Http\Requests\HelloRequest; を追加しておく

public function post(HelloRequest $request)
{
    return view('hello.index', ['msg'=>'正しく入力されました!']);
}
```

先に用意したバリデーションに関する部分をすべて削除し、単にviewでテンプレートとmsg変数を返すだけのものに変更しました。コントローラだけを見れば、バリデーションに関する処理は見当たりません。

が、実はちゃんとそのための仕掛けがしてあるのです。メソッドの引数を見て下さい。「HelloRequest $request」となっていますね？　渡される引数が、RequestからHelloRequestに変更されています。これで、HelloRequestに設定した内容を元にバリデーションが実行されるようになります。

では、/helloにアクセスして実際に動作を確かめてみましょう。先程と同様にバリデーションがきちんと機能するのがわかります。

図4-12：フォームを送信すると、バリデーションが機能しているのがわかる。

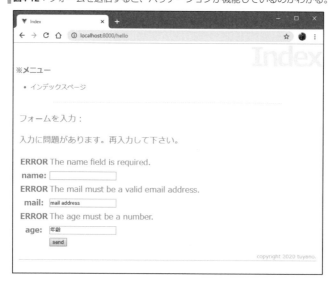

メッセージのカスタマイズ

フォームリクエストがわかったところで、もう少しカスタマイズをしてみましょう。これまでのエラーメッセージはすべて英語でした。日本語で表示させるには、FormRequestの「messages」というメソッドをオーバーライドします。

HelloRequestクラスに、以下のようにメソッドを追加して下さい。

リスト4-23
```php
public function messages()
{
    return [
        'name.required' => '名前は必ず入力して下さい。',
        'mail.email'   => 'メールアドレスが必要です。',
        'age.numeric' => '年齢を整数で記入下さい。',
        'age.between' => '年齢は0〜150の間で入力下さい。',
    ];
}
```

追記したら、再度フォームを送信してみましょう。すると、エラーメッセージが日本語で表示されるようになります。

図4-13：フォームを送信すると、日本語でメッセージが表示される。

このmessagesは、FormRequestのバリデーション機能がエラーメッセージを必要とした時に呼び出されるメソッドです。ここではメッセージの情報を配列にまとめています。値を見てみると、

```php
'name.required' => '名前は必ず入力して下さい。',
```

このように、「'項目名.ルール名' => 'メッセージ'」という形でメッセージ情報を記述します。メッセージ情報は、それぞれのフィールドに用意した1つ1つのルールごとに用意します。複数のルールを設定してある場合は、それぞれのメッセージを用意する必要があります。記述していないルールがあった場合は、デフォルトのメッセージ(英語)がそのまま使われます。

バリデータを作成する

バリデーション機能では、FormRequestに用意されている「validate」メソッドを使ってバリデーションが行われます。このvalidateでは、Requestインスタンスと検証ルールの引数を渡すことで自動的にフォームの値のチェックを行い、問題があればGETのページにリダイレクトしてフォームの再表示を行います。

これは大変便利なのですが、場合によっては「エラーがあったらフォームページにリダイレクトせず、別の処理を行わせたい」と思うこともあるでしょう。またフォームの値以外でバリデーションチェックを行わせたいこともあるはずです。

このような場合は、**バリデータ**を独自に用意して処理することもできます。バリデータというのは、バリデーションを行う機能のことで、Laravelでは「Validator」というクラスとして用意されています。

コントローラのvalidateメソッドを呼び出さず、このValidatorクラスのインスタンスを作成して処理することで、バリデーションの処理をカスタマイズすることができます。では、やってみましょう。

▌バリデータを使ってみる

まずは、validateメソッドと同じ処理をバリデータで作成してみましょう。バリデータは、送信されたフォームを受け取ったアクション内で作成し、利用します。今回の例でいえば、HelloControllerクラスのpostメソッドで実行します。

では、postメソッドを以下のように書き換えて下さい。

リスト4-24

```
// use Validator; を追記しておく

public function post(Request $request)
{
    $validator = Validator::make($request->all(), [
        'name' => 'required',
        'mail' => 'email',
        'age' => 'numeric|between:0,150',
    ]);
    if ($validator->fails()) {
        return redirect('/hello')
                    ->withErrors($validator)
                    ->withInput();
```

```
    }
    return view('hello.index', ['msg'=>'正しく入力されました！']);
}
```

図4-14：フォームを送信するとメッセージが表示される。再び英語に戻った。

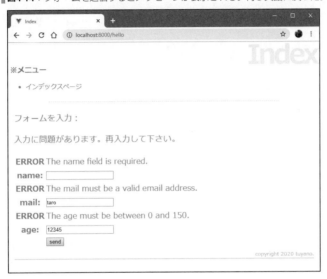

　修正したら、またフォームを送信してみましょう。独自のバリデータを使ってチェックが行われます。今回、エラーメッセージの設定などはまだ行っていないため、表示は再び英語に戻っています。

バリデータ利用の基本

　では、バリデータをどのように使っているのか、その基本をまとめておきましょう。バリデータは、Validatorインスタンスを作成するだけで使えるようになります。が、これは「make」というメソッドを使って作成する必要があります。

```
validator = Validator::make( 値の配列 , ルールの配列 );
```

　第1引数には、チェックする値をまとめた配列を用意します。これは、フォームをそのままチェックするのであれば、$request->all()を指定しておけばよいでしょう。
　第2引数には、バリデータで使用する検証ルールの情報を配列にまとめたものが指定されます。これは、今まで何度も作成してきましたから改めて説明するまでもないでしょう。

　これでインスタンスが作成できました。後はエラーが起きたかチェックし、それに応じた処理を用意すればよいのです。エラーのチェックは、以下のように行います。

```
if ($validator->fails()) {……エラー時の処理……}
```

「fails」は、Validatorクラスにあるメソッドで、バリデーションチェックに失敗した（途中でエラーが発生した）かどうかを調べるものです。戻り値がtrueならば、エラーが発生しています。これがtrueならば、エラー時の処理を用意すればよいのです。

同じように、チェックの結果を調べるメソッドとして「passes」というものもあります。こちらは、問題なくバリデーションをパスしていたらtrue、そうでないならfalseになります。

■ 入力フォームへのリダイレクト

ここでは、エラーが発生したらGETのページ（/hello）にリダイレクトしています。ただし、普通にリダイレクトするだけでは、エラーメッセージやフォームの値などを受け渡すことができません。そこで、以下のように実行しています。

```
return redirect('/hello')
            ->withErrors($validator)
            ->withInput();
```

リダイレクトは、Controllerの「redirect」メソッドで行います。ただ、指定のアドレスに移動させるだけなら、このredirectだけでよいのです。

今回は、更にエラーメッセージとフォームの入力情報をリダイレクトの際に追加しています。それが「withErrors」と「withInput」です。

withErrorsでは、引数にValidatorインスタンスを渡しています。これにより、このValidatorで発生したエラーメッセージをリダイレクト先まで引き継ぐことができます。withInputは、送信されたフォームの値をそのまま引き継ぎます。

Column validateのリダイレクトを使うには？

Controllerでvalidateメソッドを呼び出してバリデーションを行わせると、自動的にリダイレクトし、フォームページに戻りました。この機能を利用したい場合はどうすればよいのでしょうか。

これは、簡単です。Validatorのvalidateメソッドを呼び出せばいいのです。これにより再度バリデーションチェックが行われ、エラーがあればフォームページにリダイレクトされます。

ただし、この方法は、例えばこの後に説明する「フォーム以外の値をバリデーションでチェックする」場合には正しく機能しません。もともとフォームからPOST送信されていないのですから当たり前ですね。このような場合は、サイトのトップページにリダイレクトされます。

クエリー文字列にバリデータを適用する

バリデータを用意するやり方は、フォーム以外の値をチェックするのにも使えます。例として、クエリー文字列で渡された値をチェックするバリデータを作ってみましょう。

今回は、/helloにGETアクセスした時にチェックを行わせてみます。HelloControllerクラスのindexメソッドを修正しましょう。

リスト4-25

```php
public function index(Request $request)
{
    $validator = Validator::make($request->query(), [
        'id' => 'required',
        'pass' => 'required',
    ]);
    if ($validator->fails()) {
        $msg = 'クエリーに問題があります。';
    } else {
        $msg = 'ID/PASSを受け付けました。フォームを入力下さい。';
    }
    return view('hello.index', ['msg'=>$msg, ]);
}
```

図4-15：/helloとアクセスすると「クエリーに問題があります」と表示される。/hello?id=○○&pass=○○という形でアクセスすると「ID/PASSを受け付けました」と表示される。

/helloにそのままアクセスしてみましょう。すると、「クエリーに問題があります。」と表示されます。それを確認したら、今度は /hello?id=xxx&pass=xxx という形式でアクセスしてみて下さい（xxxの部分は任意のテキストに変更して構いません）。すると今度は「ID/PASSを受け付けました。」と表示されます。

ここでは、Validator::makeメソッドの引数に、以下のような値を指定しています。

■第1引数

```
$request->query()
```

　Requestのqueryメソッドは、送信されたクエリー文字列を配列の形にまとめたものを返します。例えば、こんな具合です。

```
/hello?id=taro&pass=yamada
```

```
[ 'id' => 'taro' , 'pass' => 'yamda' ]
```

　このように連想配列の形でまとめられたものをqueryの第1引数に指定すれば、それをバリデーションでチェックさせることができます。

■第2引数
```
[
    'id' => 'required',
    'pass' => 'required',
]
```

　第2引数には検証ルールの情報を配列にまとめたものを用意します。ここでは、クエリー文字列でidとpassというキーが渡されますから、それぞれにrequiredを設定しています。もちろん、その他のルールを設定してもまったく構いません。
　後は、$validator->failsをチェックして、表示するメッセージを設定するだけです。「チェックする項目と値を連想配列にしてValidator::makeに渡す」という点さえわかれば、どんな値でもバリデーションでチェックさせることが可能になります。

エラーメッセージのカスタマイズ

　バリデータを作成して利用する場合、エラーメッセージのカスタマイズはどうすればよいのでしょうか。
　これは、実は**Validator::make**を呼び出す際に指定できます。以下のような形でメソッドを呼び出せばいいのです。

```
validator = Validator::make( 値の配列 , ルール配列 , メッセージ配列 );
```

　第3引数に、エラーメッセージの配列を指定します。これは、フォームリクエストのmessagesでreturnしたのと同じ形式のものを用意すればよいでしょう。
　では、これも試してみましょう。今回は、わかりやすいようにPOST送信されたときの処理（postメソッド）にメッセージ表示を付け加えることにします。postメソッドを以下のように修正して下さい。

リスト4-26
```
public function post(Request $request)
{
    $rules = [
        'name' => 'required',
```

```
        'mail' => 'email',
        'age' => 'numeric|between:0,150',
    ];
    $messages = [
        'name.required' => '名前は必ず入力して下さい。',
        'mail.email'   => 'メールアドレスが必要です。',
        'age.numeric' => '年齢を整数で記入下さい。',
        'age.between' => '年齢は0 ～ 150の間で入力下さい。',
    ];
    $validator = Validator::make($request->all(), $rules,
        $messages);
    if ($validator->fails()) {
        return redirect('/hello')
            ->withErrors($validator)
            ->withInput();
    }
    return view('hello.index', ['msg'=>'正しく入力されました！']);
}
```

図4-16：フォーム送信すると、日本語でエラーメッセージが表示されるようになった。

　修正したら、/helloにアクセスしてフォームを送信しましょう。今回は、ちゃんとエラーメッセージが日本語で表示されるようになっています。
　ここでは、以下のようにしてエラーメッセージの情報を配列にまとめています。

```
$messages = [
    'name.required' => '名前は必ず入力して下さい。',
```

```
            'mail.email'   => 'メールアドレスが必要です。',
            'age.numeric' => '年齢を整数で記入下さい。',
            'age.between' => '年齢は0〜150の間で入力下さい。',
    ];
```

この$messagesを、Validator::makeを呼び出す際に第3引数に指定すれば、エラーメッセージが全て日本語に変わります。

条件に応じてルールを追加する

検証ルールは、常に同じものが設定されるとは限りません。状況に応じて新たにルールを追加する、というようなことが必要となる場合もあるかも知れません。

例えば、連絡先のラジオボタンに「メールアドレス」「電話番号」が用意されていて、その後のフィールドに連絡先の情報を記入する、というようなフォームを考えてみましょう。この場合、「メールアドレス」ボタンが選択されていれば、次のフィールドはメールアドレスでなければいけません。「電話番号」ボタンなら、電話番号になります。どちらが選択されているかによって、次のフィールドに設定すべきルールが変わってくるわけです。

このように、必要に応じてルールを追加したい場合、Validatorクラスの「sometimes」というメソッドを利用することができます。
sometimesは、処理を実行した結果によって新たにルールを追加することができます。これは以下のように記述します。

```
$validator->sometimes( 項目名 , ルール名 , クロージャ );
```

項目名とルール名はわかるでしょう。問題は、第3引数の**クロージャ**です。これが、ルールを追加すべきかどうかを決定するものです。このクロージャは、以下のような形をしています。

```
function($input){
    ……処理を実行……
    return 真偽値 ;
}
```

引数**$input**には、入力された値をまとめたものが渡されます。ここから、**$input->name**といった具合にしてフォームの値を取り出すことができます。
戻り値は、ルールを追加すべきかどうかを指定する真偽値になります。falseの場合は何もしませんが、**true**の場合はsometimesで指定したルールを指定の項目に追加します。

ルールの追加を行う

　では、これも実際に試してみましょう。HelloControllerクラスのpostメソッドを以下のように修正して下さい。

```php
public function post(Request $request)
{
    $rules = [
        'name' => 'required',
        'mail' => 'email',
        'age' => 'numeric',
    ];
    $messages = [
        'name.required' => '名前は必ず入力して下さい。',
        'mail.email'    => 'メールアドレスが必要です。',
        'age.numeric' => '年齢は整数で記入下さい。',
        'age.min' => '年齢はゼロ歳以上で記入下さい。',
        'age.max' => '年齢は200歳以下で記入下さい。',
    ];
    $validator = Validator::make($request->all(), $rules,
        $messages);

    $validator->sometimes('age', 'min:0', function($input){
        return is_numeric($input->age);
    });
    $validator->sometimes('age', 'max:200', function($input){
        return is_numeric($input->age);
    });

    if ($validator->fails()) {
        return redirect('/hello')
            ->withErrors($validator)
            ->withInput();
    }
    return view('hello.index', ['msg'=>'正しく入力されました！']);
}
```

図4-17：ageに整数値が入力されると、min、maxのルールが追加される。

修正したらフォームを送信してみましょう。今回、修正したのはageのフィールドです。ageには、**'age' => 'numeric'**というルールだけが設定されています。が、整数の値が入力されていると、minとmaxのルールが追加され、0より小さい値や200より大きい値はエラーになります。

では、例としてminルールを追加している処理を見てみましょう。このように記述されていますね。

```
$validator->sometimes('age', 'min:0', function($input){
    return is_numeric($input->age);
});
```

ここでは、第3引数のクロージャで、**is_numeric($input->age)**の値を返しています。これにより、**$input->age**の値が整数の場合はtrueが返され、'min:0'のルールが'age'に追加されます。

オリジナルバリデータの作成

バリデーションは、用意されているルールを指定して各種の検証を行います。ルールの設定はいろいろなやり方で行えますが、ではこのルールそのものを新たに定義したい場合はどうするのでしょう。

これにはいくつかの方法があります。その一つは、「バリデータ」そのものを作成し、そこで独自に処理を定義する、という方法です。バリデータは、**Illuminate\Validation\Validatorクラス**を継承したクラスとして作成します。このクラスを作り、その中にバリデーションの処理を行うメソッドを用意すれば、それがバリデーションのルールとして利用できるようになります。

バリデーションクラスの基本形を整理すると以下のようになります。

```
use Illuminate\Validation\Validator;

class クラス名 extends Validator
{
    public function validate○○($attribute, $value, $parameters)
    {
        ……バリデーションの処理……
        return 真偽値;
    }
}
```

　バリデータは、Validatorクラスを継承して作成します。その中には、「validate○○」という名前のメソッドを用意します。これが、バリデーションで使われるルールとして認識されます。例えば、「validateAbc」という名前でメソッドを用意すれば、それは 'abc' というルールとして扱われるようになるのです。

　検証用のメソッドには、3つの引数が用意されます。第1引数は属性（設定したコントロール名など）、第2引数にチェックする値、そして第3引数にはルールに渡されるパラメータとなります。
　これらの値を元にバリデーションの処理を行い、真偽値を返します。falseを返せばバリデーション時にエラーが発生したことを示します。trueの場合は問題ないことを示します。

HelloValidatorを作成する

　では、実際に簡単なバリデータクラスを作成してみましょう。バリデータクラスには、コードを生成する機能などは特にありません。したがって、手作業でスクリプトファイルを作成していく必要があります。
　ここでは、「Http」フォルダ内に、新たに「Validators」というフォルダを作成し、その中にスクリプトを用意することにしましょう。バリデータのファイル名は「HelloValidator.php」という名前にしておきます。
　ファイルを作成したら、以下のようにスクリプトを記述して下さい。

リスト4-28
```
<?php
namespace App\Http\Validators;

use Illuminate\Validation\Validator;

class HelloValidator extends Validator
{
    public function validateHello($attribute, $value, $parameters)
```

```
    {
        return $value % 2 == 0;
    }
}
```

　今回は、「HelloValidator」という名前でクラスを作成しています。この中には、「validateHello」というメソッドを用意してあります。これは、'hello' という名前のルールを定義するものです。

　ここでは、**$value % 2 == 0**の値を返しています。すなわち、入力された値が偶数なら許可、奇数なら不許可となるバリデーションルールです。ごく単純なものですから、内容は説明するまでもないでしょう。

HelloValidator を組み込む

　では、作成したHelloValidatorを組み込みましょう。これには、サービスプロバイダを利用します。

　以前、「HelloServiceProvider」というサービスプロバイダを作成しましたので、これを再利用しましょう。「providers」フォルダの中のHelloServiceProvider.phpを開き、その中にある**boot**メソッドを以下のように書き換えて下さい。

リスト4-29

```
// use Validator; 追加する
// use App\Http\Validators\HelloValidator; 追加する

public function boot()
{
    $validator = $this->app['validator'];
    $validator->resolver(function($translator, $data,
            $rules, $messages) {
        return new HelloValidator($translator, $data,
            $rules, $messages);
    });
}
```

　バリデータは、**$this->app['validator']**というところに保管されています。この**resolver**というメソッドで、**リゾルブ**(バリデーションの処理を行う)の処理を設定できます。引数には、以下のようなクロージャを指定します。

```
function($translator, $data, $rules, $messages) {
    return 《Validator》;
}
```

　この関数では、Validatorのインスタンスをreturnします。ここでは、HelloValidatorクラスのインスタンスをreturnすることで、このクラスをバリデーションの処理として設定しています。new HelloValidatorの引数には、resolverで渡された4つの引数をそのま

ま指定します。

これで、HelloValidatorのメソッドがバリデーションの検証ルールとして追加されました。後は、追加したルールを実際に利用してみるだけです。

HelloValidatorのルールを使用する

では、HelloControllerクラスのpostメソッドを書き換えて、ageフィールドにHelloValidatorのvalidateHelloメソッドのルール（ルール名は'hello'）を組み込んでみましょう。

今回は、HelloRequestを利用することにしましょう。HelloRequestクラスを以下のように修正して下さい。

リスト4-30

```
class HelloRequest extends FormRequest
{
    public function authorize()
    {
        if ($this->path() ==  'hello')
        {
            return true;
        } else {
            return false;
        }
    }

    public function rules()
    {
        return [
            'name' => 'required',
            'mail' => 'email',
            'age' => 'numeric|hello',
        ];
    }

    public function messages()
    {
        return [
            'name.required' => '名前は必ず入力して下さい。',
            'mail.email'  => 'メールアドレスが必要です。',
            'age.numeric' => '年齢を整数で記入下さい。',
            'age.hello' => 'Hello! 入力は偶数のみ受け付けます。',
        ];
    }
}
```

age に'numeric;hello' と い う 形 で 検 証 ル ー ル を 設 定 し ま し た 。 こ のhelloは、
HelloValidatorに用意したvalidateHelloメソッドで処理されるルールです。エラーメッ
セージは、**age.hello**を指定して設定しています。標準で用意されているルールと使い方
はまったく同じです。

では、コントローラを修正しましょう。HelloControllerクラスを以下のように変更し
て下さい。

リスト4-31

```
class HelloController extends Controller
{

    public function index(Request $request)
    {
        return view('hello.index', ['msg'=>'フォームを入力下さい。']);
    }

    public function post(HelloRequest $request)
    {
        return view('hello.index', ['msg'=>'正しく入力されました！']);
    }
}
```

図4-18：奇数をageに入力すると、「Hello! 入力は偶数のみ受け付けます」と表示される。

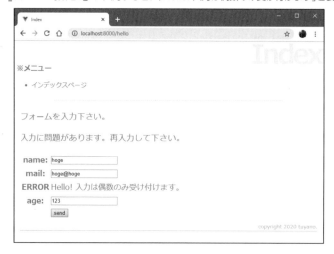

修正したらフォームを使って動作を確認しましょう。ageの入力数字が奇数だと、
「Hello! 入力は偶数のみ受け付けます」とエラーメッセージが表示されます。

このように、オリジナルの検証ルールをValiadtorクラスで作成して組み込めば、入力
のチェックを拡張していくことができます。

Validator::extendを利用する

　独自のバリデータクラスを定義して組み込むのは、きちんとしたバリデータ処理を作成して汎用的に使えるようにする場合は有効なやり方です。が、「このフォームでだけ、ちょっとカスタマイズしたルールを使いたい」というような場合は、もっと簡単な方法があります。それは、Validatorクラスの「extend」メソッドを利用するのです。

　これは、以下のような形で実行します。

```
Validator::extend( 名前 ,クロージャ );
```

　これで、第1引数に指定した名前で第2引数のクロージャをルールとして追加します。第2引数の関数は、以下のような形で定義します。

```
function($attribute, $value, $parameters, $validator) {
    ……バリデーションの処理……
    return 真偽値 ;
}
```

　引数には、先にバリデータクラスを作成したときに定義したメソッドの引数（$attribute, $value, $parameters)に、更にバリデータのインスタンスを付け加えた4つの値が用意されます。これらを使って処理を行い、最後にtrueを返せば問題なし、falseを返せばエラーが発生したことを示します。

　例えば、先ほどのHelloValidatorのvalidateHelloの処理を、Validator::extendを使って記述するとどうなるかやってみましょう。HelloServiceProviderクラスのbootメソッドを以下のように書き換えて下さい。

リスト4-32

```
public function boot()
{
    Validator::extend('hello', function($attribute, $value,
            $parameters, $validator) {
        return $value % 2 == 0;
    });
}
```

　これで、'hello'というルール名が追加されました。基本的な働きは、HelloValidatorを使った場合とまったく同じです。

　Validator::extendを使ったやり方は非常に手軽ですが、汎用性は、あまりありません。1つのコントローラだけでしか使わないようなルールはこれで作り、いくつものコントローラで利用するような場合はバリデータクラスを作って組み込む、というように使い分けるとよいでしょう。

バリデーションルールを作る

　Validatorクラスを利用したバリデータは、サービスプロバイダのbootなどを組み込んで利用します。これは、やり方がわかっていればそう難しくはありませんが、「手軽に利用する」とはいえません。また、この方式はバリデータの仕組みがわかっていないと組み込んで使えないのは確かです。

　バリデータそのものを作成するやり方の他に、バリデータで利用する「ルール」を作って利用する方法もあります。ちょっとした独自ルールを用意して使いたいのであれば、こちらのほうがはるかに簡単でしょう。

　バリデーションルールは、Illuminate\Contracts\Validation名前空間の「**Rule**」というクラスを継承して作られています。このRuleを継承したクラスを用意すれば、それだけでそのクラスをバリデーションのルールとして使えるようになるのです。

　では、実際にサンプルを作成してみましょう。バリデーションルールの作成は、artisanコマンドを利用して行えます。コマンドプロンプトまたはターミナルから以下を実行して下さい。

```
php artisan make:rule Myrule
```

図4-19：artisanコマンドでMyruleを作成する。

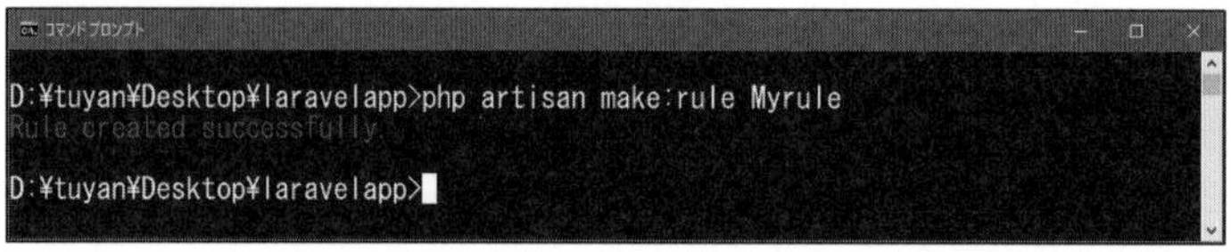

　これで、「app」フォルダ内に「**Rules**」というフォルダが作成され、その中に「**Myrule.php**」というファイルが作られます。artisan make:ruleは、ルールクラスのスクリプトファイルを生成するコマンドで、make:ruleの後にクラス名を指定して実行します。

生成された Rule スクリプト

　では、作成されたMyrule.phpの中身を見てみましょう。以下のようなスクリプトがデフォルトで用意されます（コメントは省略してあります）。

リスト4-33

```php
<?php
namespace App\Rules;

use Illuminate\Contracts\Validation\Rule;

class Myrule implements Rule
{
    public function __construct()
```

```
{
    //
}

public function passes($attribute, $value)
{
    //
}

public function message()
{
    return 'The validation error message.';
}
}
```

　Ruleクラスには、コンストラクタの他、「passes」「message」という2つのメソッドが用意されます。

　passesは、ルールの通過条件を設定します。引数には、ルールの属性（ルールの後に用意される設定関係）をまとめた**$attribute**と、チェックする値である**$value**が用意されます。これらを使い、値をチェックし、問題ない場合はtrue、問題がある場合はfalseをreturnします。

　もう1つのmessageは、問題発生時のメッセージを返すメソッドです。ここでテキストをreturnすれば、それがエラーメッセージとして使われます。

Myrule クラスを作成する

　では、ごく簡単なルールをMyruleに設定してみましょう。Myruleクラスを以下のように修正してみて下さい。

リスト4-34

```
class Myrule implements Rule
{
    public function __construct($n)
    {
        $this->num = $n;
    }

    public function passes($attribute, $value)
    {
        return $value % $this->num == 0;
    }

    public function message()
    {
```

```
            return $this->num . 'で割り切れる値が必要です。';
    }
}
```

　非常に単純なルールを用意しました。コンストラクタで整数値を渡し、それをnumプロパティに保管するようにしてあります。

　passesでは、**return $value % $this->num == 0;**とチェックの処理を用意し、入力された値がnumプロパティで割り切れる場合はtrue、そうでない場合はfalseを返すようにしてあります。つまり、指定した値で割り切れる数値のみ入力できるようにするルール、というわけですね。

Myruleを使ってみる

　では、実際にMyruleを使ってみましょう。バリデーションルールを設定しているHelloRequestクラスで、rulesメソッドを以下のように修正しましょう。

リスト4-35

```
// use App\Rules\Myrule; を追記しておく

public function rules()
{
    return [
        'name' => 'required',
        'mail' => 'email',
        'age' => ['numeric', new Myrule(5)],
    ];
}
```

図4-20：ageに5の倍数の値以外を入力するとエラーになる。

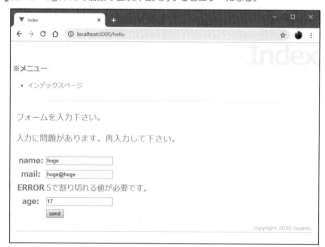

　ageのルールを、**['numeric', new Myrule(5)]**というようにルールの配列に変更してあります。これで、numericとMyruleの2つのルールがageに組み込まれました。

　実際に/helloにアクセスしてフォームに入力をし、動作を確認してみましょう。ここでは、new Myrule(5)というようにMyruleを設定してあります。これで、ageには5の倍数のみ入力可能になります。それ以外の値を入力すると「5で割り切れる値が必要です」とメッセージが表示されるようになります。

　Ruleクラスによるバリデーションルールは、クラスを作るだけでルールとしてフォームなどに設定できるようになります。使い勝手としては、バリデータを作成するよりもルールクラスを利用したほうがはるかに簡単でしょう。

4-4 その他のリクエスト・レスポンス処理

　リクエストやレスポンスに用意されている機能で、ぜひ覚えておきたいというものに「CSRF対策」「クッキーの処理」「リダレクト」といったものがあります。これらの使い方をまとめて説明しましょう。

CSRF対策とVerifyCsrfToken

　ここまで、たくさんのフォームをサンプルとして作成し、動かしてきました。それらは基本的にすべてCSRF対策のための機能を組み込んでありました。フォームの中には、**@csrf**という値が埋め込んであり、これによってCSRF対策用のトークンを出力する非表示フィールドが組み込まれました。

　が、実際に試してみると、うまくフォームが送信できないこともあったのではないでしょうか。例えば、一定時間が経過してフォームを送信すると、トークンの寿命が切れていてエラーが発生することもあります。また、そもそも送信された情報をデータベースに保存したり画面に表示したりするわけではないので、CSRF対策は必要ない、というケースもあります。

　こうした場合、フォームへのCSRF対策を適用しないように設定変更をする必要があります。
　CSRF対策の処理は、「VerifyCsrfToken」というクラスによって行われています。このクラスは、ミドルウェアとして用意されています。「Http」内の「Middleware」フォルダを開いてみて下さい。その中に、「VerifyCsrfToken.php」というファイルが見つかります。これが、CSRF対策を行っているスクリプトです。

図4-21：「Middleware」フォルダの中身。この中のVerifyCsrfToken.phpがCSRF対策を行うためのものだ。

$except に追記する

　このVerifyCsrfTokenクラスには、標準で**$except**という変数が用意されています。こ
れが、CSRF対策を適用しないアクションの配列です。
　では、この部分を以下のように修正してみましょう。

リスト4-36

```
protected $except = [
    'hello',
]
```

　これで、/helloにPOST送信された際にはCSRF対策が実行されなくなります。index.
blade.phpを開き、フォームに記述してあった**@csrf**を削除しましょう。そして/helloの
フォームを送信し、問題なく処理されることを確認して下さい。

図4-22：フォームを送信すると正常に動く。

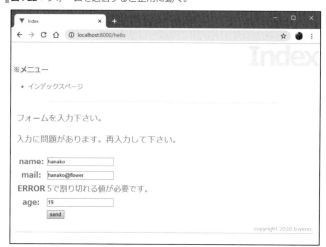

CSRF の除外とワイルドカード

ここでは、$exceptに追記をしています。'hello'を指定することで/helloへのアクセスにCSRF対策を取らなくなります。

この$exceptは配列になっており、必要なだけ値を用意することができます。また、値にはワイルドカード(*)を使うことが可能です。

例えば、**'hello/*'**というようにすれば、/hello下に用意されたすべてのページでCSRF対策が行われなくなります。

Column VerifyCsrfToken自体をOFFにするには？

1つ1つのフォームでなく、アプリケーション全体でCSRF対策をOFFにしたい場合は、処理を行っているVerifyCsrfTokenというミドルウェアをOFFにします。

ミドルウェアの組み込みは、「Http」内にある**Kernel.php**というファイルの中で行っています。この中に、**$middlewareGroups**という配列が定義されており、その中の'web'という値に、更にミドルウェアクラスの配列が用意されています。そこから、

```
\App\Http\Middleware\VerifyCsrfToken::class,
```

この文を探して削除して下さい。これでVerifyCsrfTokenが読み込まれなくなり、フォームのCSRF対策がOFFになります。

クッキーを読み書きする

ちょっとした情報をクライアント側に保管しておくのに多用されるのがクッキーです。PHPにはクッキー利用のための機能がありますが、Laravelを利用すればもっと簡単にクッキーを利用することができるようになります。

クッキーの利用は、リクエスト(Request)とレスポンス(Response)のクラスに用意されているメソッドを利用します。

■保存されているクッキーの値を取得する

```
$ 変数 = $request->cookie( キー );
```

■クッキーを新たに保存する

```
$response->cookie( キー , 値 , 分数 );
```

クッキーを利用する場合、注意しておきたいのが「値の保存と値の取得は、用意されているオブジェクトが違う」という点です。クッキーの値を取得するにはリクエストを使い、値を保存するにはレスポンスを使います。

値の取得は、リクエストのcookieメソッドを呼び出します。引数には、取得するクッキーのキー（保存する際に指定したもの）を渡します。

値の保存は、レスポンスのcookieメソッドを使います。引数には、割り当てるキー（名前）、保管する値、そして保存期間を示す値（分数）を用意します。

クッキーを読み書きする

では、実際にクッキーの値を読み書きしてみましょう。今回は、フォームからテキストを送信したものをクッキーとして保管してみます。

まずフォームを少し修正しましょう。index.blade.phpの@section('content')ディレクティブを以下のように書き換えます。

リスト4-37

```
@section('content')
    <p>{{$msg}}</p>
    @if (count($errors) > 0)
    <p>入力に問題があります。再入力して下さい。</p>
    @endif
    <form action="/hello" method="post">
    <table>
        @csrf
        @if ($errors->has('msg'))
        <tr><th>ERROR</th><td>{{$errors->first('msg')}}</td></tr>
        @endif
        <tr><th>Message: </th><td><input type="text" name="msg"
            value="{{old('msg')}}"></td></tr>
        <tr><th></th><td><input type="submit" value="send">
            </td></tr>
    </table>
    </form>
@endsection
```

これで、msgという入力フィールド1つだけのフォームが表示されるようになります。では、このフォームを使ってクッキーを保存し、それを表示するような処理を作りましょう。HelloControllerクラスを以下のように修正して下さい。

リスト4-38

```
class HelloController extends Controller
{

    public function index(Request $request)
    {
        if ($request->hasCookie('msg'))
        {
```

```
            $msg = 'Cookie: ' . $request->cookie('msg');
        } else {
            $msg = '※クッキーはありません。';
        }
        return view('hello.index', ['msg'=> $msg]);
    }


    public function post(Request $request)
    {
        $validate_rule = [
            'msg' => 'required',
        ];
        $this->validate($request, $validate_rule);
        $msg = $request->msg;
        $response = response()->view('hello.index',
            ['msg'=>'「' . $msg .
            '」をクッキーに保存しました。']);
        $response->cookie('msg', $msg, 100);
        return $response;
    }
}
```

図4-23：フィールドに何か書いて送信するとクッキーに保存する。以後、/helloにアクセスすると保存したクッキーが表示される。

　これで完成です。/helloにアクセスすると、「※クッキーはありません。」と表示されます。このままフォームにテキストを書いて送信してみて下さい。送信されたテキストがクッキーとして保存されます。

　保存されたら、改めて/helloにアクセスしてみましょう。今度は、保存されたクッキーの値がメッセージとして表示されるようになります。

クッキーの取得

　では、クッキーの操作を行っている部分を見てみましょう。まずは、クッキーの値の取得からです。

　ここでは、まず「msg」というキーのクッキーが保存されているかどうかをチェックしています。

```
if ($request->hasCookie('msg'))……
```

　Requestクラスの「hasCookie」メソッドは、引数に指定したキーのクッキーが保管されているかどうかを調べます。この結果がtrueならば、値を取り出して利用すればいいのです。

```
$msg = 'Cookie: ' . $request->cookie('msg');
```

　値の取得は、このように非常にあっさりしています。が、保存になるとちょっと面倒なことになります。

クッキーの保存

　値の保存は、Responseのcookieメソッドを使いますが、注意しないといけないのは、**cookieメソッドで保存処理をしたresponseを返送しないとクッキーは保存されない**という点です。アクションメソッドではreturn viewしていましたが、クッキーを利用する場合は、Responseを用意し、cookieで保存してから、そのResponseをreturnするようにしてやる必要があります。

　ここでは、まずResponseインスタンスを取得し、必要な設定を行います。

```
$response = response()->view('hello.index',
    ['msg'=>'「' . $msg .'」をクッキーに保存しました。']);
```

　responseメソッドは、Responseを用意します。この戻り値から更にviewメソッドを呼び出し、viewテンプレートの設定と、必要な値を渡します。これで、必要な設定がされたResponseが$responseに得られます。

　Responseが用意できたら、そのcookieを呼び出してクッキーを保存し、このResponseをreturnします。

```
$response->cookie('msg', $msg, 100);
return   $response;
```

　これで、作成したレスポンスがクライアントに返され、クッキーが保存されます。クッキーはクライアント側に保存されるものですから、クッキーを設定したレスポンスをクライアントに返さないと保存はされないのです。

リダイレクトについて

　アクションにアクセスしたとき、他のアクションを表示させるのに使われるのが「リダイレクト」です。これは既に使ったことがあります。バリデーションの処理で、エラー時に/helloに処理を回すのに、以下のような関数を用いました。

```
return redirect('/hello')……
```

　この「redirect」という関数が、リダイレクトを実行するためのものです。これは「ヘルパ」と呼ばれるものの一種で、面倒な処理を簡単な関数として呼び出せるようにしたものです。
　単純に、指定したアドレスにリダイレクトするだけなら、このように引数に移動するパスをしているするだけで済みます。

　このredirectヘルパは、「RedirectResponse」というレスポンスを返すものなのです。リダイレクトを使いこなすということは、このRedirectResponseの使い方を覚えるということなのです。

RedirectResponse の主なメソッド

　では、RedirectResponseにある主なメソッドについて、ここで簡単に整理しておきましょう。ここでは、メソッドチェーンとして使える（つまり、$this自身を戻り値とする）ものに絞ってまとめておきます。

■入力データを付加する

```
$response->withInput()
```

　これは、既に登場しました。フォームの送信などの際にリダイレクトを行う場合、送られてきたフォームの値をそのまま付加してリダイレクトします。

■バリデータのエラーを付加する

```
$response->withErrors(《MessageProvider》)
```

　これも既に登場しました。これはエラーメッセージを付加してリダイレクトするものです。引数には、**MessageProvider**というインターフェイスを用意します。具体的な実装例としては、illuminate\Contracts\ValidationのValidatorクラスがあります。

■クッキーを付加する

```
$response->withCookie( Cookie 配列 )
```

　先に、Responseのcookieメソッドでクッキーを追加する方法は説明しましたが、複数

のクッキーデータを付加してリダイレクトさせるものとしてwithCookieというメソッドも用意されています。引数には、Cookieインスタンスをまとめた配列を用意します。

Redirector の主なメソッド

redirectヘルパを引数なしで呼び出すと、illuminate\routingの「Redirector」というクラスのインスタンスが返されます。これは、ルーティングに関する情報を扱うためのものです。このクラスのメソッドを呼び出すことで、リダイレクト先の設定などを行えるようになります。

では、このRedirectorのメソッドもいくつか紹介しておきましょう。

■ルートおよびアクションを指定する

```
redirect()->route( ルート名 , 配列 )
redirect()->action( アクションの指定 , 配列 )
```

ルートの設定情報やコントローラのアクションを指定する場合に使うものです。routeは、web.phpにルート情報として記述したものを指定します。またactionは、'HelloController@index' というようにコントローラとアクションを指定します。

■ビューを指定する

```
redirect()->view( ビュー名 )
```

ビューを指定してリダイレクトします。これは、アクションメソッドなどでreturn viewするときに用いられる名前と同じものです。

■JSONデータを返す

```
redirect()->json( テキスト )
```

JSONデータをクライアントに返す場合に用いられるものです。引数には、JSON形式のテキストを指定します。これで、指定のJSONデータを出力させることができます。

■ファイルを返す

```
redirect()->download( ファイルパス )
redirect()->file( ファイルパス )
```

ファイルをダウンロードしたり、表示したりするためのものです。引数には、利用するファイルのパスをテキストで指定します。これで、ファイルをダウンロードさせたり、PDFやイメージファイルなどを表示させたりすることが簡単に行えます。

　　——このように、リダイレクトというのは、単純に「フォームを再表示する」ということだけを行うものではありません。特定のアクションやルートを指定して表示させることもできますし、JSONデータやファイルのダウンロードなどを行わせるのに利用することもできます。

　これらは、今すぐ覚えなくとも困ることはありませんが、使えるようになるとそれだけ表現力が増します。余力があればぜひ覚えて、使ってみて下さい。

Column　responseメソッドとResponseインスタンスについて

　ここではクッキーを利用する際に、response()というメソッドを使っていました。これでResponseインスタンスを用意していましたね。ここで、「だったら、引数にResponse $responseを追加してインスタンスを用意すればいいだろう」と思った人もいるかもしれません。

　しかし、このようにしてResponseを用意した場合、**$response->view()** と呼び出すと「viewが見つからない」というエラーになります。Responseには、viewメソッドは用意されていないのです。

　実をいえば、responseメソッドで得られるのはResponseではありません。「Response Factory」という、Responseを生成するファクトリクラスのインスタンスなのです。そして、そこにあるviewを呼び出すことで、Responseインスタンスを作成していたのです。つまり、新たにResponseインスタンスを作って渡していたのですね。

　Responseは普通のクラスですから、new Responseでインスタンスを作って利用することももちろん可能です。その場合は、

```
new Response(view(……))
```

　このように引数にviewメソッドの戻り値を指定して必要な設定を行うことができます。Responseは、このようにさまざまなや方法でインスタンスを用意することができるのです。

Chapter 5

データベースの利用

Laravelでデータベースを利用するにはいくつか方法があ
ります。ここでは、もっとも基本となる「DB」クラスを使っ
たデータベースアクセスと、データベース操作の基本につい
て説明しましょう。

5-1 データベースを準備する

データベースを利用するためには、それなりの準備が必要です。ここではSQLiteデータベースを利用するための準備を整え、Laravelから利用するための設定などを行い、いつでもデータベースが使える状態にしましょう。

モデルとデータベース

MVC（Model-View-Controller）の中でも、特に使いこなしが難しいのが「モデル（Model）」でしょう。モデルはデータの管理を行うところ。わかりやすくいえば、「データベースの処理」を担当する部分です。

データベースの利用というのは、さまざまなアプローチがあります。また利用の仕方もアプリケーションによって千差万別です。

MVCは「モデルでデータベースを扱う」というのが基本ですが、多くのフレームワークでは、漠然と「モデルというオブジェクトを用意して、そこにデータベースの処理を全部押し込めればいいだろう」と考えて設計しているように思えます。それは間違いではないでしょうが、ベストな方法かどうかはわかりません。

例えば、ID番号からコンテンツをもらって表示するだけのアプリと、ログインしてユーザーのIDとコンテンツの細かな情報を常にデータベースで照らし合わせながら動いている複雑なアプリとでは、データベースの役割もずいぶんと違います。

ただデータベースから指定のIDのデータを貰うだけの「データの保管庫」としてデータベースを使っているようなものは、コントローラの中にほんの数行処理を書くだけでデータベース・アクセスは終わってしまうでしょう。そのためにモデルを作成して、それを設定して……などとやるのはかえって大変です。「もっとダイレクトにデータベースを使わせてくれ」と思うでしょう。

逆に、多数のテーブルを連携させて複雑なデータ処理を行っているような場合、コントローラでデータベースの処理を書いたらそれだけで数十行の処理になってしまうかもしれません。コントローラなのに処理の大半がデータベース関係というのでは「鬱陶しい。モデルに切り離してもっとわかりやすくまとめられるようにしてくれ！」となるでしょう。

データベースのアプローチというのは、「これ1つで万能」といったものはありません。さまざまな用途に合わせて、いくつものアプローチが用意されている方が、複雑そうに見えても実は楽なのです。

Laravelのアプローチ

Laravelでは、データベース処理のためにいくつかの機能を用意しています。以下に簡単に整理しておきましょう。

▌DBクラス（クエリビルダ）

もっともシンプルなアプローチは、「DB」クラスを利用する方法です。これは、データベースアクセスのための基本的な機能をまとめたクラスで、ここにあるメソッドを呼び出すことでデータベースにアクセスできます。

このDBクラスではデータベースにアクセスするためのクエリを生成し、送信することができます。SQLクエリを直接実行するのに近い感じですので、DBクラスを利用することで格段にデータベース利用が楽になった、というほどのインパクトはないかもしれませんが、手軽にデータベースを利用するには最適な方法です。

また、「クエリビルダ」と呼ばれる機能が用意されており、これを利用するとメソッドを使ってデータベースにアクセスすることができます。SQLよりもPHPらしい処理が作れるようになるでしょう。

▌Eloquent（ORM）

これは、**ORM**（Object-Relational Mapping）と呼ばれる機能をLaravelに実装したものです。ORMは、データベースのデータとプログラミング言語のオブジェクトの間を取り持つもので、データベースのデータをシームレスに言語のオブジェクトに変換し、操作できるようにします。

Laravelに搭載されている**Eloquent**（エロクアント）というORMを使うと、DBクラスなどよりはるかにPHPのオブジェクトらしいアプローチでデータベースを利用できます。

ごく普通のSQLデータベースを扱う場合、DBクラスかEloquent ORMのどちらかを使うことになるでしょう。本書では、まずDBクラスを使ってデータベースの基本操作を学び、それからEloquent ORMの利用について説明をしていきます。

SQLiteデータベースを準備する

データベースと一口にいってもさまざまなものがあります。Laravelでは、標準でMySQL、PostgeSQL、SQLite、SQL Serverに対応しています。後述しますが、これらは既に設定ファイルまで用意されており、「どのデータベースを使うか」を指定するだけで、そのデータベースを利用できるようになります。どのデータベースを使っても、Laravel内ではまったく同じ扱いができるようになっているのです。

したがって、どのデータベースを使おうと基本的には違いはありません。ここでは、一番導入がしやすいものとして、「SQLite」を利用することにしましょう。

▌SQLite の特徴

SQLiteは、プログラム1つで簡単にデータベースを利用できる、非常にシンプルなデータベースです。一般的なSQLデータベースの多くは、「クライアント・サーバー型」で、デー

タベースサーバーとしてプログラムを起動し、それにクライアントとしてアクセスするようになっています。これは、まずSQLデータベースサーバーを設定して起動する必要があり、どうしても大掛かりなものになってしまいがちです。

これに対してSQLiteは、データベースサーバーだけでなく、「ファイル型」の利用も可能です。つまり、SQLiteのデータベースファイルを保存し、そこに直接アクセスしてデータの読み書きを行うのです。これだとサーバーなどを起動する必要がありません。更に、PHPにはSQLiteファイルにアクセスする機能があるので、**SQLite本体すら必要ないの**です。何の準備もせず、すぐにデータベースの利用を開始することができます。

SQLite を用意する

とはいえ、データベースを利用する場合には、PHPのプログラムだけでなく、直接データベースにアクセスしてデータベースの操作を行う必要が生じます。SQLiteのインストールは面倒なものではありませんので、Windowsユーザーはインストールだけ行っておくとよいでしょう。

SQLiteは、以下のアドレスで公開されています。

http://www.sqlite.org/download.html

図5-1：SQLiteのダウンロードページ。ここから、Precompiled Binariesをダウンロードする。

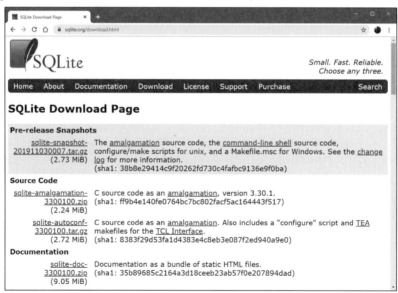

ここでは、SQLiteのソースコードからドキュメント、バイナリファイルまで一通りを配布しています。プログラムは、「Precompiled Binaries for Windows」というところにアップロードされています。ここから、使っているOS用のバイナリファイルをダウンロードして下さい。64 bit Windowsを使っているなら、「sqlite-dll-win64-x64-xxx.zip」(xxxはバージョン番号)をダウンロードして下さい。

ダウンロードしたZipファイルを展開すると、「sqlite3.dll」というファイルがあります。これが、SQLiteの本体です。これを、環境変数pathに設定されている場所に保存します。どこかわからない場合は、「Windows」フォルダ内の「system32」フォルダの中に入れて下さい。これでSQLiteが使えるようになります。

> **Note**
> macOSの場合は、特にインストールは必要ありません。標準でSQLiteは組み込み済みになっています。

DB Browser for SQLiteの導入

SQLiteは、コマンドを使ってデータベースを操作することができます。既にSQLに慣れている人ならばこれで十分でしょうが、これから開発を学んでいこうという人にとって、「すべてコマンドで」というのは少々つらいでしょう。そこで、SQLiteを利用するためのツールも用意しておきましょう。

ここでは、「DB Browser for SQLite」（以後、DB Browserと略）というソフトウェアを紹介しておきます。これはSQLiteのデータベースファイルを開いて直接データベースを編集できるツールです。以下のアドレスよりダウンロードできます。

http://sqlitebrowser.org/

図5-2：DB Browser for SQLiteのサイト。ここからインストーラをダウンロードする。

右側に見えるダウンロードボタンの中から利用したいプラットフォームを選んでクリックして下さい。インストーラのファイルがダウンロードできます。

DB Browserのインストール

Windows の場合

　Windowsの場合、ダウンロードされたファイルは専用のインストーラになっています。これを起動してインストールを行います。以下の手順に従って作業して下さい。

❶ Welcome画面

　インストーラを起動すると「Welcome to the DB Browser for SQLite Setup Wizard」というウインドウが現れます。これは「ウェルカム画面」と呼ばれる起動画面です。そのまま次に進んで下さい。

▍**図5-3**：Welcome画面。そのまま次に進む。

❷-1 Change, repair, or remove installation

　過去にDB Browserをインストールしたことがある場合は、このような画面が現れます。ここでChangeボタンをクリックすれば、そのまま最新バージョンに更新できます。

▍**図5-4**：DB Browserをインストールしたことがあればこの画面になる。

❷-2 End-User License Agreement

まだDB Browserをインストールしたことがない場合は、ライセンス契約の画面に進みます。下にある「I accept ....」チェックをONにして次に進みます。

図5-5：ライセンス契約の画面。

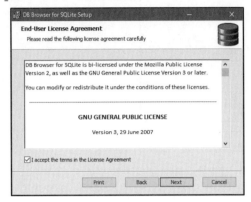

❸ Shortcuts

ショートカットの作成を設定します。ここではデスクトップとスタートメニューにショートカットを作成できます。用意したいもののチェックをONにして下さい。

図5-6：ショートカットの作成画面。

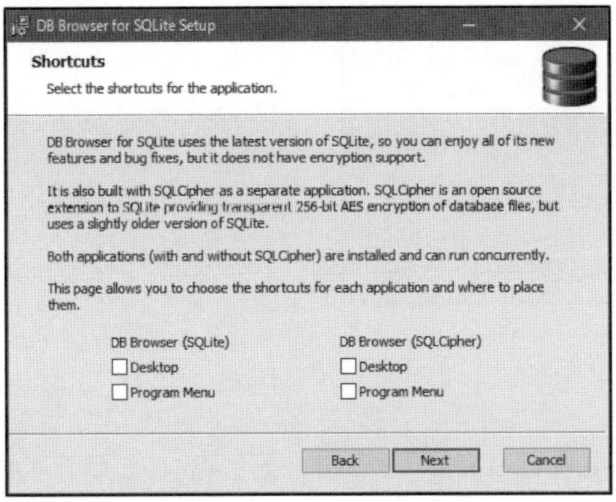

❹ Custom Setup

インストールする場所とインストール内容を設定します。基本的にデフォルトのままでいいでしょう。インストール場所を変更したい場合は「Browse...」ボタンで保存場所を変更できます。

図5-7：インストール場所とインストールする項目の設定画面。

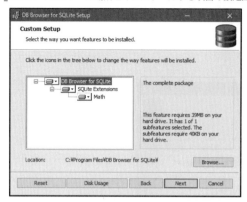

❺ Ready to Install DB Browser for SQLite

　インストールの準備が整いました。「Install」ボタンをクリックすればインストールを開始します。インストールが完了したら、そのままインストーラを終了して下さい。

図5-8：インストールの準備完了画面。

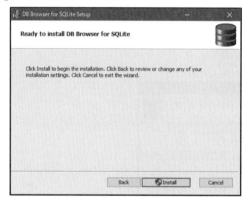

macOS の場合

　macOSでは、インストール作業が不要です。ディスクイメージファイルがダウンロードされるので、それをダブルクリックしてマウントし、ディスク内にあるDB Browserのアイコンを「アプリケーション」フォルダにドラッグしてコピーすれば作業終了です。簡単ですね！

DB Browserを起動する

　Laravelでデータベースを利用する場合、いくつかのやり方があります。もっとも単純な方法は、**sqlite3**コマンドを実行し、SQLクエリを実行して操作するものです。これは、SQLについてしっかり理解していることが前提となります。

もう少しわかりやすい方法としては、DB Browserのようなツールを使ってデータベースを手作業で作成し、それを利用するというやり方があります。また、Laravelのフレームワークに組み込まれている機能を使い、データベースの作成や設定などに関するスクリプトを書いて実行させるやり方もあります。

まずは、より簡単な「ツールでデータベースを手作業で作る」というやり方から説明しましょう。最初のSQLを使ったやり方は後で触れることにします。

では、DB Browserを起動して下さい。画面に**図5-9**のようなウインドウが現れます。これがDB Browserの画面です。ここでデータベースファイルを作り、その中にテーブルを作成してレコードを保存していきます。

図5-9：DB Browserのウインドウ。

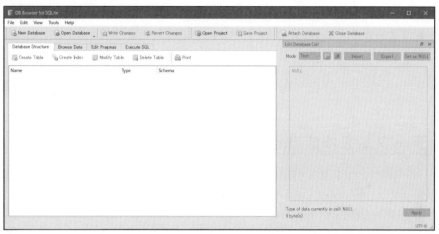

このウインドウは、左側に操作する項目のリストが表示され、そこから項目を選ぶとその詳細が右側に表示されるようになっています。基本的な作業の手順がわかれば、データベースの操作は比較的簡単に行えるようになるでしょう。

Column SQLCipherについて

インストールすると、スタートボタンなどに「DB Browser(SQLite)」と「DB Browser(SQLCipher)」という2つのアプリが追加されていることに気づいたかもしれません。なぜDB Browserが2つもインストールされているのか？

一般的な用途に利用するのは、DB Browser(SQLite)のほうです。これが基本アプリと考えて下さい。では、DB Browser(SQLCipher)というのは？ これは、Cipherというデータベースファイルの暗号化に対応したDB Browserなのです。SQLiteはファイルに直接アクセスしてデータを書き込むため、データベースファイルが見つかってしまうと簡単に中身を覗けます。そこでセキュリティを高めるためファイルを暗号化する機能が用意されました。それがCipherです。

どちらのアプリも機能的には全く同じですので、通常はDB Browser(SQLite)を利用すればいいでしょう。

データベースファイルを作る

　データベースを利用するには、まずデータベースファイルを作成します。ウインドウの左上に「New Database」というボタンがあるので、これをクリックして下さい。そして、プロジェクトのフォルダ（ここでは「laravelapp」フォルダ）内にある「database」フォルダ内に、「database.sqlite」というファイル名でデータベースファイルを作成しましょう。

図5-10：「New Database」ボタンをクリックしてファイルを保存する。

テーブルを作成する

　データベースファイルを作成すると、新しいウインドウが現れます。「Edit table definition」というウインドウです。これはデータベースの「テーブル」を作成するためのものです。

　テーブルというのは、データの内容を定義し、それに従って用意されたデータ（**レコード**といいます）を保管し、管理するものです。一般に「データベースにデータを保存したり検索したりする」という作業は、このテーブルを操作することです。

　データベースには、必要に応じていくつでもテーブルを用意することができます。ここでは、以下のようなシンプルなテーブルを作ってみましょう。

■「people」テーブル

id	保管するデータ（レコード）に割り当てる番号。
name	名前を保管する項目。
mail	メールアドレスを保管する項目。
age	年齢を保管するための項目。

　ごく簡単な、個人情報を保管するテーブルです。テーブルにはこのように、保管するデータの項目を必要なだけ用意します。これらの項目は「フィールド」（または**カラム**）と呼ばれます。

　それぞれのフィールドには、名前と、値の種類、その他必要に応じて設定などの情報が用意されます。では、実際にテーブルを作成しましょう。

peopleテーブルを作る

では、開いているウインドウで、新しいテーブルを作成します。一番上の「Table」と表示されているところに、テーブル名「people」を入力しましょう。

図5-11：一番上のフィールドに「people」と入力する。

idフィールドの作成

その下にある「Add field」ボタンをクリックすると、フィールドが1つ追加されます。そのままNameの項目が入力状態となるので、「id」と入力して下さい。

その右側の「Type」を「INTEGER」にしましょう。これは、値の種類を示す項目です。

更に右側にある「PK」「AI」のチェックボックスをクリックしてONにします（その他のチェックはOFFのままです）。ここにある4つのチェックは、それぞれ以下のようなものです。

NN	Not Nullです。カラ（空）の状態を禁止、つまり必ず何かの値が入力されていなければいけません。
PK	Primary Keyです。これは、データを識別するために用意される項目です。idフィールドがこれに当たります。
AI	Auto Incrementの略です。Primary Keyを設定された項目などで、自動的に値を1ずつ増やしながら設定していく機能です。
U	Uniqueの略です。これは値がユニークである（同じ値が複数存在しない）ことを保証するものです。

ここでは、idフィールドにPrimary KeyとAuto Incrementを設定していた、というわけです。これらは、すべてのフィールドに設定する必要がなければ省略して構いません。

nameフィールドの作成

では、どんどんフィールドを作っていきましょう。次はnameです。これは以下のように設定して下さい。

Name	name
Type	TEXT
チェック	NNのみをON、他はOFF

mailフィールドの作成

Name	mail
Type	TEXT
チェック	すべてOFF

■ageフィールドの作成

Name	age
Type	INTEGER
チェック	すべてOFF

図5-12：peopleテーブルのフィールド。4つのフィールドを用意する。

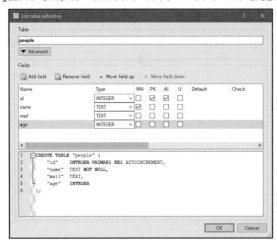

　一通りフィールドが用意できたら、「OK」ボタンでウインドウを閉じましょう。これでテーブルが作成できました。

　ただし、まだファイルに保存はされていません。ウインドウを閉じたら、ウインドウ上部にある「Write Changes」ボタンをクリックして下さい。これで変更内容がファイルに保存されます。これを忘れると変更内容が保存されないので注意しましょう。

　これで、ようやくデータベースにテーブルを作成できました！

図5-13：「Write Changes」ボタンを押してファイルに書き出す。

SQL利用の場合

　既にSQLでデータベースを利用している場合は、直接、SQLiteプログラムを実行して、SQLのクエリを発行してテーブルを作ることもできます。この手順も説明しておきましょう。

（なお、既にDB Browserでテーブルを作成済みの場合は、この説明は読み飛ばして下さい）

　コマンドプロンプトは、まだ開いたままですか？　「laravelapp」フォルダがカレントディレクトリになっているなら、以下のようにして「database」フォルダに移動して下さい。

```
cd database
```

　そして以下のコマンドを実行します。これで、sqlite3プログラムでdatabase.sqliteファイルを開きます。

```
sqlite3 database.sqlite
```

図5-14：sqlite3 database.sqliteでデータベースファイルを開く。

　続けて、SQLのクエリ文をタイプしてテーブルを作成します。今回は以下のように実行すればよいでしょう。

リスト5-1

```
CREATE TABLE `people` (
        `id`        INTEGER PRIMARY KEY AUTOINCREMENT,
        `name`      TEXT NOT NULL,
        `mail`      TEXT,
        `age`       INTEGER
);
```

図5-15：SQLのクエリを実行してテーブルを作成する。

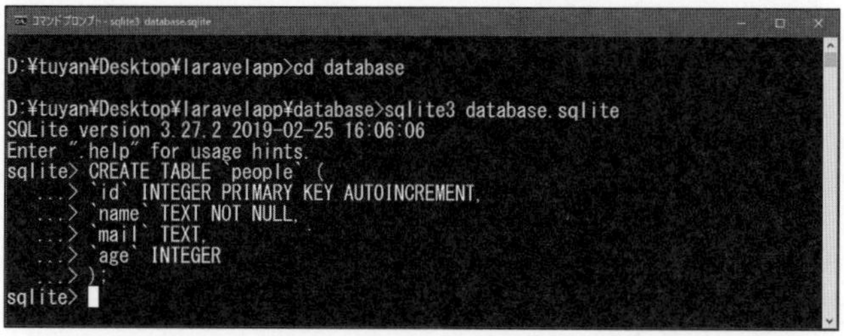

　これでテーブルが作成できます。後は、「.exit」とタイプして、SQLiteを終了すれば作業完了です。SQLがわかっていれば簡単にデータベースを操作できます。

　ここではテーブルの設計時にINTEGERとTEXTという2つのタイプを使いました。SQLiteには、利用可能なデータ型としてNULL、INTEGER、REAL、TEXT、BLOBという5種類が用意されており、テーブルを設計する際には、NONE、INTEGER、READ、NUMERIC、TEXTの5つが項目のタイプとして指定できます。

　ただし、一般的なSQLデータベースで使われる値のタイプは、これだけではありません。例えば、日時の値はDATETIMEといったものが利用されますし、短いテキストの場合はVARCHARが使われるのが一般的です。MySQLなどのサンプルをSQLiteで利用しようと思ったとき、こうした対応していないタイプをどう扱えばいいのか悩む人もいるでしょう。

　結論からいえば、これらの値も問題なくSQLiteで使うことができます。DATETIMEもVARCHARもちゃんと使えるのです。これらの値は、SQLiteでは別の値のエイリアスとして認識されるようになっており、たとえばDATETIMEを指定すると、その値は内部的にはTEXTとして保管されるようになっています。内部ではDATETIMEというタイプは存在しないけれど、DATETIMEというタイプがあるかのように利用できるようになっているのです。タイプに関する限り、SQLiteは非常に柔軟です。

　この不思議な性質はSQLite 3から導入された「型の親和性（Type Affinity）」と呼ばれる機能によるものです。従って、SQLite以外のSQLデータベースを使う場合は、サポートされているタイプを指定してきっちりと設計する必要があるので注意しましょう。

ダミーのレコードを追加する

　テーブルの用意ができたら、ダミーのレコードをいくつか追加しておきましょう。まずは、DB Browserを使ったやり方です。

　DB Browserのウインドウで、「New Database」などのボタンがあるすぐ下に、いくつかのタブが並んでいます。ここから「Browse Data」というタブをクリックして切り替えて下さい。

図5-16：「Browse Data」タブに切り替える。

　ここは、テーブルのレコードを表示するためのものです。タブのすぐ下にある「Table:」ポップアップメニューから「people」を選択して下さい。そして、右側の「New Record」ボタンを押すと、下のリストに新しいレコードが追加されます。

図5-17：「New Record」ボタンを押してレコードを追加する。

　追加されたレコードの各項目（フィールド）をクリックし、値を入力していきましょう。IDは自動的に値が割り当てられていますから、それ以外の項目をクリックして値を記入して下さい。

図5-18：作成されたレコードのフィールドに値を記入する。

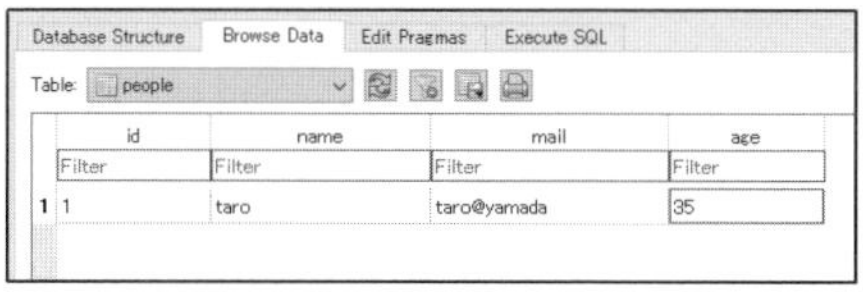

　これを繰り返して、いくつかレコードを作成しておきましょう。内容などは適当で構いません。

図5-19：ダミーレコードをいくつか作成する。

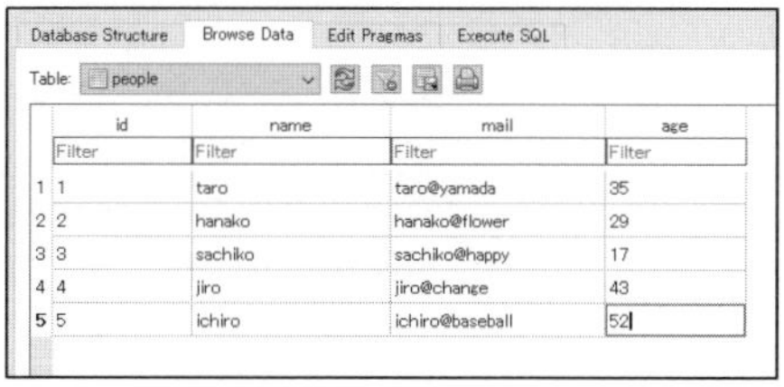

　レコードを追加したら、「Write Changes」ボタンをクリックして変更を保存します。これでレコードが用意できました。

sqlite3 コマンドを使う

　続いて、SQLiteのコマンドでレコードを追加する手順を説明しましょう。先程と同様に、「sqlite3 database.sqlite」コマンドでSQLiteを起動して下さい。そして、以下のようにSQLのクエリ文を実行しましょう。

リスト5-2

```
INSERT INTO `people` VALUES (1,'taro','taro@yamada.jp',35);
INSERT INTO `people` VALUES (2,'hanako','hanako@flower.com',24);
INSERT INTO `people` VALUES (3,'sachiko','sachi@happy.org',47);
```

図5-20：INSERT INTO文を使ってダミーレコードを追加する。

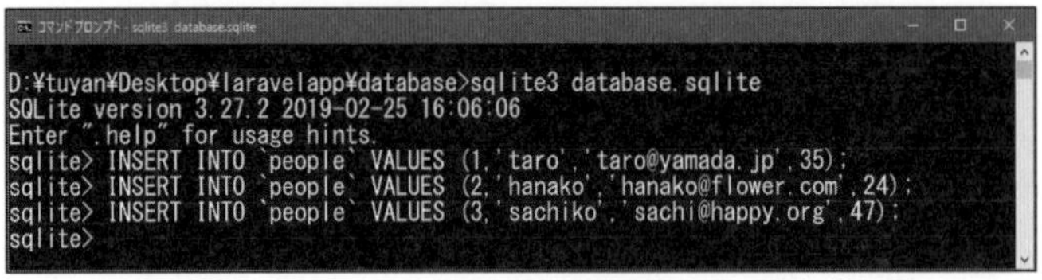

これで、3つのダミーレコードが追加されます。追加したら、「.exit」コマンドでSQLiteを終了します。

DB利用のための手続き

これでデータベースとテーブルが用意できました。では、いよいよLaravelからデータベースを利用することにしましょう。

Laravelでは、データベースの利用に関する設定ファイルが用意されています。それらを修正してSQLiteが使えるようにしましょう。

Laravelで使用するデータベースの情報は、「config」フォルダにある「database.php」というファイルに用意されています。このファイルには、以下のようなスクリプトが記述されています（一部省略）。

リスト5-3

```php
<?php

return [

    'default' => env('DB_CONNECTION', 'mysql'),

    'connections' => [

        'sqlite' => [
            'driver' => 'sqlite',
            'database' => env('DB_DATABASE',
                database_path('database.sqlite')),
            'prefix' => '',
        ],

        'mysql' => [
            'driver' => 'mysql',
            'host' => env('DB_HOST', '127.0.0.1'),
            'port' => env('DB_PORT', '3306'),
            'database' => env('DB_DATABASE', 'forge'),
            'username' => env('DB_USERNAME', 'forge'),
```

```
                'password' => env('DB_PASSWORD', ''),
                'unix_socket' => env('DB_SOCKET', ''),
                'charset' => 'utf8mb4',
                'collation' => 'utf8mb4_unicode_ci',
                'prefix' => '',
                'strict' => true,
                'engine' => null,
            ],

        'pgsql' => [
                'driver' => 'pgsql',
                'host' => env('DB_HOST', '127.0.0.1'),
                'port' => env('DB_PORT', '5432'),
                'database' => env('DB_DATABASE', 'forge'),
                'username' => env('DB_USERNAME', 'forge'),
                'password' => env('DB_PASSWORD', ''),
                'charset' => 'utf8',
                'prefix' => '',
                'schema' => 'public',
                'sslmode' => 'prefer',
            ],

        'sqlsrv' => [
                'driver' => 'sqlsrv',
                'host' => env('DB_HOST', 'localhost'),
                'port' => env('DB_PORT', '1433'),
                'database' => env('DB_DATABASE', 'forge'),
                'username' => env('DB_USERNAME', 'forge'),
                'password' => env('DB_PASSWORD', ''),
                'charset' => 'utf8',
                'prefix' => '',
            ],

    ],

    ……以下略……

];
```

　ここでは、配列の中にデータベース関連の設定がまとめられています。よく見ると、それぞれのデータベースごとに設定が用意されていることがわかるでしょう。これをもう少し整理すると以下のようになるでしょう。

■データベースの設定

```php
<?php

return [

    'default' => env('DB_CONNECTION', 設定名 ),

    'connections' => [

        'sqlite' => [ ……SQLite の設定…… ],

        'mysql' => [ ……MySQL の設定…… ],

        'pgsql' => [ ……PostgreSQL の設定…… ],

        'sqlsrv' => [ ……SQL Server の設定…… ],

    ],

    ……以下略……

];
```

'connections'という配列の中に、各データベースの設定がまとめられています。そして、**'default'**というキーワードにenvという関数が用意されています。これは、Laravelの環境変数を設定する関数で、ここでは**'DB_CONNECTION'**というキーワードの値を変更しています。この値が、実際に使用されるデータベース設定となります。

デフォルトでは、**'mysql'**がDB_CONNECTIONに設定されています。これで、MySQLがデフォルトのデータベースに設定されることになるのです。

では、この値をSQLiteに変更しましょう。'default'の文を以下のように書き換えて下さい。

```php
'default' => env('DB_CONNECTION', 'sqlite'),
```

これで、SQLiteがデータベースに設定されました。このDB_CONNECTIONの名前を変更するだけで、使うデータベースを替えられます。これを書き換えれば、いつでもMySQLやPostgreSQLに切り替えることができるのです。

SQLiteの設定

では、このdatabase.phpに用意されている設定内容について説明しておきましょう。まずは、SQLiteの設定についてです。'sqlite'という配列にまとめられている値は以下のようになります。

```
'driver' => 'sqlite',
```

ドライバー名です。'sqlite'としておきます。ドライバーはLaravelに組み込み済みです。

```
'database' => env('DB_DATABASE', database_path('database.sqlite')),
```

使用するデータベース名です。これはenv関数で、DB_DATABASEという環境変数に値を設定しておきます。ここでは'database.sqlite'というファイル名を指定しています。

このDB_DATABSEに用意するデータベースファイル名は、database_pathという関数を使って設定しています。これは、Laravelの「database」フォルダ内のパスを返すものです。これにより、このフォルダの中にあるデータベースファイルが設定されるようになります。

```
'prefix' => '',
```

プレフィクスです。データベースの名前の前に付ける文字列の指定です。ここでは特に必要ないので空の文字列にしてあります。

——先ほど、「database」フォルダの中に「database.sqlite」というファイル名でデータベースファイルを用意しましたので、ここでの設定は何も変更する必要はありません。データベースファイル名が異なるような場合は、DB_DATABASEの値を書き換えるとよいでしょう。

MySQL/PostgreSQLの設定

その他のデータベース設定についても説明しておきましょう。おそらく利用ユーザーが多いのはMySQLとPostgreSQLでしょう。これらの設定項目についてここで整理しておきましょう。

```
'driver' => 'mysql' または 'pgsql',
```

ドライバー名の指定です。これは、MySQLならば'mysql'、PostgreSQLなら'pgsql'と指定します。

```
'host' => env('DB_HOST', '127.0.0.1'),
'port' => env('DB_PORT', '3306' または '5432'),
```

データベースサーバーのホストの指定(IPアドレスまたはドメイン)と、使用ポートの指定です。ポート番号は、MySQLの場合は3306、PostgreSQLでは'5432'をデフォルトで使っています。

```
'database' => env('DB_DATABASE', 'forge'),
```

使用するデータベース名です。これは既に説明しましたね。SQLiteではデータベースファイルの名前ですが、MySQL/PostgreSQLはサーバーに用意されているデータベース名を指定します。

```
'username' => env('DB_USERNAME', 'forge'),
'password' => env('DB_PASSWORD', ''),
```

データベースにアクセスする際に使用するユーザー名とパスワードです。セキュリティの点から、パスワードは必ず設定するようにしましょう。

```
'unix_socket' => env('DB_SOCKET', ''),
```

MySQLの設定に用意されています。これは使用するソケットファイルを指定するものです。デフォルトでは空になっています。

```
'charset' => 'utf8mb4',
'collation' => 'utf8mb4_unicode_ci',
```

使用するキャラクタエンコーディングの指定です。ユニコードを使っているならば、MySQLでは'uft8mb4'、PostgreSQLは'utf8'としておきます。またMySQLの場合は、collationに'utf8mb4_unicode_ci'を指定しておきます。

```
'prefix' => '',
```

これも登場しました。データベースのプレフィクスの指定です。特に必要なければ空のままでOKです。

```
'strict' => true,
'engine' => null,
```

いずれもMySQL用の設定です。'strict'は、ストリクトモードのON/OFF指定です。また'engine'は使用するストレージエンジンの指定です。

これらの多くはデフォルトのままで問題ありません。最低限必要となるのは、**host**、**database**、**username**、**password**の4つでしょう。これらは、それぞれの環境に合わせて設定変更する必要があります。

.envの環境変数について

これでデータベースの設定は完了しましたが、実はもう1つ設定しておかなければいけないものがあります。それは、Laravelの「環境変数」です。

Laravelでは、「.env」というファイルに環境変数がまとめられています。これは、Laravelの基本的な動作環境に関する変数です。

このファイルを開き、「DB_CONNECTION」という項目を探して、以下のように修正して下さい。

```
DB_CONNECTION=sqlite
```

その下には、「DB_○○」と表示された項目がいくつか並んでいますね。以下のようなものです。

```
DB_HOST=127.0.0.1
DB_PORT=3306
DB_DATABASE=laravel
DB_USERNAME=root
DB_PASSWORD=
```

これらはSQLiteでは使いません。すべて削除して下さい。これで、SQLiteを利用してデータベースファイルにアクセスするようになります。これらの環境変数は、.envにない場合、config/database.phpに用意された値が使われるようになります。.envに値が残っていると、先ほどのdatabase.phpの修正が活かされないので、注意が必要です（逆に、.envに使用する値を用意しておくことで、その値がアプリケーションで利用されるようにすることもできます）。

> **Column** 他のデータベースファイルを使うには？
>
> Laravelでは、デフォルトで「database」フォルダ内のdatabase.sqliteファイルにアクセスを行います。もし、他の名前でデータベースファイルを作成していたり、「database」フォルダ以外の場所にファイルを設置しているような場合は、.envに以下の項目を追記する必要があります。
>
> ```
> DB_DATABASE=……database.sqlite のパスを指定……
> ```
>
> これで、指定したデータベースファイルを利用できるようになります。注意してほしいのは、この値は「フルパスで指定する」という点です。また、値の前後にはクォート記号などをつけないで下さい。

5-2 DBクラスの利用

データベースを利用するもっとも簡単な方法は、「DB」クラスを使うことです。ここでは、このクラスの基本的なメソッドを覚え、データベースを利用してみましょう。

DBクラスとは？

　では、実際にデータベースにアクセスしてみることにしましょう。Laravelに用意されている、もっともシンプルなデータベースアクセス機能は「DB」クラスです。

　このDBクラスには、データベースを利用するためのさまざまな機能が用意されています。中でも、もっともシンプルなのは、SQLのクエリを直接実行するメソッドでしょう。これを覚えれば、とりあえず大抵のデータベースアクセスは可能になります。

　では、このDBクラスを使って、作成したpeopleテーブルにアクセスをしてみましょう。

▌コントローラの修正

　まずは、コントローラに用意するアクションメソッドを変更します。今回も、これまで利用してきた**HelloController**を利用することにしましょう。クラスに用意されているindexアクションメソッドを以下のように変更して下さい。

リスト5-4

```php
// use Illuminate\Support\Facades\DB; を追加

public function index(Request $request)
{
    $items = DB::select('select * from people');
    return view('hello.index', ['items' => $items]);
}
```

▌テンプレートの修正

　内容については後で説明するとして、続いてテンプレートを修正してアクションを完成させてしまいましょう。

　「views」内の「hello」フォルダ内にある「index.blade.php」を開き、@section('content')ディレクティブを以下のように変更しましょう。

リスト5-5

```php
@section('content')
    <table>
    <tr><th>Name</th><th>Mail</th><th>Age</th></tr>
    @foreach ($items as $item)
        <tr>
            <td>{{$item->name}}</td>
            <td>{{$item->mail}}</td>
            <td>{{$item->age}}</td>
        </tr>
    @endforeach
    </table>
@endsection
```

これでテンプレートは完成ですが、スタイルシートにテーブル関係の設定を用意していなかったので、追記しておきましょう。「layouts」内のhelloapp.blade.phpを開き、<header>の**<style>**タグ内に、以下の設定を追記して下さい。

リスト5-6

```
th {background-color:#999; color:fff; padding:5px 10px; }
td {border: solid 1px #aaa; color:#999; padding:5px 10px; }
```

これで修正は完了です。終わったら、/helloにアクセスして下さい。先ほどpeopleテーブルに追加したダミーレコードがテーブルに一覧表示されます。

図5-21：/helloにアクセスすると、peopleテーブル内のレコードが一覧表示される。

DB::select の利用

では、データベースにアクセスしている部分を見てみましょう。今回は、以下のような文を実行しているのがわかります。

```
$items = DB::select('select * from people');
```

ここで使っている「DB::select」というのが、データベースからレコードのデータを取り出すための処理です。DB::selectは、DBクラスにある静的メソッドで、以下のように呼び出します。

```
$ 変数 = DB::select( 実行する SQL 文 );
```

このDB::selectは、SQLクエリを実行し、結果となるレコードを取得するものです。メソッド名から想像がつくように、これはselect文を実行するものだ、と考えて下さい。引数には、実行するSQLのクエリ文を文字列として用意しておきます。

select文は、レコードを取得するためのものです。このselectメソッドも、実行するとレコードの情報が戻り値として返されます。

テンプレートの処理

　selectの戻り値は、それぞれのレコードの値をオブジェクトにまとめた配列になっています。ここから順にオブジェクトを取り出し、値を利用すればいいのです。

　テンプレートの@selectionを見てみると、以下のような形で処理されていることがわかります。

```
@foreach ($items as $item)
        ……レコード内容の表示……
@endforeach
```

　$itemsから順にオブジェクトを$itemに取り出していきます。後は繰り返し部分で、この$itemから各フィールドの値を取り出していけばいいのです。用意されている処理を見てみると、**{{$item->name}}**というようにして値を出力しているのがわかります。これで、取り出したレコードのnameフィールドの値が出力されていたのですね。

　SQLのselect文を使ってレコードを取得する処理は、このようにDB::selectでレコードを配列にして取得し、後はそれをテンプレートで繰り返し処理していくことで簡単に作れます。取り出すレコードの内容や検索条件なども、要は「実行するSQL文をどうするか」がすべてです。まぁ、PHPのフレームワークらしくないやり方ですが、SQLさえしっかりわかっていれば、一番簡単な方法といえるでしょう。

パラメータ結合の利用

　ただし、複雑な検索になると、SQL文の作成が面倒臭くなってくるのは確かでしょう。このような場合は、「パラメータ結合」と呼ばれる機能を利用すると簡単にSQLを作成できます。

　パラメータ結合とは、文字列とパラメータ配列を組み合わせてSQL文を作成する方法です。先ほどのサンプルを修正して、パラメータ結合を使ってみましょう。

　HelloControllerクラスのindexアクションメソッドを以下のように修正して下さい。

リスト5-7

```
public function index(Request $request)
{
    if (isset($request->id))
    {
        $param = ['id' => $request->id];
        $items = DB::select('select * from people where id = :id',
            $param);
    } else {
        $items = DB::select('select * from people');
    }
    return view('hello.index', ['items' => $items]);
}
```

修正したら、再び/helloにアクセスしてみましょう。「/hello?id=番号」というようにクエリ文字列を使ってidというパラメータの値を指定してアクセスをして下さい。すると、そのID番号のレコードを検索して表示します。パラメータを付けず、今まで通り/helloとアクセスすると全レコードを表示します。

図5-22：/hello?id=番号というようにID番号を付けてアクセスすると、その番号のレコードが表示される。

パラメータ結合の働き

では、selectを実行している部分を見てみましょう。issetでクエリ文字列にidというパラメータが送られてきたかチェックし、これがあれば、以下のようにパラメータ用の配列を作成しておきます。

```
$param = ['id' => $request->id];
```

ここでは、**['id' => パラメータ]**という配列を用意してあります。これをSQL文と一緒にselectメソッドに渡して実行します。

```
$items = DB::select('select * from people where id = :id',
    $param);
```

SQL文を見ると、「where id = :id」と書かれているのがわかります。この「:id」というのは、パラメータの値をはめ込む**プレースホルダ**（値を確保しておく場所のこと）です。SQL文では、このように「:名前」という形でプレースホルダを用意しておくことで、その後の引数にある配列から値を指定の場所にはめ込んでSQL文を完成させるのです。

ここでは、:idのところに、第2引数の$param配列から'id'の値を取り出して、はめ込んでいたのです。

このパラメータ結合は、いくつでもパラメータを用意して組み込むことができます。プレースホルダを多用することで、多くの要素を変数や入力値から取得してSQL文を完成させなければならないときも、比較的簡単に組み立てることができるでしょう。

DB::insertによるレコード作成

DB::selectは、基本的にSQLのselect文によるレコード取得に用いるものです。それ以外の操作を行う場合は、別のメソッドを利用する必要があります。それらについても一通り説明しましょう。

まずは、レコードの追加を行うinsert文を実行する場合です。これは、DBクラスの「insert」メソッドを利用します。これも基本的な使い方はDB::selectと同様で、引数にSQLのクエリ文の文字列(必要に応じて、第2引数にパラメータの配列)を用意して呼び出します。

```
DB::insert( クエリ文 , パラメータ配列 );
```

このような形ですね。DB::insertは、レコードなどを取得するものではないので、戻り値を取得する必要はありません。

では、これも利用例を挙げておきましょう。**/hello/add**というアクションを用意し、フォームを送信してレコードを保存できるようにしてみます。

add.blade.php の作成

まずは、テンプレートです。今回は、新しいテンプレートファイルを作成しましょう。「views」内の「hello」フォルダの中に、新たに「add.blade.php」というファイルを作成して下さい。そして以下のようにソースコードを記述しておきましょう。

リスト5-8

```
@extends('layouts.helloapp')

@section('title', 'Add')

@section('menubar')
    @parent
    新規作成ページ
@endsection

@section('content')
    <form action="/hello/add" method="post">
    <table>
        @csrf
        <tr><th>name: </th><td><input type="text" name="name">
            </td></tr>
        <tr><th>mail: </th><td><input type="text" name="mail">
            </td></tr>
        <tr><th>age: </th><td><input type="text" name="age">
            </td></tr>
```

```
        <tr><th></th><td><input type="submit" value="send">
            </td></tr>
    </table>
    </form>
@endsection

@section('footer')
copyright 2020 tuyano.
@endsection
```

ここでは、@selectionにフォームを用意してあります。これを/hello/addに送信してレコードの新規作成の処理をしています。

HelloController の修正

では、HelloControllerクラスを修正しましょう。先ほどのindexとpostはそのまま残し、新たにaddとcreateメソッドを追加することにします。わかりやすいように、クラス全体のソースコードを掲載しておきます。

リスト5-9

```
class HelloController extends Controller
{
    public function index(Request $request)
    {
        $items = DB::select('select * from people');
        return view('hello.index', ['items' => $items]);
    }

    public function post(Request $request)
    {
        $items = DB::select('select * from people');
        return view('hello.index', ['items' => $items]);
    }

    public function add(Request $request)
    {
        return view('hello.add');
    }

    public function create(Request $request)
    {
        $param = [
            'name' => $request->name,
            'mail' => $request->mail,
            'age' => $request->age,
```

```
        ];
        DB::insert('insert into people (name, mail, age) values
            (:name, :mail, :age)', $param);
        return redirect('/hello');
    }
}
```

処理をシンプルにするため、バリデーションなどの処理は省略してあります。

ここでは、createアクションメソッドで、送信されたフォームの内容を元にレコードの作成を行っています。まず、$paramに送信フォームの値を保管します。

```
$param = [
    'name' => $request->name,
    'mail' => $request->mail,
    'age' => $request->age,
];
```

後は、この配列をパラメータ引数にして、DB::insertを呼び出し実行するだけです。

```
DB::insert('insert into people (name, mail, age) values
    (:name, :mail, :age)', $param);
```

後半に、「values (:name, :mail, :age)'」という記述があります。ここで、パラメータ配列$paramから3つの値をはめ込むようにしてあります。これで送信されたフォームの値を元にinsert文を実行する、という処理ができました。

後は、/helloにリダイレクトして移動するだけです。

```
return redirect('/hello');
```

リダイレクトは、「redirect」というメソッドで実行します。これにより、/helloに移動させることができます。

このように、レコードの新規作成は、「フォームの値の取得」「DB::insertの実行」「トップへのリダイレクト」といった作業をセットで実行して完了となります。

ルート情報の追加

最後に、/hello/addのルート情報を追加しておきましょう。web.phpを開き、その末尾に以下の文を追記して下さい。

リスト5-10

```
Route::get('hello/add', 'HelloController@add');
Route::post('hello/add', 'HelloController@create');
```

これで完成です。/hello/addにアクセスし、フォームに入力して送信すると、その内容が新しいレコードとしてテーブルに保存されます。そのまま/helloにリダイレクトさ

れるので、表示されるレコードの一覧をチェックし、新しくレコードが保存されていることを確認しましょう。

図5-23：/hello/addにアクセスし、フォームに入力して送信すると、レコードが新規作成される。

DB::updateによる更新

続いて、レコードの更新です。これは、updateというSQLクエリ文を使って行います。この更新処理を行うのに用意されているのが、DBクラスの「update」メソッドです。

```
DB::update( クエリ文 , パラメータ配列 );
```

このように利用します。基本的にDB::insertなどと使い方は同じです。用意するクエリ文が違うだけ、と考えて下さい。

では、これも実際に作ってみましょう。今回は、**/hello/edit**というアクションに処理を用意することにします。

edit.blade.php の作成

まずテンプレートを用意しましょう。「views」内の「hello」フォルダ内に、新たに「edit.blade.php」というファイルを作成して下さい。ソースコードは以下のようにしておきます。

リスト5-11

```
@extends('layouts.helloapp')

@section('title', 'Edit')

@section('menubar')
    @parent
    更新ページ
@endsection
```

```
@section('content')
    <form action="/hello/edit" method="post">
    <table>
        @csrf
        <input type="hidden" name="id" value="{{$form->id}}">
        <tr><th>name: </th><td><input type="text" name="name"
            value="{{$form->name}}"></td></tr>
        <tr><th>mail: </th><td><input type="text" name="mail"
            value="{{$form->mail}}"></td></tr>
        <tr><th>age: </th><td><input type="text" name="age"
            value="{{$form->age}}"></td></tr>
        <tr><th></th><td><input type="submit"
            value="send"></td></tr>
    </table>
    </form>
@endsection

@section('footer')
copyright 2020 tuyano.
@endsection
```

　更新用のフォームを用意しておきました。フォームのコントロール類は、valueに$formの値を設定しています。これで、$formに更新するレコードの値を設定しておけば、その値が表示されるようになります。

　また、非表示フィールドを使い、IDの値をフォームに保管しておくようにしてあります。この部分ですね。

```
<input type="hidden" name="id" value="{{$form->id}}">
```

　更新処理では、送信された情報から、まず更新するレコードを取得しないといけません。そのために、レコードのIDを必ず保管しておきます。

edit および update アクションの追加

　続いて、HelloControllerにアクションメソッドを追加します。今回は、editとupdateという2つのアクションメソッドをクラスに追加することにしましょう。

リスト5-12

```
public function edit(Request $request)
{
    $param = ['id' => $request->id];
    $item = DB::select('select * from people where id = :id',
        $param);
```

```
        return view('hello.edit', ['form' => $item[0]]);
}


public function update(Request $request)
{
    $param = [
        'id' => $request->id,
        'name' => $request->name,
        'mail' => $request->mail,
        'age' => $request->age,
    ];
    DB::update('update people set name =:name, mail = :mail,
        age = :age where id = :id', $param);
    return redirect('/hello');
}
```

　editでは、クエリ文字列を使い、idの値を渡すようにしてあります。これで受け取ったIDのレコードをDB::selectで検索し、それをformという名前でテンプレートに渡します。なお、idがない場合のエラー処理などは今回省略してあります。

　ここでは、以下のような形でクエリ文を用意しています。

```
update people set name =:name, mail = :mail, age = :age
    where id = :id
```

　update文は、setの後に項目と値を記述していきます。whereで、設定するレコードの条件を指定しています。これで、指定したIDのレコードの値が更新できます。

/hello/edit を試す

　これで更新の処理そのものは用意できました。最後にweb.phpにルート情報を以下のように記述しておきましょう。

リスト5-13

```
Route::get('hello/edit', 'HelloController@edit');
Route::post('hello/edit', 'HelloController@update');
```

　一通りの修正ができたら、/hello/editにIDの値を付けてアクセスしてみて下さい。例えば、/hello/edit?id=1という具合ですね。これで、IDが1のレコードが表示されます。そのまま内容を書き換えてフォームを送信すれば、そのレコードの値が更新されます。

図5-24 : /hello/edit?id=番号という形でアクセスすると、そのID番号のレコードがフォームに表示される。
内容を書き換えて送信すればレコードが更新される。

DB::deleteによる削除

残るは、レコードの削除です。これはDBクラスの「delete」というメソッドで行います。
使い方はこれまでのメソッドとまったく同じです。

```
DB::delete( クエリ文 , パラメータ配列 );
```

このdeleteメソッドは、SQLのdelete文を実行するものです。「delete from テーブル
where 〜」という形で検索するテーブルと検索条件を指定し、それに合致するレコード
を削除します。

では、これもサンプルを作ってみましょう。

del.blade.php の作成

まずはテンプレートからです。「views」内の「hello」フォルダ内に「del.blade.php」とい
う名前でファイルを作成しましょう。そして以下のように記述しておきます。

リスト5-14

```
@extends('layouts.helloapp')

@section('title', 'Delete')

@section('menubar')
    @parent
    削除ページ
@endsection

@section('content')
    <form action="/hello/del" method="post">
```

```
    <table>
        @csrf
        <input type="hidden" name="id" value="{{$form->id}}">
        <tr><th>name: </th><td>{{$form->name}}</td></tr>
        <tr><th>mail: </th><td>{{$form->mail}}</td></tr>
        <tr><th>age: </th><td>{{$form->age}}</td></tr>
        <tr><th></th><td><input type="submit" value="send">
            </td></tr>
    </table>
    </form>
@endsection

@section('footer')
copyright 2020 tuyano.
@endsection
```

　ここではフォームを用意していますが、送信するのは非表示フィールドのID値のみです。削除するレコードのIDさえわかれば、削除処理は行えますから。その代わりに、削除するレコードの内容をテーブルにまとめて表示しています。これで内容を確認し、削除していいと思ったらボタンを押して送信する、というわけです。

del および remove アクションの追加

　続いて、コントローラへのアクションメソッドの追加です。今回は、delとremoveというメソッドとして追加することにしましょう。

リスト5-15

```
public function del(Request $request)
{
    $param = ['id' => $request->id];
    $item = DB::select('select * from people where id = :id',
        $param);
    return view('hello.del', ['form' => $item[0]]);
}

public function remove(Request $request)
{
    $param = ['id' => $request->id];
    DB::delete('delete from people where id = :id', $param);
    return redirect('/hello');
}
```

　delでの処理は、先ほどの更新処理で作ったeditとほぼ同じです。クエリ文字列で渡されたIDパラメータの値を使ってレコードを取得し、それをformに設定して表示しています。

　　削除の処理は、removeで行っています。ここで実行しているSQLクエリ文は以下のようになります。

```
delete from people where id = :id
```

　　whereを使い、指定したIDのレコードをdelete fromで削除しています。削除は、送信されたID番号さえわかれば行えるので、更新などよりかなり簡単ですね。

削除を実行する

　　最後に、web.phpにルーティングの情報を追記して完成させましょう。

リスト5-16

```
Route::get('hello/del', 'HelloController@del');
Route::post('hello/del', 'HelloController@remove');
```

　　/hello/delアクションに、idパラメータを付けてアクセスしてみて下さい（/hello/del?id=1といった具合）。そのレコードの内容が表示されます。そのまま送信ボタンを押せば、そのレコードが削除されます。

図5-25：/hello/del?id=番号 とアクセスし、送信ボタンを押すと、そのレコードが削除される。

SQLクエリがすべて？

　　これで、データベース操作の基本である**CRUD**（Create、Read、Update、Delete）の実装ができました。ここまで説明したことがわかれば、データベースを使ったアプリは作れるようになります。

　　ただし、説明を見ればわかるように、これらは基本的に全て「SQLクエリ文を書いて実行する」というやり方です。これで確かに動きはしますが、正直いってスマートなやり方とは思えませんね。もっとPHPらしいやり方はできないのか？と思うでしょう。
　　もちろん、そうした方法も用意されています。それは、「クエリビルダ」を利用するのです。

5-3 クエリビルダ

DBクラスには、「クエリビルダ」と呼ばれる機能が用意されています。これを利用することで、メソッドチェーンを使ってデータベースアクセスが行えるようになります。その使い方を説明しましょう。

クエリビルダとは？

SQLクエリ文をデータベースに送信することでデータベースを操作するやり方は、SQLがわかっていれば簡単です。が、あまりいい方法はといえません。

なにより、「バグが紛れ込みやすい」という欠点があります。SQL文にパラメータ配列の値を組み込んで文を生成するため、正しくSQL文ができているのかがわかりにくいのは確かです。また、渡される値の内容などによっては、予想外のSQL文が実行されてしまう危険もあります。

そもそも、「PHPでプログラムを書いているのに、データベースの部分だけは別の言語で書かないといけない」というのは非常にストレスでしょう。

そこで用意されたのが、「クエリビルダ」です。クエリビルダは、SQLのクエリ文を生成するために用意された一連のメソッドです。さまざまな要素を表すメソッドをメソッドチェーンとして連続して呼び出していくことで、SQLクエリ文を内部で生成し、実行することができます。

メソッドを呼び出していくだけなので、生成されるSQLクエリ文は表面に現れることはなく、制作している人間もクエリの存在を意識することはありません。ごく普通のPHPの処理としてメソッドを呼び出していくだけで、主なデータベースアクセスが実現できます。

DB::tableとget

では、早速クエリビルダを利用してみましょう。まずは、基本である「テーブルの全レコードを取得する」という操作を作成してみます。

先に、/helloアクションで全レコードを表示する処理を作成していました。これを書き換えて使うことにしましょう。HelloControllerクラスのindexアクションメソッドを、クエリビルダ利用に書き換えてみます。

リスト5-17

```php
public function index(Request $request)
{
    $items = DB::table('people')->get();
    return view('hello.index', ['items' => $items]);
}
```

図5-26：/helloにアクセスし、全レコードを表示する。動作は、SQLクエリ文を実行するのとまったく変わらない。

修正したら、/helloにアクセスしてみましょう。すると、peopleテーブルの全レコードが表示されます。DB::selectでレコードを取得したのと、動作に全く変わりがないことがわかるでしょう。

DB::table について

ここでは、DBクラスの「table」というメソッドを呼び出しています。これは、以下のように利用します。

```
$ 変数 = DB::table( テーブル名 );
```

このDB::tableは、指定したテーブルの「ビルダ」を取得します。ビルダは、Illuminate\Database\Query名前空間にある**Builderクラス**で、SQLクエリ文を生成するための機能を提供します。

DB::tableでビルダを用意し、後はこのビルダの中に用意されているメソッドを呼び出していくことで、ビルダの具体的な設定を行ったり、テーブルの操作などが行ったりできる、というわけです。

get について

ここでは、ビルダの「get」メソッドを使っています。これは、そのテーブルにあるレコードを取得するもので、SQLのselect文に相当するものと考えていいでしょう。実行結果はコレクションになっており、この中に取得したレコードのオブジェクトがまとめられています。

引数は今回付けていませんが、取得するフィールドを特定する場合は引数を利用できます。例えば、**get(['id', 'name])**とすれば、idとnameフィールドだけを取り出すことができます。省略すると、全フィールドの値が取得されます。

取得したコレクションには、各レコードの値をオブジェクトにまとめたものが保管さ

れています。この辺りの操作は、DB::selectと大きな違いはありません。

指定したIDのレコードを得る

続いて、特定のレコードを取得する処理を考えてみましょう。CRUDの処理では、「指定したIDのレコードを得る」ということをよく行いました。これをクエリビルダで行うにはどうすればいいのか考えてみます。

これも、まずはサンプルを動かしてみましょう。今回は、**/hello/show**というアクションとして用意してみます。まずは、「views」内の「hello」フォルダ内に「show.blade.php」というファイルを作成します。内容は以下の通りです。

リスト5-18

```
@extends('layouts.helloapp')

@section('title', 'Show')

@section('menubar')
    @parent
    詳細ページ
@endsection

@section('content')
    <table>
        <tr><th>id: </th><td>{{$item->id}}</td></tr>
        <tr><th>name: </th><td>{{$item->name}}</td></tr>
        <tr><th>mail: </th><td>{{$item->mail}}</td></tr>
        <tr><th>age: </th><td>{{$item->age}}</td></tr>
    </table>
@endsection

@section('footer')
copyright 2020 tuyano.
@endsection
```

ここでは、**$item**という変数にレコードのオブジェクトを渡し、それを表示するようにしています。それ以外には、特に説明が必要な部分はないでしょう。

では、/showの処理をHelloControllerクラスに作成しましょう。ここでは、showというメソッドとして追加します。

リスト5-19

```
public function show(Request $request)
{
```

```
    $id = $request->id;
    $item = DB::table('people')->where('id', $id)->first();
    return view('hello.show', ['item' => $item]);
}
```

記述したら、web.phpにルート情報を追記しておきます。

リスト5-20

```
Route::get('hello/show', 'HelloController@show');
```

これで完成です。/hello/showに、idという名前でパラメータを用意してアクセスしてみて下さい。例えば、/hello/show?id=1という形です。これで、IDが1番のレコードの内容が表示されます。

図5-27：/hello/show?id=番号 という形でアクセスすると、そのID番号のレコードの内容が表示される。

show メソッドの処理

では、showメソッドの内容を見てみましょう。ここでは、以下のようにしてメソッドチェーンが組み立てられています。

```
$item = DB::table('people')->where('id', $id)->first();
```

見覚えのないメソッドが2つほど登場しているのわかるでしょう。これらはいずれもクエリビルダのメソッドです。以下に簡単にまとめておきましょう。

where

これは、SQLのwhere句に相当するものです。このwhereは、引数にフィールド名と値を指定することで、指定された条件に合致するレコードに絞り込みます。

```
where( フィールド名 , 値 )
```

このような形ですね。これにより、指定したフィールドの値が第2引数の値と同じレコードを検索します。レコード検索の条件を設定する際の基本となるメソッドといえます。

■first

これは、「最初のレコード」だけを返すメソッドです。getの場合、検索されたレコードすべてを返しますが、firstは最初のものだけです。例えば指定したID番号のレコードというのは1つしかありません。このように「1つしかレコードがない」ことがわかっているような場合、getではなくfirstを使ってレコードの取得を行ったりします。

1つしかないので、戻り値は配列やコレクションではなく、検索されたレコードのオブジェクトになります。レコードが見つからなければ、戻り値はnullになります。

ここでは、whereとfirstを組み合わせて、指定したIDのレコードを1つだけ取り出し、$itemに渡しています。

ここまでの「where」「get」「first」は、レコードの取得を行う際、もっとも重要となるメソッドです。この3つがしっかり理解できれば、基本的なレコード検索は行えるようになるでしょう。

演算記号を指定した検索

whereメソッドは、非常に簡単にレコードの検索が行えますが、欠点もあります。それは、「指定した値と一致するものしか検索できない」という点です。

検索は、もっと細かな条件設定が必要となるものです。例えば、「指定の数以上・以下のもの」とか、「指定の文字が含まれているもの」といった具合ですね。whereは簡単でいいのですが、こうした「値が一致する」以外の検索はどのようにすればいいのでしょう。

実は、whereは3つの引数を持たせて呼び出すこともできるのです。以下のような形です。

```
where( フィールド名 , 演算記号 , 値 );
```

例えば、**where('id', '>', 5);**とすれば、IDが5より大きいものを検索できる、というわけです。では、実際の利用例を挙げておきましょう。

まず、先ほど作成したshow.blade.phpの@section('content')ディレクティブ部分を、複数のレコードが表示できるように修正しておきます。

リスト5-21

```
@section('content')
    @if ($items != null)
        @foreach($items as $item)
        <table width="400px">
        <tr><th width="50px">id:</th>
        <td width="50px">{{$item->id}}</td>
        <th width="50px">name:</th>
```

```
        <td>{{$item->name}}</td></tr>
        </table>
        @endforeach
    @endif
@endsection
```

続いて、HelloControllerクラスのshowメソッドを書き換えましょう。以下のように変更して下さい。

リスト5-22

```
public function show(Request $request)
{
    $id = $request->id;
    $items = DB::table('people')->where('id', '<=', $id)->get();
    return view('hello.show', ['items' => $items]);
}
```

修正したら、**/hello/show?id=3**とアクセスしてみましょう。すると、IDが3以下のレコードをすべて表示します。/show?id=10とすれば10以下をすべて表示します。

■**図5-28**：/hello/show?id=3とアクセスすると、IDが3以下のレコードをすべて表示する。

ここでは、以下のようにしてwhereメソッドを呼び出しています。

```
where('id', '<=', $id)
```

これで、idの値が、クエリ文字列として渡されたidパラメータ以下のものを検索していたのですね。

whereとorWhere

より複雑な検索として、「複数の条件を設定する」という場合もあります。この場合は、whereと「orWhere」を使って設定できます。

■すべての条件に合致するものだけ検索

```
where(……)->where(……)
```

複数の条件を設定し、すべての条件に合致するものだけを検索する場合は、このように whereメソッドを複数続けて記述していきます。

■条件に1つでも合致すればすべて検索

```
where(……)->orWhere(……)
```

複数の条件のどれか1つでも合致すればすべて検索する、という場合は、最初にwhere で条件を指定した後、「orWhere」を使って条件を追加します。このorWhereの使い方は、 whereとまったく同じです。

name と mail から検索する

では、実際に複数条件の検索を使ってみましょう。先ほどのHelloControllerクラスの showメソッドを修正してみます。

リスト5-23
```php
public function show(Request $request)
{
    $name = $request->name;
    $items = DB::table('people')
        ->where('name', 'like', '%' . $name . '%')
        ->orWhere('mail', 'like', '%' . $name . '%')
        ->get();
    return view('hello.show', ['items' => $items]);
}
```

修正したら、/hello/show?name=○○ というようにしてアクセスをしてみて下さい（○ ○には検索テキストを指定）。これで、nameまたはmailフィールドのいずれかに検索テキ ストを含むレコードをすべて表示します。

図5-29：/hello/show?name=○○とアクセスすると、nameとmailのどちらかに指定のテキストを含むものをすべて探し出す。

ここでは、以下のように検索条件が設定されています。

```
->where('name', 'like', '%' . $name . '%')
->orWhere('mail', 'like', '%' . $name . '%')
```

whereでnameに**like検索**の条件設定をしており、その後にorWhereでmailにもlike検索を設定しています。like検索というのは、検索テキストを含むものを探すのに使うもので、SQLでは、

```
フィールド like '% テキスト %'
```

こんな形で実行されます。**%**記号は、「そこにどんな文字があってもOK」ということを示すもので、例えば、'%abc%'ならば、abcの前後にどんなテキストがあってもOK（つまり、テキストの中にabcが含まれていればOK）となります。

　こんな具合に、where/orWhereでどんどん検索条件を追加していけば、複雑な条件も作り出すことができます。
　ここでは検索テキストを指定するのに**'%'. $name . '%'**という書き方をしていますが、これはwhere/orWhereがパラメータ結合に対応していないためです。このため、このように変数と記号をつなぎ合わせて検索テキストを用意しています。

whereRawによる条件検索

　検索条件が複雑になった場合は、いくつもwhereを続けて書くよりも、検索の条件を文字列で指定する「whereRaw」メソッドのほうが役立つかもしれません。これは、以下のように利用します。

```
whereRaw( 条件式 , パラメータ配列 );
```

　見ればわかるように、whereRawは、**パラメータ配列**に対応した条件設定のメソッドです。第1引数に検索のための式を用意し、第2引数にパラメータの配列を用意します。

　では、これも実際に試してみましょう。HelloControllerクラスのshowメソッドを以下のように書き換えて下さい。

リスト5-24

```php
public function show(Request $request)
{
    $min = $request->min;
    $max = $request->max;
    $items = DB::table('people')
        ->whereRaw('age >= ? and age <= ?',
         [$min, $max])->get();
    return view('hello.show', ['items' => $items]);
}
```

図5-30：/show?min=20&max=50とすれば、20歳以上50歳以下のレコードを検索する。

　ここでは、minとmaxという2つのパラメータをクエリ文字列で渡して検索をします。これらは年齢の最小値と最大値を指定するものです。例えば、**/show?min=20&max=50**というようにアクセスをすれば、ageの値が20以上50以下のものを検索します。

　ここでは、whereRawメソッドを以下のように呼び出しています。

```
whereRaw('age >= ? and age <= ?',[$min, $max])
```

　条件式には、**'age >= ? and age <= ?'**が用意されています。この式の**?**部分に、その後にあるパラメータ配列の値がはめ込まれていきます。whereRawのプレースホルダは、このように**?**記号になります。**:name**というような形で変数名を埋め込んだりはできないので、注意して下さい。

並び順を指定する「orderBy」

　　レコードを検索して取得する場合、取り出されるレコードは基本的に作成した順番になっています。サンプルのpeopleではIDが順に割り振られますので、基本的にID番号順に表示されます。

　　この並び順を変更したい場合に用いられるのが「orderBy」メソッドです。これは、以下のように利用します。

```
orderBy( フィールド名 , 'asc または desc')
```

　　第1引数には、並び順の基準となるフィールド名を指定します。そして第2引数には**'asc'**か**'desc'**を指定します。ascは昇順（数字なら小さい順、テキストならABC順・あいうえお順）、descは降順（数字なら大きい順、テキストはABC順の逆順）となります。これにより、取り出したレコードの並び方を変更できるようになります。

　　例として、HelloControllerのindexメソッドを修正し、並び順を変えてみましょう。

リスト5-25

```php
public function index(Request $request)
{
    $items = DB::table('people')->orderBy('age', 'asc')->get();
    return view('hello.index', ['items' => $items]);
}
```

図5-31：ageの値の小さいものから順にレコードが並ぶ。

　　/helloにアクセスすると、レコードの一覧が、ageの小さいものから順に表示されます。ここでは、以下のようにして並び順を設定しています。

```
orderBy('age', 'asc')
```

これで、ageフィールドに対し昇順(asc)で並べ替えるようになります。後は、ここからgetでレコードを取得するだけです。

注意しておきたいのは、orderByの呼び出し場所です。これは、**getメソッドの前に書**いておかなければいけません。whereなど検索条件のメソッドを利用している場合は、それらのメソッドの後に追加するとよいでしょう。

offsetとlimit

レコードが大量にあった場合は、すべてを取り出すのではなく、そこから部分的にレコードを取り出して表示することが多いでしょう。このような場合に用いられるのが「offset」と「limit」です。

■指定した位置からレコードを取得する

```
offset( 整数 )
```

offsetは、指定した位置からレコードを取得するためのものです。例えば、offset(10)とすると、最初から10個分だけ移動し、11個目からレコードを取得します。

■指定した数だけレコードを取得する

```
limit( 整数 )
```

指定した数だけレコードを取得します。例えば、limit(10)とすると、10個だけレコードを取得します。

この2つを組み合わせることで、ずらっと並んでいるレコードから必要な部分だけを取り出せるようになります。

実際の利用例を挙げておきましょう。今回は、/hello/showで表示される内容を修正してみます。HelloControllerクラスのshowアクションメソッドを以下のように修正して下さい。

リスト5-26
```
public function show(Request $request)
{
    $page = $request->page;
    $items = DB::table('people')
        ->offset($page * 3)
        ->limit(3)
        ->get();
    return view('hello.show', ['items' => $items]);
}
```

図5-32：/hello/show?page=番号 とアクセスすると、指定のページのレコードが表示される。

　ここでは、パラメータとしてpageを用意すると、そのページのレコードを表示するようになっています。各ページは3レコードずつになっています。/hello/show?page=0でアクセスすると、最初の1〜3番目のレコードが表示され、page=1とすると4〜6番目のレコードが……というように、3つずつレコードが表示されていきます。
　ここでは、以下のようにして表示するレコードを指定しています。

```
->offset($page * 3)
->limit(3)
```

　$pageは、ページ番号を表す変数です。offsetで$page * 3の位置に移動し、limitで3つだけレコードを取得することで、1ページ3レコードずつ表示されるようになります。

insertによるレコード追加

　検索以外の機能も、クエリビルダには用意されています。レコードの新規追加は、DB::insertを使って行いました。これは、引数に用意するSQLクエリ文に新規追加の処理を書いてあったわけで、あまり使いやすいものではありません。

　クエリビルダによる新規追加は、「insert」というメソッドを使います。といっても、DB::insertとは違います。こちらはBuilderクラスに用意されているメソッドで、以下のように利用します。

```
DB::table(……)->insert( データをまとめた配列 );
```

　DB::tableで指定したテーブルのビルダを取得し、そこからinsertメソッドを呼び出します。引数には、保存するフィールド名をキーとする連想配列を用意します。これで、配列のデータがレコードとして保存されます。
　見ればわかるように、こちらのinsertでは、SQLクエリ文はまったく出てきません。ただ、値を配列にまとめて呼び出すだけでいいのです。

/hello/create を修正する

では、実際に試してみましょう。今回は、先に作成した/hello/addアクションを再利用します。HelloControllerのadd/createメソッドを以下のように記述しましょう。

リスト5-27

```php
public function add(Request $request)
{
    return view('hello.add');
}


public function create(Request $request)
{
    $param = [
        'name' => $request->name,
        'mail' => $request->mail,
        'age' => $request->age,
    ];
    DB::table('people')->insert($param);
    return redirect('/hello');
}
```

図5-33：/hello/addにアクセスし、フィールドに値を記入して送信すると、それが新しいレコードとして保存される。

/hello/addにアクセスし、現れたフォームのフィールドに値を記入して送信すると、それらがレコードとしてテーブルに追加されます。送信後、自動的に/helloにリダイレクトされるので、表示されるテーブルの内容をよく確認しておきましょう。

ここでは、まず送信されたフォーム値をもとに、$param変数を用意しています。これは配列になっており、それぞれのフィールド名をキーとして値をまとめてあります。

後は、この配列$paramを引数に指定してinsertメソッドを呼び出すだけです。

```php
DB::table('people')->insert($param);
```

　　DB::tableの後にメソッドチェーンとしてinsert文を追加して呼び出します。これだけで新規追加の処理は完了です。DB::insertの場合は、こんな具合に記述していました。

```
DB::insert('insert into people (name, mail, age) values
    (:name, :mail, :age)', $param);
```

　　ずいぶんとわかりやすく、PHPらしいやり方に変わっていることがわかるでしょう。SQLクエリ文を書く必要がないため、「書き間違えておかしな動作をしてしまう」といった不安とも無縁ですね。

updateによるレコード更新

　　続いて、レコードの更新処理です。これはビルダに用意されている「update」というメソッドを使います。使い方は以下のようになります。

```
DB::table(……)->where( 更新対象の指定 )->update( 配列 );
```

　　updateメソッドそのものは、insertとほとんど同じです。更新する値を連想配列にまとめ、引数に指定して呼び出すだけです。ただし、このupdateを使うには、「どのレコードを更新するか」が明確になっていなければいけません。

　　そこで、whereを使い、更新するレコードを絞り込み、それに対してupdateを呼び出します。こうすることで、特定のレコードの内容を書き換えます。

Note

whereしないでtableから直接updateを呼び出すと、すべてのレコードの内容を更新しますので注意しましょう。

/hello/update を修正する

　　では、これも実際に試してみましょう。先に、/hello/editと/hello/update**アクション**を使ってレコードを更新する処理を作りましたが、これをビルダの**updateメソッド**を使う形に書き換えてみましょう。

　　HelloControllerクラスのedit/updateメソッドを以下のように書き換えて下さい。

リスト5-28

```
public function edit(Request $request)
{
    $item = DB::table('people')
        ->where('id', $request->id)->first();
    return view('hello.edit', ['form' => $item]);
}


public function update(Request $request)
```

```
{
    $param = [
        'name' => $request->name,
        'mail' => $request->mail,
        'age' => $request->age,
    ];
    DB::table('people')
        ->where('id', $request->id)
        ->update($param);
    return redirect('/hello');
}
```

図5-34：/hello/edit?id=番号 とアクセスすると、そのID番号のレコードがフォームに表示される。これを書き換えて送信するとレコードが更新される。

使い方は、先に作成したときとまったく同じです。**/hello/edit?id=番号**という形でアクセスをすると、そのID番号のレコードの値がフォームに表示された状態になります。これを書き換えて送信すると、そのレコードの内容が書き換えられて更新されます。

ここでは、以下のような形でupdateを利用しています。

```
DB::table('people')
    ->where('id', $request->id)
    ->update($param);
```

DB::tableで**peopleテーブルのビルダを取得**し、whereで送信されたID番号のレコードを指定しています。そして、更にupdateメソッドを呼び出し、**引数にフォームから送られた値を配列にまとめて指定**します。これで指定のレコードが書き換えられます。

では、DB::updateを使った場合はどうなっていたか、見てみましょう。

```
DB::update('update people set name =:name, mail = :mail,
    age = :age where id = :id', $param);
```

　　かなり変わっていますね。なにより、updateのSQLクエリ文は少し複雑な書き方をするので、慣れないとよく間違います。ビルダのupdateを使えば、(whereの使い方さえ間違えなければ)安全にレコードの更新が行えます。

deleteによるレコード削除

　　残るは、レコードの削除です。これは、ビルダの「delete」というメソッドを使って行います。

```
DB::table(……)->where( 更新対象の指定 )->delete();
```

　　このdeleteメソッドは、引数もなく、ただ呼び出すだけです。先ほどのupdateと同様、あらかじめwhereメソッドを使って削除するレコードを絞り込んでおきます。そしてdeleteを呼び出すことで、whereで検索されたレコードが削除されます。

> **Note**
>
> 　whereを付けずにDB::tableから直接deleteを呼び出すと全レコードを削除してしまうので注意しましょう。

/hello/remove の修正

　　では、これも試してみましょう。先ほど作成した/hello/delと/hello/removeのアクションを書き換えて使うことにします。HelloControllerクラスのdelとremoveメソッドを以下のように書き換えましょう。

リスト5-29

```php
public function del(Request $request)
{
    $item = DB::table('people')
        ->where('id', $request->id)->first();
    return view('hello.del', ['form' => $item]);
}

public function remove(Request $request)
{
    DB::table('people')
        ->where('id', $request->id)->delete();
    return redirect('/hello');
}
```

図5-35：/hello/del?id=番号 とアクセスすると、そのID番号のレコードが表示される。そのままボタンを押して送信すれば、そのレコードが削除される。

使い方は修正前と同じです。**/hello/del?id=番号**というアドレスにアクセスすると、そのID番号のレコードが表示されます。そのままボタンを押すと、そのレコードが削除されます。

ここでは、以下のような形でdeleteメソッドを呼び出しています。

```
DB::table('people')
    ->where('id', $request->id)->delete();
```

whereでIDが$request->idのレコードを検索し、それをdeleteしています。これで、指定したレコードが削除されます。参考までに、DB::deleteを使った場合の処理は、

```
DB::delete('delete from people where id = :id', $param);
```

このようになっていました。ビルダを利用すると、SQLクエリ文がきれいに消えてしまい、単にメソッドを呼び出すだけで削除できるようになります。

これで、クエリビルダによるCRUDの基本が使えるようになりました。検索関係はかなりいろいろなメソッドが用意されているため、ここで紹介したのはもっとも基本となる部分だけです。それでも、一般的な検索作業の大半はできるようになるはずですよ。

5-4 マイグレーションとシーディング

データベースの内容を自動生成するために用意されているのが「マイグレーション」と「シーディング」です。これらの使い方を覚え、データベースを効率良く管理しましょう。

マイグレーションとは？

データベースを扱うとき、もっとも注意しなければならないのは「データベースの構造」でしょう。例えばデータベースを移行したり、環境を移行したりする場合、データベースをまた一から構築しなければいけないことになります。このとき、すべてのデータベースをまったく同じ構造で作らなければ、データベース関係は正しく動作しなくなります。

現在、使っているデータベースの構造を確認し、それとまったく同じものを再現するための仕組みがあれば、データベースの管理はずいぶんと楽になります。そのために提供されているのが「マイグレーション」と呼ばれる機能です。

マイグレーションは、データベースの**バージョン管理機能**です。データベースのテーブルを作成したり削除したりする機能を持っており、PHPのスクリプトを使ってテーブルの作成処理などを用意しておけます。

このマイグレーションの機能を使って、使用するテーブル類の作成処理を用意しておけば、環境が変わった場合もコマンド一発でデータベースのテーブル類を生成することができます。また、途中でテーブルの構造などを変更した場合も、古いテーブルをすべて削除して最新のテーブルに更新するような作業が簡単に行えます。

マイグレーションの手順

このマイグレーションを利用するには、いくつかの作業を順に行っていきます。以下に手順を整理しておきましょう。

❶専用のスクリプトファイルの作成

まず最初に、マイグレーションを記録するためのスクリプトファイルを作成します。これはコマンドを使って生成することができます。

❷スクリプトの記述

作成されたスクリプトファイルに、データベース管理の処理を記述します。これは、テーブルの生成や削除などの処理をPHPで書くことになります。ここまでが準備の段階です。

❸マイグレーションの実行

マイグレーションを行う場合は、コマンドで実行します。コマンドにより、用意されたマイグレーション用のスクリプトファイルを実行してテーブルの生成や削除などが行えます。

マイグレーション機能を使うためには、まず①②の下準備となる作業を行っておかなければいけません。それらが完了して、ようやく③のマイグレーションの実行が可能になります。

マイグレーションファイルの生成

　では、マイグレーションのスクリプトファイルを作成しましょう。これは、コマンドを使って行います。コマンドプロンプトあるいはターミナルを開き、カレントディレクトリをプロジェクトのフォルダ（「laravelapp」フォルダ）に移動してから、以下のようにコマンドを実行しましょう。

```
php artisan make:migration create_people_table
```

図5-36：artisan make:migrationを実行してマイグレーションファイルを生成する。

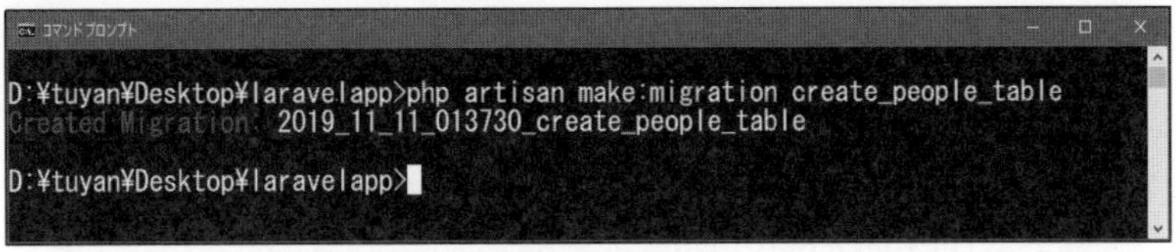

```
コマンド プロンプト                                              —  □  ×

D:¥tuyan¥Desktop¥laravelapp>php artisan make:migration create_people_table
Created Migration:  2019_11_11_013730_create_people_table

D:¥tuyan¥Desktop¥laravelapp>
```

　これは、peopleテーブルを生成するためのマイグレーションファイルを作成するものです。マイグレーションファイルの作成は、以下のようにコマンドを実行します。

```
php artisan make:migration ファイル名
```

　これで、指定のテーブルを作成するためのマイグレーションファイルが作られます。マイグレーションのファイル名は、どのような作業をするものかがわかるようにしておきましょう。ここでは、peopleテーブルを作成するので、「create_people_table」としておきました。

「database」フォルダをチェック

　では、マイグレーションファイルが作成されたか確認しましょう。マイグレーションファイルは、プロジェクトの「database」フォルダの中に作成されます。このフォルダの中には「migrations」という名前のフォルダが用意されています。これが、マイグレーションファイルを保管しておくフォルダになります。

　このフォルダを開くと、その中に以下のようなファイルが見つかります。

　　xxxx_create_users_table.php
　　xxxx_create_password_resets_table.php
　　　（228ページのNote参照）
　　xxxx_create_failed_jobs_table.php
　　xxxx_create_people_table.php
　　　（xxxxには日時を表す数値が当てはめられる）

　マイグレーションファイルには、冒頭にファイルを生成した日付と時間を表す数字が付けられます。いつ作成されたのかが一目でわかるようになっています。

　xxxx_create_people_table.phpが先ほど作成したマイグレーションファイルですが、その他に2つのファイルが用意されていることがわかるでしょう。これは、プロジェクトに最初から用意されているusersとpassword_resetsというテーブルのためのファイルです。これらは認証などのセキュリティ関連で利用されるものです。今は特に利用することはありません。

マイグレーション処理について

　では、作成されたxxxx_create_people_table.phpを開いてみましょう。ここには、マイグレーションの基本的な枠組みが記述されています（コメントは省略してあります）。

リスト5-30

```php
<?php

use Illuminate\Database\Migrations\Migration;
use Illuminate\Database\Schema\Blueprint;
use Illuminate\Support\Facades\Schema;

class CreatePeopleTable extends Migration
{
    public function up()
    {
        Schema::create('people', function (Blueprint $table) {
            $table->bigIncrements('id');
            $table->timestamps();
        });
    }

    public function down()
    {
        Schema::dropIfExists('people');
    }
}
```

　これが、マイグレーションの基本コードになります。これをベースに、必要に応じて処理を追記してマイグレーション処理を完成させます。

　マイグレーション処理は、**Migration**を継承したクラスとして作成されます。このクラスには以下の2つのメソッドが用意されます。

■upメソッド

　テーブルを生成するための処理を記述します。デフォルトでは、peopleテーブルにプライマリキーであるidカラムとタイムスタンプの項目を追加するコードが作成されています（テーブルとカラムの作成については後で説明します）。テーブル作成に関する必要最小限のコードが自動で用意されていると考えればよいでしょう。

■downメソッド

　テーブルを削除するための処理を記述します。デフォルトでは、peopleテーブルが存在するなら削除する処理が書かれています(これについても後で説明します)。

　この2つのメソッドが、テーブル操作の基本となります。これらはマイグレーションのコマンドによって自動的に呼び出されます。

テーブル生成の処理

　では、これらの処理を作成していきましょう。まずは、upメソッドです。これは、テーブルを生成する処理を用意しておくものです。
　今回は、以下のような処理を記述しておくことにしましょう。

リスト5-31

```
public function up()
{
    Schema::create('people', function (Blueprint $table) {
        $table->increments('id');
        $table->string('name');
        $table->string('mail');
        $table->integer('age');
        $table->timestamps();
    });
}
```

　これが、peopleテーブル生成の処理です。これを記述しておけば、peopleテーブルの生成を行えるようになります。

Schema::create について

　テーブルの作成は、**Schema**クラスの「create」メソッドを使って行います。これは次のように定義します。

```
Schema::create( テーブル名 , function(Blueprint $table){
    ……テーブルの作成処理……
});
```

　createは、第1引数にテーブル名、第2引数にはテーブルを作成するための処理をまとめたクロージャが用意されます。createでテーブルそのものは作れるのですが、その中に用意する各フィールドなどはクロージャ内で設定します。

　フィールドの設定は、クロージャの引数として渡される**Blueprint**クラスのメソッドを使って行います。これは多数のメソッドが用意されていますので、ここで主なものだけ整理しておきましょう。

■プライマリキーの設定

```
$table->increment( フィールド名 );
```

　自動的に整数値が割り付けられる（オートインクリメント）プライマリキーを設定します。プライマリキーは、レコードを識別するのに用いられるIDとなるフィールドです。特別な事情がない限り、このincrementでプライマリキーのフィールドを設定すればいいでしょう。

■指定した型のフィールドの設定

```
$table->integer( フィールド名 );
$table->bigInteger( フィールド名 );
$table->float( フィールド名 );
$table->double( フィールド名 );
$table->char( フィールド名 );
$table->string( フィールド名 );
$table->text( フィールド名 );
$table->longText( フィールド名 );
$table->boolean( フィールド名 );
$table->date( フィールド名 );
$table->dateTime( フィールド名 );
```

　テーブルに用意するフィールドを設定します。**フィールドの型を示すメソッド**を使って呼び出していきます。例えば、テキストを保管するnameというフィールドを用意するならば、**$table->string(' name');**とすればいいわけです。

　数値やテキストに関するメソッドがいくつもありますが、これらは使用するデータベースによって使うものが違ってくるためです。**SQLite**の場合、以下のものだけ利用すればいいでしょう。

整数	integer
実数	float
テキスト	string
真偽値	boolean
日時	dateTime

■タイムスタンプの設定

```
$table->timestamp();
```

Blueprintには、作成日時と更新日時を保管するフィールドを自動設定する機能があります。それが、このtimestampメソッドです。これを実行すると、**created_at**と**updated_at**という2つのdateTime型フィールドが自動設定されます。

テーブルの削除処理

もう1つ、downメソッドも作成しておかなければいけません。これは、テーブルを削除します。このメソッドには、デフォルトで以下のようにコードが記述されていました。

リスト5-32

```php
public function down()
{
    Schema::dropIfExists('people');
}
```

テーブルの削除は、Schemaクラスに用意されているメソッドを用います。これは2つ用意されています。

■テーブルを削除

```
Schema::drop( テーブル名 );
```

テーブルを削除します。引数にはテーブル名を文字列で指定します。ただし、テーブルがなかった場合はエラーになります。

■テーブルがあれば削除

```
Schema::dropIfExists( テーブル名 );
```

指定した名前のテーブルがあった場合は削除します。ない場合は何もしません。

マイグレーションを試す

では、実際にマイグレーションを試してみましょう。まず、「databaes」フォルダを開き、そこにある「database.sqlite」ファイルを他の場所に移動しましょう。そしてコマンドプロンプトまたはターミナルでプロジェクトフォルダ(「laravelapp」フォルダ)にカレントディレクトリを設定します。

以下のようにマイグレーションを実行しましょう。

❶ ファイルを作成する

まず、データベースファイルを新たに作成します。以下のようにコマンドを実行して下さい。これでファイルが作成されます(touchコマンドについては後述します)。

```
touch database/database.sqlite
```

❷ マイグレーションを実行

データベースファイルが作成されたら、マイグレーションを実行します。これは以下のようにコマンドを実行します。

```
php artisan migrate
```

図5-37：touchでファイルを作成し、artisan migrateでマイグレーションを実行する。

これでマイグレーションが実行されます。実行すると以下のようなメッセージがコンソールに出力されます。

```
Migration table created successfully.
Migrating: xxxx_create_users_table
Migrated:   xxxx_create_users_table
Migrating: xxxx_create_password_resets_table
Migrated:   xxxx_create_password_resets_table
Migrating: xxxx_create_people_table
Migrated:   xxxx_create_people_table
```
（xxxxは日時を表すテキスト）

見ればわかるように、作成されていた3つのマイグレーションファイルがそれぞれ、ここで実行されていることがわかります。マイグレーションファイルをあらかじめ作成しておけば、このようにコマンドで全て実行し、テーブルが用意されるのです。

> **Note**
>
> 223ページで触れたマイグレーションで生成されるファイルについて補足します。
> Laravel 7以降で、password_resetsはlaravel/uiに移動となっており、xxxx_create_password_resets_table.phpはここでは生成されなくなりました。

Column touchコマンドについて

　ここで使ったtouchコマンドは、Linuxなどに用意されていて、ファイルの日付を更新する働きをします。また新しいファイル名を指定することで、中身のない空のファイルを作成できます。

　macOSの場合、touchコマンドは組み込まれていますが、Windowsではデフォルトでは入っていません。別途インストールする必要があります。これには、**npm**（Node.jsのパッケージ管理ツール）を利用するのが一番簡単でしょう。npmが使える状態であれば、以下のように実行することでtouchコマンドをインストールできます。

```
npm install touch-cli -g
```

　Node.jsを使っていない人は、わざわざインストールしてtouchコマンドを使うようにする必要はありません。ここでは、単に「空のデータベースファイル」を作っているだけですから、touchコマンドを使わなければいけないわけではありません。DB Browserなどで、新しいデータベースファイルを作成して、利用して下さい。

シーディングについて

　テーブルの用意は、これでできるようになりました。が、実際にartisan serveでサーバーを実行してみるとわかりますが、テーブルにはレコードはまったく用意されていません。これでも、まぁ使えないわけではありませんが、初期状態でいくつかダミーのレコードを用意しておけるともっと便利ですね。

　こうした機能は「シーディング」と呼ばれます。これは、**シード**（最初から用意しておくレコード）を作成する機能です。これもマイグレーションと同様、Laravelには用意されています。

　シーディングも、マイグレーションと同様にいくつかの手順があります。

❶ シーディングのためのスクリプトファイルを作成します。これはコマンドで用意できます。

❷ スクリプトファイルを編集してシードを追加しておきます。

❸ コマンドでシーディングを実行します。

　この手順で実行すれば、テーブルにレコードを登録しておくことができます。ではやってみましょう。

シーダーファイルの作成

　まず、シードを作成するためのスクリプト（**シーダー**）ファイルを生成しましょう。これはコマンドとして実行します。コマンドプロンプトまたはターミナルから以下のように実行して下さい。

```
php artisan make:seeder PeopleTableSeeder
```

図5-38：artisan make:seederでシーダーファイルを作成する。

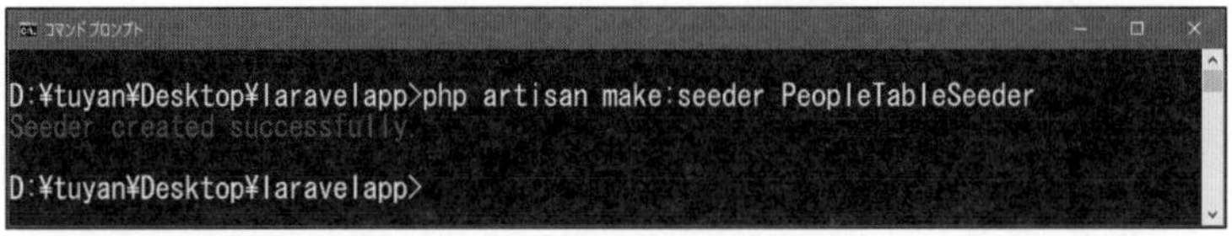

```
コマンド プロンプト                                                      ―  □  ×

D:¥tuyan¥Desktop¥laravelapp>php artisan make:seeder PeopleTableSeeder
Seeder created successfully.

D:¥tuyan¥Desktop¥laravelapp>
```

　これでシーダーファイルが作成されます。シーディングに関するファイル
は、「database」内の「seeds」というフォルダの中に作成されます。この中に、
「PeopleTableSeeder.php」ファイルが作成されています。

　この他に、「DatabaseSeeder.php」というファイルも用意されています。これはデフォ
ルトで用意されているシーダーファイルで、作成したシーダーファイルを登録するとこ
ろです（これについては後で説明します）。

シーディング処理について

　では、作成されたシーダーファイルを見てみましょう。これには以下のようなソース
コードが記述されています。これが、シーディング処理を行うための基本となるコード
です（コメントは省略しています）。

リスト5-33

```php
<?php

use Illuminate\Database\Seeder;

class PeopleTableSeeder extends Seeder
{
    public function run()
    {
        //
    }
}
```

　シーディング処理は、このように「Seeder」を継承したクラスとして定義します。ここ
には、「run」メソッドが1つだけ用意されています。このメソッド内に、レコードを作成
するための処理を用意すればいいのです。

シードを作成する

　では、runメソッドに、peopleテーブルのシードを作成する処理を用意してみましょう。
PeopleTableSeeder.phpのrunメソッドを以下のように修正して下さい。

リスト5-34

```
// use Illuminate\Support\Facades\DB; を追記

public function run()
{
    $param = [
        'name' => 'taro',
        'mail' => 'taro@yamada.jp',
        'age' => 12,
    ];
    DB::table('people')->insert($param);

    $param = [
        'name' => 'hanako',
        'mail' => 'hanako@flower.jp',
        'age' => 34,
    ];
    DB::table('people')->insert($param);

    $param = [
        'name' => 'sachiko',
        'mail' => 'sachiko@happy.jp',
        'age' => 56,
    ];
    DB::table('people')->insert($param);
}
```

　見ればわかるように、実は特別な処理をしているわけではありません。**DB::table->insert**を使って、レコードをいくつか作成しているだけです。レコードの作成は既にやっていますから、それをそのまま利用すればいいのですね。

シーダーファイルの登録

　これでシーダーファイルは用意できましたが、まだこれだけでは使えません。作成したファイルが実行されるように、**DatabaseSeeder**に登録をしておく必要があります。
　プロジェクトには、デフォルトでDatabaseSeeder.phpというファイルが用意されていました。これが、シーディングのコマンドで実行されるスクリプトなのです。それ以外のファイルは、直接実行されるわけではありません。ですから、このファイルの中に、PeopleTableSeederを呼び出す処理を用意しておくのです。

　では、DatabaseSeeder.phpを開き、以下のようにスクリプトを修正して下さい。

リスト5-35

```
<?php
```

```
use Illuminate\Database\Seeder;

class DatabaseSeeder extends Seeder
{
    public function run()
    {
        $this->call(PeopleTableSeeder::class); //●
    }
}
```

　記述したのは●マークの一文だけです。このDatabaseSeederも、PeopleTableSeederと同じくSeederクラスを継承して作られています。このrunに、シーダーを実行する処理を記述します。これは以下のようになっています。

```
$this->call( シーダークラス ::class);
```

　実行するシーダークラスの**class**プロパティを引数にして「call」というメソッドを呼び出します。これはSeederクラスにあるメソッドで、これにより指定したクラスのrunメソッドが呼び出され、シーディング処理が実行されるようになっています。

シーディングを実行する

　さあ、これでシーディングの処理が完成しました。コマンドプロンプトあるいはターミナルからシーディング処理を実行しましょう。以下のようなコマンドを使います。

```
php artisan db:seed
```

図5-39：artisan db:seedを実行する。これでシーディング処理が実行される。

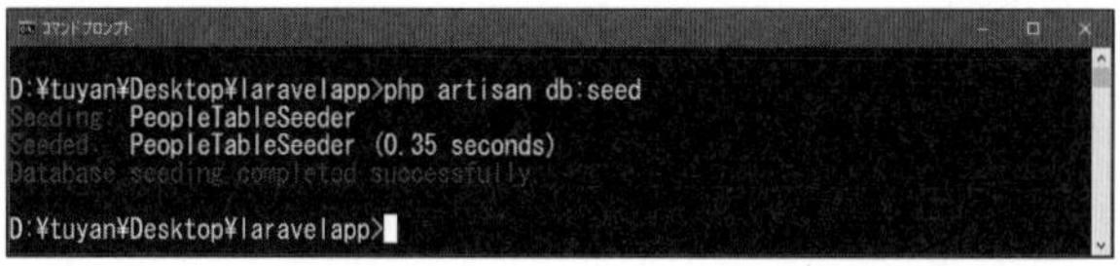

　シーディング処理の実行は、**artisan db:seed**というコマンドで実行します。これで、DatabaseSeederのrunが実行され、そこから各シーダーファイルのrunが呼び出されて実行されていくのです。

アクセスして表示を確認！

　シーディングが完了したら、問題なくテーブルとレコードが用意できているか確認しましょう。「php artisan serve」コマンドでサーバーを起動し、/helloにアクセスしてみて

下さい。シーダーファイルに記述したダミーレコードが表示されます。

図5-40：サーバーを実行し、/helloにアクセスする。ダミーで作成したレコードが表示された。

Column クラスとファサード

　この章では、DBクラスを利用してデータベースアクセスを行う基本について説明をしました。データベースを利用するためのDBクラスは、非常に使いやすいものです。これほど簡単にデータベースを利用できるクラスは、他のフレームワークなどにはほとんど見られないでしょう。どうしてLaravelではこのような単純なデータベース利用が可能になっているのでしょうか。

　実をいえば、データベースにアクセスするための機能自体は、DBクラスとは別のところにあるのです。
　実際にデータベースを利用している機能は、Illuminate\Databaseという名前空間にあるDatabaseManagerとConnectionというクラスです。DatabaseManagerでデータベース設定を利用した接続を管理し、そこから取得されたConnectionインスタンスを利用してデータベース利用を行っています。Laravelではデータベース利用が簡単とはいえ、このように複数のクラスを使ってアクセスを行っているのです。

　では、DBクラスとは一体何か？　これは「**ファサード**」と呼ばれるものです。Laravelでは、組み込まれている各種の機能を簡単に呼び出せるようにするためのクラスが用意されています。それが、ファサードです。DBファサードのメソッドを呼び出すと、内部から実際のデータベースを利用するための処理が呼び出されて具体的な処理が行われるような仕組みになっていたのです。このファサードのおかげで、DBクラスの簡単なデータベースアクセスが可能なのです。

　ファサードは、Illuminate\Support\Facades名前空間にまとめられています。この名前空間にあるクラスが登場したら、「これはファサードだな。実際の機能は別にあって、それを使いやすくするためのものだな」と理解すればいいでしょう。
　ファサードについては、本書では詳しくは触れません。続編である『PHPフレームワークLaravel実践開発』で作成方法などを説明していますので、更に知りたい方はそちらを参照して下さい。

Chapter 6

Eloquent ORM

Laravelには、「Eloquent」というORM（Object-Relational Mapping）機能が用意されています。ORMを活用することで、PHPのオブジェクトを扱う感覚でデータベースを利用できます。Eloquentの基本的な使い方をここでマスターしましょう。

6-1 Eloquentの基本

　ORMとは、データベースのレコードをプログラミング言語のオブジェクトとして扱えるようにするための仕組みです。Laravelには「Eloquent」というORMが内蔵されています。その基本的な使い方について説明をしましょう。

ORMとは？

　前章で、DBクラスを利用したデータベースアクセスについて説明をしました。DB::selectなどを利用した場合は、SQLクエリ文を作らなければならず、ちょっと大変でしたが、クエリビルダを利用するとメソッドの呼び出しだけでほとんどのデータベースアクセスが行えます。これは非常に便利ですね。

　が、取り出したレコードは、それほど便利な形で得られるわけではありません。DBクラスを利用してレコードを取得すると、レコードの値を連想配列としてまとめたものが、更に配列やコレクションとしてまとめられています。これはこれで、レコードの内容がわかっていれば扱いはそう面倒ではありません。

　ただ、あまりPHPらしい感じではないのも確かでしょう。データベースのテーブルやレコードというのは、PHPのクラスなどとは基本的な仕組みが違います。構造そのものが異なっているのです。まったく構造の異なるレコードをPHPの中に取り込もうとすると、「全部、データは連想配列にまとめてしまえ」となるのはやむを得ないことでしょう。

　もし、テーブルをPHPのクラスのように定義して、レコードをクラスのインスタンスのように扱えたなら、ずいぶんとPHPらしい処理になると思いませんか？　そうなれば、データベースを扱うときも、「PHPとは異なる構造のデータ」ということを意識することなく扱うことができます。

　が、そのためには、データベースとPHPのオブジェクトの間の橋渡しをしてくれる仕組みが必要です。それが、「ORM」と呼ばれる機能なのです。

図6-1：ORMを使うことで、データベースのレコードをPHPのクラス（インスタンス）に変換し、シームレスに処理できるようになる。

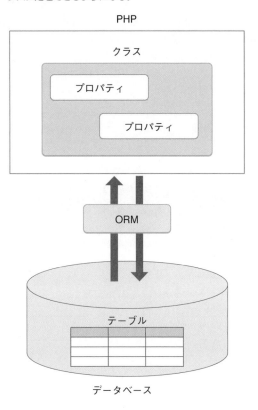

ORM は異なる構造を橋渡しする

ORMは、「Object-Relational Mapping」の略です。これは、互換性のないデータを自動的に変換して、相互にデータをやり取りできるようにするための仕組みです。

ORMにより、データベースから取り出されたレコードはPHPのオブジェクトの形に変換して渡されるようにます。反対にPHPからデータベースに渡すときは、PHPオブジェクトがレコードに変換して渡されます。このように、相互にデータ構造を変換することで、シームレスにデータのやり取りが行えるよになるのです。

Eloquent とモデル

Laravelには、「Eloquent」（エロクアント）というORMが用意されています。「モデル」と呼ばれるクラスを定義し、これを利用してデータベース操作を行うように設計されています。

モデルは、**テーブルの内容を定義したクラス**です。そのテーブル内にあるフィールドをプロパティとして持たせており、テーブルとフィールドをモデルクラスとインスタンスを扱う感覚で操作できます。

モデルを作成する

　では早速、Eloquentを利用してみましょう。ここでは、前章で作成した**peopleテーブ
ルを操作するモデル「Person」**を作成してみましょう。
　モデルの作成は、コマンドを使って行います。コマンドプロンプトまたはターミナル
でカレントディレクトリをプロジェクトフォルダ（「laravelapp」フォルダ）内に設定し、
以下のようにコマンドを実行して下さい。

```
php artisan make:model Person
```

図6-2：artisan make:modelコマンドでPersonモデルを作成する。

　これでモデルが作成できます。モデルの作成は、このようにartisanコマンドで行いま
す。以下のように実行すればよいでしょう。

```
php artisan make:model モデル名
```

　これで、Personという名前のモデルが作成されます。プロジェクトフォルダの「app」
フォルダの中を見て下さい。そこに「Person.php」というファイルが作成されているのが
わかります。モデルクラスは、このように「app」フォルダ内に配置されるのが基本です。

Column　peopleテーブルのモデルは「Person」？

　Personクラスの作成を見て、ちょっと疑問に思った人もいるかもしれません。「なんで、
peopleテーブルのモデルがPerson って名前になるんだ？」ということです。
　実は、Laravelでは、「テーブル名は複数形、モデルは単数形」という命名規則があります。
これにしたがって名前をつけることで、テーブルとモデルを自動的に関連付けて動くよ
うになっているのです。
　peopleは、人々を表す複数形の単語です。これの単数形は、Person（個人）です。このため、
peopleのモデルは「Person」と名付けていたのです。

モデルクラスのソースコード

　では、作成されたPerson.phpの中身がどうなっているか見てみましょう。デフォルト
では以下のようなソースコードが記述されています。

リスト6-1

```php
<?php

namespace App;

use Illuminate\Database\Eloquent\Model;

class Person extends Model
{
    //
}
```

　モデルクラスは、Illuminate\Database\Eloquent名前空間にある「Model」を継承したクラスとして作成されます。Personクラスは、複数形の「people」というテーブルを利用するためのクラスとして用意されています。

　クラス内には、まだ何も用意はされていません。とりあえず、ここではモデルクラスを用意するだけにしておき、具体的な処理は後回しにしましょう。

PersonControllerを作成する

　では、このPersonモデルを利用するコントローラを作成しましょう。コントローラは、artisan make:controllerコマンドで作成できましたね。では、コマンドラインまたはターミナルから以下のように実行して下さい。

```
php artisan make:controller PersonController
```

図6-3：artisan make:controllerを実行

　これで、**PersonController.php**が作成されます。作成されたスクリプトファイルを開き、ソースコードを記述しましょう。今回は、indexアクションだけを用意しておくことにします。

リスト6-2

```php
<?php

namespace App\Http\Controllers;

use App\Person;
use Illuminate\Http\Request;
```

```
class PersonController extends Controller
{
    public function index(Request $request)
    {
        $items = Person::all();
        return view('person.index', ['items' => $items]);
    }
}
```

　作成したソースコードの内容については後述するとして、まずはindexアクションを完成して使えるようにしましょう。

index.blade.phpを作成する

　続いて、indexアクション用のテンプレートを作成します。「views」内に、「person」という名前でフォルダを作成して下さい。その中に「index.blade.php」ファイルを作り、以下のように記述をします。

リスト6-3

```
@extends('layouts.helloapp')

@section('title', 'Person.index')

@section('menubar')
    @parent
    インデックスページ
@endsection

@section('content')
    <table>
    <tr><th>Name</th><th>Mail</th><th>Age</th></tr>
    @foreach ($items as $item)
        <tr>
            <td>{{$item->name}}</td>
            <td>{{$item->mail}}</td>
            <td>{{$item->age}}</td>
        </tr>
    @endforeach
    </table>
@endsection

@section('footer')
copyright 2020 tuyano.
```

```
@endsection
```

　ここでは、**$items**として受け取ったレコードデータを順に出力しています。基本的な
やり方は、前章でDBクラスを利用して行ったのと同じです。

■ ルート情報を追加する

　最後にルート情報を記述しておきましょう。web.phpを開き、以下の文を追記してお
いて下さい。

リスト6-4

```
Route::get('person', 'PersonController@index');
```

　記述したら、artisan serveコマンドでサーバーを実行し、/personにアクセスしましょ
う。peopleテーブルにあるレコードが一覧表示されます。

図6-4：/personにアクセスすると、テーブルの一覧が表示される。

Personモデルで全レコードを得る

　では、今回作成したPersonControllerのindexアクションで行っている処理を見てみま
しょう。ここでは、peopleテーブルの全レコードを取得していますが、それを行ってい
るのが以下の文です。

```
$items = Person::all();
```

　Personクラスの「all」メソッドを呼び出しています。これだけで、全レコードを取得す
ることができます。取得されたレコードは、Illuminate\Database\Eloquent名前空間の
Collectionクラスのインスタンスとして得られます。これは名前の通り、レコード管理
専用のコレクションクラスです。一般的なコレクションと同様、foreachなどを使い順に
値を取り出して処理することができます。

　　テンプレート側では、コレクションから繰り返しを使ってオブジェクトを取得し、そこからフィールドの値を取り出して表示しています。この辺りの流れは、前章でDBクラスを利用して行ったのとほとんど同じですね。

Personクラスにメソッドを追加する

　　ただし、DBクラスの場合と決定的に違うのは、「コレクションにまとめられているのは、配列などではなく、モデルクラスのインスタンスである」という点です。今回の例でいえば、1つ1つのレコードはすべてPersonクラスのインスタンスとしてまとめられているのです。
　　モデルクラスのインスタンスですから、例えばクラスにプロパティやメソッドを追加することで独自に拡張していくことができます。実際にやってみましょう。

▌Person クラスの拡張

　　では、Personクラスに、以下のようなメソッドを追記してみて下さい。これは、id、name、ageを文字列にまとめて返します。

リスト6-5

```php
public function getData()
{
    return $this->id . ': ' . $this->name . ' (' . $this->age . ')';
}
```

　　続いて、index.blade.phpの@section('content')ディレクティブを以下のように修正しましょう。

リスト6-6

```php
@section('content')
    <table>
    <tr><th>Data</th></tr>
    @foreach ($items as $item)
        <tr>
            <td>{{$item->getData()}}</td>
        </tr>
    @endforeach
    </table>
@endsection
```

　　修正ができたら、/personにアクセスして表示を確認しましょう。今回は、「Data」という項目に、「1: taro (12)」といった具合にレコードがまとめて表示されます。
　　ここでは、{{$item->getData()}}というようにしてgetDataの値を出力しています。これで、id、name、ageをまとめて出力していたのです。モデルを利用する場合は、このように簡単に処理を追加し拡張していくことができます。DBクラスのようにただのオブジェクトや配列では、こんな具合に簡単に拡張することはできないでしょう。

図6-5：/personにアクセスすると、id, name, ageがまとめて表示される。

IDによる検索

レコードの操作では、IDを使って特定のレコードを取り出すことがよくあります。こうした「IDによるレコード検索」を行うのに用意されているのが「find」メソッドです。

```
$ 変数 = モデルクラス :: find( 整数 );
```

findは、このように**モデルクラスの静的メソッド**として呼び出します。引数には、検索するID番号を指定します。非常にシンプルなメソッドですから、使い方はすぐにわかるでしょう。

findは、テーブルの「id」フィールドから指定の番号のものを検索します。Eloquentでは、**テーブルのプライマリキーは「id」という整数値のフィールドである**という前提でfindを実行します。プライマリキーのフィールド名がidではないとうまく動かないので注意が必要です。

Column id以外のプライマリキーは？

ここでは、最初からidという名前でプライマリキーフィールドを用意していましたが、もし、id以外の名前でフィールドを用意してしまった場合はどうすればよいのでしょうか。

この場合は、モデルのプライマリキーの値を変更してやります。モデルクラスに**$primaryKey**というプロパティを用意し、これにフィールド名を設定して下さい。これでプライマリキーのフィールド名を変更できます。

▌**/find アクションを作る**

では、実際にfindを使ってみましょう。今回は、/findアクションという検索用のページを作成してfindを使ってみることにします。まず、テンプレートを用意しましょう。「views」内の「person」フォルダ内に「find.blade.php」を作成して下さい。ソースコードは以下のようにしておきます。

リスト6-7

```
@extends('layouts.helloapp')

@section('title', 'Person.find')

@section('menubar')
    @parent
    検索ページ
@endsection

@section('content')
    <form action="/person/find" method="post">
    @csrf
    <input type="text" name="input" value="{{$input}}">
    <input type="submit" value="find">
    </form>
    @if (isset($item))
    <table>
    <tr><th>Data</th></tr>
    <tr>
        <td>{{$item->getData()}}</td>
    </tr>
    </table>
    @endif
@endsection

@section('footer')
copyright 2017 tuyano.
@endsection
```

　ここでは、**<input type="text" name="input">**という入力フィールドが1つあるだけ
のシンプルなフォームを用意しておきました。そして$itemという値が用意されていた
ら、それをテーブルに表示するようにしてあります。

PersonController の修正

　では、PersonControllerにアクションを追加しましょう。以下のメソッドをクラスに
追記して下さい。

リスト6-8

```
public function find(Request $request)
{
    return view('person.find',['input' => '']);
}
```

```
public function search(Request $request)
{
    $item = Person::find($request->input);
    $param = ['input' => $request->input, 'item' => $item];
    return view('person.find', $param);
}
```

findは、/findにGETアクセスしたときの処理、**search**は、POST送信されたときの処理となっています。searchでは、送信されたinputフィールドの値を引数に指定してfindメソッドを呼び出しています。

```
$item = Person::find($request->input);
```

IDによる検索は、たったこれだけです。これで**$item**には、検索された**Personインスタンス**が代入されます。もし見つからなかった場合は、$itemはnullのままになります。

ルート情報の追加

最後にルート情報を追記しましょう。web.phpに以下の文を追加して下さい。

リスト6-9

```
Route::get('person/find', 'PersonController@find');
Route::post('person/find', 'PersonController@search');
```

これで/findの完成です。/person/findにアクセスして、フィールドからID番号を送信して下さい。そのIDのレコードが表示されます。

図6-6：フィールドからID番号を送信すると、そのIDのレコードが表示される。

6-2 検索とスコープ

データベース操作の基本は、検索です。Eloquentによる検索と、レコードを絞り込むための強力な機能「スコープ」の使い方を覚え、検索を使いこなせるようになりましょう。

whereによる検索

IDを指定してレコードを取り出すことはできるようになりました。では、ID以外の検索はどのようにすればいいのでしょうか。

これは、「where」メソッドを使います。そう、前章でDBクラスを使った時に登場した、あのwhereとほぼ同じものが、モデルクラスにも用意されているのです。

■複数のレコードを得る

```
$ 変数 = モデルクラス :: where( フィールド名 , 値 )->get();
```

■最初のレコードだけを得る

```
$ 変数 = モデルクラス :: where( フィールド名 , 値 )->first();
```

whereで検索の条件を設定し、getまたはfirstを使ってレコードを取得する。DBクラスのときの使い方とまったく同じですね。

このwhereは、**ビルダクラスのインスタンス**を返します。これはDBクラスのビルダとは少し違います。DBクラスのwhereでは、Illuminate\Database\Query名前空間にあるBuilderクラスのインスタンスが返されました。モデルクラスのwhereでは、**illuminate\Database\Eloquent名前空間にあるBuilderクラスのインスタンス**が返されます。

両者は違うクラスですが、用意されている機能は非常に似ています。クエリを生成するために利用されるメソッド類(whereもその一つです)は、ほとんど同じと考えてよいでしょう。

name を検索する

では、whereの利用例を挙げておきましょう。先に作成した、/findのPOST送信用アクション「search」メソッドを書き換えて、nameフィールドで検索をさせてみましょう。

リスト6-10
```php
public function search(Request $request)
{
    $item = Person::where('name', $request->input)->first();
```

```
    $param = ['input' => $request->input, 'item' => $item];
    return view('person.find', $param);
}
```

　/person/findにアクセスし、フィールドに名前を記入して送信してみましょう。その名前のレコードを検索して表示します。もし同じ名前が複数あった場合は、最初のレコードを表示します。

図6-7：入力フィールドから名前を送信すると、その名前のレコードを表示する。

　ここでは、以下のようにしてレコードの検索を行っています。

```
$item = Person::where('name', $request->input)->first();
```

　whereを使い、nameの値が**$request->input**と同じ条件を設定します。そしてfirstを呼び出して、最初のレコードを取得します。

スコープの利用

　このように、whereによる検索は、DBクラスとほとんど同じ感覚で行うことができます。これは、モデルでもDBクラスでも違和感なく使えるという点でメリットと見ることもできますが、「せっかくモデルを作っても、DBクラスとたいして変わらない」という見方もできるでしょう。

　whereそのものの使い方はDBクラスとモデルクラスで違いはほとんどありません。が、それをいかに使いこなすかという点では、モデルのほうがはるかに便利にできています。

　モデルの利点の一つとして、「スコープ」があります。これは、特定の条件でレコードを絞り込む処理をモデルに用意することで、特定条件の検索を用意にするものです。

モデルの「スコープ」とは？

　スコープという言葉は、例えば変数の利用範囲などで耳にしたことがあるでしょう。スコープとは、「全体の中で、どこからどこまでの範囲か」を特定するものです。

　モデルのスコープというのは、**モデルの範囲**を特定するためのものです。検索などを行う際、細かな条件をいくつも用意することがよくあります。例えば、「年齢が20以上の人で、○○の条件に合う人」「今月作成されたレコードの中で○○なもの」というように、データをあらかじめ絞り込むための条件を設定して、その中から検索を行うことはよくあります。

　検索はwhereで行えますが、こうした複雑な検索をすべてwhereをつなぎ合わせて行うとなると、非常にわかりにくくなります。そこで、モデルに「こういう条件のもの」といったスコープを設定するメソッドを用意しておき、それを利用して細かな条件を設定した検索をわかりやすく行えるようにしよう、というわけです。

　例えば、「今月登録された20歳以上の女性の会員の山田さん」を検索しようとすると、とてつもなく複雑な条件を想像してしまうでしょう。が、モデルの中に「今月登録した人」「20以上の人」「女性のみ」といったスコープが用意されていれば、それらを組み合わせることで、whereには「名前が山田さん」という条件だけ用意すれば済みます。これが、スコープの考え方です。

図6-8：スコープを使い、モデルに特定の条件で絞り込むための機能を用意しておくと、複雑な検索でもwhereで実行する処理部分は簡単なものになる。

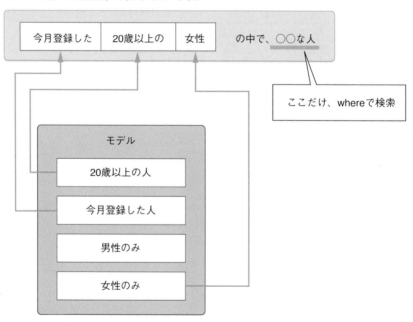

　このスコープには、大きく分けて2つのものがあります。「グローバルスコープ」と「ローカルスコープ」です。
　まずは、利用が簡単なローカルスコープから説明しましょう。

ローカルスコープについて

　　これは、**モデル内にメソッド**を用意しておき、必要に応じてそれらのメソッドを明示的に呼び出して条件を絞り込むものです。メソッドを呼び出さなければ、スコープは機能しません。メソッドを呼び出すと、そのときだけスコープが機能します。これがローカルスコープです。

　　ローカルスコープでは、以下のようなメソッドをモデルクラスの中に定義します。

```
public function scope 名前 ($query, 引数 )
{
     ……必要な処理……
     return 絞り込んだビルダ ;
}
```

　　スコープを定義するためのメソッドは、必ずメソッド名のはじめに「scope」がつきます。その後に、大文字で始まる名前をつなげてメソッド名にします。例えば、「scopeAgeMax」というような形ですね。

　　第1引数には、**$query** が渡されています。これは、whereで取得されるのと同じ **Builderインスタンス** が渡されます。その他に引数を用意する場合は、この$queryの後に用意します。

　　このメソッドでは、レコードを絞り込む処理をして得られたビルダをreturnで返します。こうすることで、更に戻り値を使ってメソッドチェーンを構築できるようにします。

nameをスコープにする

　　では、先ほどのnameで検索する処理を、スコープにしてみましょう。まず、Personモデルクラスに以下のようにメソッドを追加します。

リスト6-11

```
public function scopeNameEqual($query, $str)
{
    return $query->where('name', $str);
}
```

　　ここでは、第2引数に$strという項目を用意しておきました。これを利用して、**$query->where('name', $str);** を実行した結果をreturnしています。これで、nameの値が$strであるBuilderインスタンスが返されることになります。

▎nameEqual を利用する

　　では、このスコープを利用してみましょう。PersonControllerクラスのsearchメソッドを以下のように修正して下さい。

リスト6-12

```
public function search(Request $request)
{

    $item = Person::nameEqual($request->input)->first();
    $param = ['input' => $request->input, 'item' => $item];
    return view('person.find', $param);
}
```

これで修正は完了です。/person/findにアクセスして、フィールドに名前を書いて送信しましょう。先程と同様に、記入した名前のレコードが表示されるでしょう。

ここでは、以下のようにしてレコード検索を行っています。

```
$item = Person::nameEqual($request->input)->first();
```

先ほどのスコープを、**nameEqual($request->input)**というようにして呼び出しています。**スコープ用に用意したメソッドを呼び出す場合は、メソッド名の最初のscopeは不要**です。また、第1引数の$queryも用意する必要はありません。nameEqual(名前)というように呼び出せば、nameが指定した名前に絞り込んだビルダが得られます。そのfirstで最初のレコードを取得すればいいわけです。

スコープを組み合わせる

もう少し複雑なスコープを作成してみましょう。数字の値を保管するフィールドでは、よく「○○以上○○以下」というように、指定した範囲内にあるレコードを検索したりします。これを行うスコープを作ってみましょう。

まずは、Personモデルクラスにスコープ用メソッドを追加しましょう。

リスト6-13

```
public function scopeAgeGreaterThan($query, $n)
{

    return $query->where('age','>=', $n);
}

public function scopeAgeLessThan($query, $n)
{

    return $query->where('age', '<=', $n);
}
```

scopeAgeGreaterThanは、ageの値が引数の値と等しいかもっと大きいものに絞り込むものです。**scopeAgeLessThan**は、ageの値が引数と等しいかもっと小さいものに絞り込みます。

この2つを組み合わせることで、「○○以上○○以下」といった条件が簡単に設定できます。では、PersonControllerクラスのsearchメソッドを以下のように書き換えましょう。

リスト6-14

```php
public function search(Request $request)
{
    $min = $request->input * 1;
    $max = $min + 10;
    $item = Person::ageGreaterThan($min)->
        ageLessThan($max)->first();
    $param = ['input' => $request->input, 'item' => $item];
    return view('person.find', $param);
}
```

図6-9：整数を入力して送信すると、その数字〜数字+10の範囲のレコードが検索される。

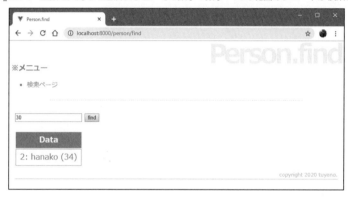

　/person/findにアクセスし、フィールドに数字を記入して送信すると、ageの値がその値以上値+10以下の範囲で絞り込みます。例えば、「20」と送信すると、20以上30以下の範囲から最初のレコードを表示します。
　ここでの検索処理は、以下のようになっています。

```php
$item = Person::ageGreaterThan($min)->ageLessThan($max)->first();
```

　Personから、**ageGreaterThan**と**ageLessThan**を連続して呼び出すことで、「○○以上」と「○○以下」の絞り込みを行っています。後はfirstで最初のレコードを取り出すだけです。見ればわかるように、コントローラ側ではwhereもクエリー文字列もまったくありません。ただメソッドを呼び出せば、必要なレコードが絞り込まれるのです。

グローバルスコープについて

　ローカルスコープは、単純に「検索条件を設定してBuilderを返すメソッド」を用意して、それを呼び出す、というものでした。要するに、「メソッドを呼び出して利用すれば、その機能が利用される」というものであり、あまりスコープ設定の魅力を感じなかったかもしれません。別にスコープなど使わなくとも、普通にwhereを実行してBuilderを返すメソッドを用意すれば同じことですから。

　が、**グローバルスコープ**になると話は違ってきます。グローバルスコープは、処理を用意しておくだけで、**そのモデルでのすべてのレコード取得にそのスコープが適用される**ようになります。

　グローバルスコープは、ローカルスコープのようにメソッドを追加すればOKとはいきません。専用のメソッドが用意されており、それを利用して処理を組み込みます。

bootメソッドについて

　処理の組み込みは、モデルが作成される際の初期化処理として実行します。これは、__constructなどは利用しません。「boot」という、モデルの初期化専用のメソッドを用います。これは以下のように記述します。

■boot初期化メソッドの基本

```
protected static function boot()
{
    parent::boot();
    ……初期化処理……
}
```

　見ればわかるように、これは静的メソッドです。したがって、モデルインスタンス自身($this)を利用する処理は書けません。では、どうやってグローバルスコープの処理を用意するのかというと、「addGlobalScope」という静的メソッドを使うのです。

　これは、以下のように記述します。

```
static::addGlobalScope( スコープ名 , function (Builder $builder)
{
    ……絞り込み処理……
}
```

　addGlobalScopeは、その名の通りグローバルスコープを追加するメソッドです。これをオーバーライドすることで、グローバルスコープを追加することができます。

　このメソッドでは、第1引数にスコープの名前を、第2引数にクロージャを用意しています。このクロージャは、Builderインスタンスが引数として渡されます。Builderを使って、スコープの絞り込み処理を作成します。

グローバルスコープを作成する

　では、実際にグローバルスコープを利用してみましょう。ここでは、ageの値が20以上のレコードだけが表示されるようにしておきます。

　これは、モデルクラスにbootメソッドをオーバーライドして利用します。Person.phpに以下のメソッドを追加して下さい。

リスト6-15

```
// use Illuminate\Database\Eloquent\Builder;をスクリプトの冒頭に追加
protected static function boot()
{
    parent::boot();

    static::addGlobalScope('age', function (Builder $builder) {
        $builder->where('age', '>', 20);
    });
}
```

図6-10：/personにアクセスすると、20歳以上のレコードだけが表示される。

　修正したら、例として/personにアクセスしてみましょう。indexアクションでは、Person::allで全レコードを取得し表示していました。が、表示を見ると、20歳未満のレコードが一つもないことに気がつくでしょう。検索時にグローバルスコープにより、ageの値が20未満のものはすべて表示されないようにしていたのです。

　ここでは、addGlobalScopeのクロージャに以下のような処理を追加しています。

```
function (Builder $builder) {
    $builder->where('age', '>', 20);
}
```

　引数で渡されたBuilderでwhereを呼び出し、ageが20以上のものに絞り込んでいます。このように、引数のBuilderを使って絞り込みの処理を行えば、それがすべての検索処理に適用されるようになるのです。

Scopeクラスを作成する

　クロージャを使ったグローバルスコープは、特定のモデルに簡単にグローバルスコープを追加できて便利です。が、複数のモデルや、その他のプロジェクトなどでも利用さ

れるような汎用性の高い処理は、「Scopeクラス」として作成しておくと便利です。

　Scopeクラスというのは、**Illuminate\Database\Eroquent名前空間にあるScope**を実装して定義されるクラスです。これは以下のような形になります。

```
class クラス名 implements Scope
{
    public function apply(Builder $builder, Model $model)
    {
        ……絞り込み処理を用意……
    }
}
```

　Scopeクラスでは、「apply」というメソッドを1つ用意します。このメソッドでは、BuilderとModelがインスタンスとして渡されます。これらの引数を用いて、絞り込みの処理を行います。

　モデルから切り離され、引数にModelを渡して処理をするようになっているため、特定のモデルに囚われず、汎用的な処理を行うスコープが作成できます。

ScopePersonクラスを作る

　では、実際にScopeクラスを作成してみましょう。まずは、Scopeクラスを配置する場所を用意します。Scopeクラスは、特に「ここに入れておかないといけない」ということは決まっていませんが、やはり専用のフォルダを用意してそこにまとめたほうがわかりやすいでしょう。

　「app」フォルダの中に「Scopes」という名前のフォルダを作成しましょう。このフォルダの中にScopeクラスのスクリプトを配置することにします。フォルダ内に、「ScopePerson.php」という名前でファイルを作成して下さい。そして以下のようにソースコードを記述しておきます。

リスト6-16

```
<?php
namespace App\Scopes;

use Illuminate\Database\Eloquent\Scope;
use Illuminate\Database\Eloquent\Model;
use Illuminate\Database\Eloquent\Builder;

class ScopePerson implements Scope
{
    public function apply(Builder $builder, Model $model)
    {
        $builder->where('age', '>', 20);
```

```
    }
}
```

　やっていることは、実は先ほどのクロージャに用意した処理と変わりありません。
applyメソッドの中で、**$builder->where('age', '>', 20);**を実行しているだけです。

Person モデルクラスの修正

　では、このScopePersonクラスを利用するようにPersonクラスのbootメソッドを修正
しましょう。

リスト6-17

```
// use App\Scopes\ScopePerson; をスクリプトの冒頭に追加

protected static function boot()
{
    parent::boot();
    static::addGlobalScope(new ScopePerson);
}
```

　ここでは、**static::addGlobalScope**メソッドの引数に、**new ScopePerson**を指定して
います。こうすることで、ScopePersonがグローバルスコープとして追加されます。
　後は、/personにアクセスして、先程と同様に20歳以上のレコードだけが表示される
ようになっているか確認をするだけです。

6-3 モデルの保存・更新・削除

　モデルを利用して、新しいレコードを保存したり、更新や削除をしたりするにはどう
すればいいのでしょうか？　サンプルを作りながらそのやり方を覚えましょう。

モデルの新規保存

　モデル（レコード）の検索関係の基本はだいぶわかってきました。検索については、もっ
といろいろな機能がありますが、この辺りで検索以外のものについても目を向けること
にしましょう。

　まずは、モデルの新規保存からです。Eloquentでは、レコードはモデルのインスタン
スとして扱われます。ということは、新たにレコードを作成したい場合は、モデルのイ
ンスタンスを作成し、保存する、というやり方になるのです。
　では、モデルを作成して保存するにはどうするのか、簡単に整理しておきましょう。

❶ モデルのインスタンスを作る

　まずはインスタンスを作成します。これは、newを使って作成することができます。

❷ 値を設定する

　インスタンスのプロパティに値を設定していきます。これは1つ1つのプロパティに値を代入していくやり方でもいいですし、値を設定するメソッドを利用するやり方もあります。

❸ インスタンスを保存する

　モデルクラスには、保存のための「save」メソッドがあります。これを呼び出すと、そのインスタンスの内容がテーブルのレコードとしてデータベース側に保存されます。

　このように「インスタンス作成」「プロパティ設定」「保存」という手順がわかれば、モデルの保存はそう難しいことではありません。

モデルを修正する

　では、Personに新しいレコードを保存する処理として、/person/addというアクションを作成してみることにしましょう。
　最初に、モデルの修正を行います。Person.phpを開き、Personクラスを以下のように修正して下さい(useは省略してあります)。

リスト6-18

```
class Person extends Model
{
    protected $guarded = array('id');

    public static $rules = array(
        'name' => 'required',
        'mail' => 'email',
        'age' => 'integer|min:0|max:150'
    );

    public function getData()
    {
        return $this->id . ': ' . $this->name . ' (' . $this->age . ')';
    }
}
```

　静的プロパティの**$rules**は、既に利用したことがありますが、覚えていますか？　バリデーションのところで登場しました。バリデーションのルールをまとめたものですね。バリデーションのルールは、このようにモデルに用意しておいたほうが便利です。

　もう1つの「$guarded」というプロパティは、**入力のガード**(保護)を設定しておくもの

です。例えばフォームから送信した値を元にインスタンスを作り、保存する場合を考えてみて下さい。モデルでは、基本的に必要となるすべての項目に値が揃っていて初めて保存ができます。が、時には「値を用意しておかない項目」というものも存在します。

　このようなときに用いられるのが、**$guarded**です。例えばプライマリキーであるidフィールドは、データベース側で自動的に番号を割り振るので、モデルを作成する際には値は必要ありません。

　こうしたものでは、$guardedでidを「値を用意しておかない項目」に指定しておくのです。こうすれば、値がnullであってもエラーなく動作します。

add.blade.phpを作成する

　モデルの修正ができたら、次はテンプレートを作りましょう。「views」内の「person」フォルダの中に、「add.blade.php」という名前でファイルを作りましょう。そして以下のようにソースコードを記述しておきます。

リスト6-19

```
@extends('layouts.helloapp')

@section('title', 'Person.Add')

@section('menubar')
    @parent
    新規作成ページ
@endsection

@section('content')
    @if (count($errors) > 0)
    <div>
        <ul>
            @foreach ($errors->all() as $error)
                <li>{{ $error }}</li>
            @endforeach
        </ul>
    </div>
    @endif
    <form action="/person/add" method="post">
    <table>
        @csrf
        <tr><th>name: </th><td><input type="text" name="name"
            value="{{old('name')}}"></td></tr>
        <tr><th>mail: </th><td><input type="text" name="mail"
            value="{{old('mail')}}"></td></tr>
        <tr><th>age: </th><td><input type="number" name="age"
```

```
            value="{{old('age')}}"></td></tr>
        <tr><th></th><td><input type="submit"
            value="send"></td></tr>
    </table>
    </form>
@endsection

@section('footer')
copyright 2020 tuyano.
@endsection
```

　ここでは、レコードの内容を記述するフォームを用意しています。用意するコントロールは、2つの**type="text"**と、1つの**type="number"**です。前者がname、mail、後者がageの値を入力するものになります。
　これらは、すべてvalueに前回送信された値を設定するようにしてあります。例えば、nameの項目を見るとこうなっていますね。

```
<input type="text" name="name" value="{{old('name')}}">
```

　oldは、**第4章**で説明しましたが、前回入力した値を取り出すのに使いました。
　また、フォームの手前には、バリデーションのエラーメッセージを表示する処理を用意してあります。**@if (count($errors) > 0)**で、エラーがある場合にのみ処理を実行するようにしてあります。そして、

```
@foreach ($errors->all() as $error)
    <li>{{ $error }}</li>
@endforeach
```

このようにしてエラーメッセージをすべて表示させています。この辺りは既にやったことですが、モデルを利用する場合でもほぼ同じやり方でいいんですね。

addおよびcreateアクションを追記する

　では、/person/addのアクションをコントローラに作成しましょう。「PersonController.php」ファイルに以下のメソッドを追記します。

リスト6-20
```
public function add(Request $request)
{
    return view('person.add');
}

public function create(Request $request)
{
```

```
$this->validate($request, Person::$rules);
$person = new Person;
$form = $request->all();
unset($form['_token']);
$person->fill($form)->save();
return redirect('/person');
}
```

このcreateメソッドで、モデルを保存しています。詳細は後で触れるとして、まずはアクションを完成させましょう。

ルート情報を追加する

最後は、ルート情報の追記です。web.phpを開いて、末尾に以下の文を記述して下さい。

リスト6-21

```
Route::get('person/add', 'PersonController@add');
Route::post('person/add', 'PersonController@create');
```

完成したら、サンプルをサーバーで実行してフォームから送信してみましょう。フォームの内容を持ったレコードが追加されます。

図6-11：/person/addにアクセスして現れる画面には、フォームが表示される。ここに記入して送信すると、モデルを保存し、レコードを追加する。

保存処理の流れ

一通り動作することを確認したら、どのようにフォームからモデルの保存がされたのか、その処理の流れを見てみることにしましょう。

❶ バリデーションの実行

```
$this->validate($request, Person::$rules);
```

バリデーションは、$requestそのものを引数に指定すれば、そこにあるさまざまな値をチェックできます。ここでは、第2引数に、Personクラスの静的プロパティ $rulesを指定してあります。モデルにルールなどを保管しておけば、このように必要に応じて取

り出し、処理することができます。

❷ Personインスタンスの作成

```
$person = new Person;
```

バリデーションを通過したら、いよいよ保存作業です。まず、Personインスタンスを newで作成します。これは、ただnewするだけです。

❸ 値を用意する

```
$form = $request->all();
unset($form['_token']);
```

保管する値を用意します。これは送信されたフォームの値をそのまま使えばいいでしょう。ただし、フォームに追加される非表示フィールド「_token」だけはunsetで削除しておきます。

この_tokenという値は、CSRF用非表示フィールドとして用意される項目です。これ自身は、テーブルにはないフィールドです。こうしたものは、あらかじめ削除しておきます。

❹ インスタンスに値を設定して保存

```
$person->fill($form)->save();
```

フォームの値がまとめられた$formを引数にして「fill」メソッドを呼び出します。このfillは、引数に用意されている配列の値をモデルのプロパティに代入するものです。フォームのようにまとまった値がある場合は、fillを使うことで、個々のプロパティをまとめて設定できます。

こうして値が設定されたら、後は「save」を呼び出してインスタンスを保存します。

ここでは、fillを使って値を設定しましたが、もちろん1つ1つの値をインスタンスに設定していっても構いません。

```
$person = new Person;
$person->name = $request->name;
$person->mail = $request->mail;
$person->age = $request->age;
$person->save();
```

このように実行しても問題なく値は保存できます。やり方はいろいろありますが、「インスタンスを作り、値を設定してsaveする」という基本は同じなのです。

モデルを更新する

　続いて、モデルの更新です。更新処理は、あらかじめどのモデルを更新するかを指定し、そのモデルの内容を書き換えて保存することになります。保存までのアプローチは新規作成とは違いますが、「モデルを保存する」という点では、実は新規作成と同じなのです。

　新規作成が、newでインスタンスを作成したのに対し、更新ではモデルのfindメソッドで更新するモデルを取得します。そして、そのモデルの内容を書き換えてsaveすればいいのです。

▌edit.blade.php の作成

　では、これも実際にやってみましょう。今回は、/person/editというアクションとして更新処理を作成します。

　まずはテンプレートの用意です。「views」内の「person」フォルダ内に「edit.blade.php」という名前でファイルを作成して下さい。そして以下のようにソースコードを記述します。

リスト6-22

```
@extends('layouts.helloapp')

@section('title', 'Person.Edit')

@section('menubar')
    @parent
    編集ページ
@endsection

@section('content')
    @if (count($errors) > 0)
    <div>
        <ul>
            @foreach ($errors->all() as $error)
                <li>{{ $error }}</li>
            @endforeach
        </ul>
    </div>
    @endif
    <form action="/person/edit" method="post">
    <table>
        @csrf
        <input type="hidden" name="id" value="{{$form->id}}">
        <tr><th>name: </th><td><input type="text" name="name"
            value="{{$form->name}}"></td></tr>
```

```
            <tr><th>mail: </th><td><input type="text" name="mail"
                value="{{$form->mail}}"></td></tr>
            <tr><th>age: </th><td><input type="number" name="age"
                value="{{$form->age}}"></td></tr>
            <tr><th></th><td><input type="submit"
                value="send"></td></tr>
        </table>
        </form>
@endsection

@section('footer')
copyright 2020 tuyano.
@endsection
```

フォームを用意する点は同じですが、今回は**$form**というオブジェクトから値を取り出して、それぞれのコントロールのvalueに設定する形にしてあります。また、**<input type="hidden" name="id">**という非表示フィールドも用意してあります。

editおよびupdateアクションを追記する

続いて、コントローラにアクションメソッドを追記します。今回は、/person/editというアクションになります。editとupdateメソッドの2つをPersonControllerクラスに追記していきます。

リスト6-23

```
public function edit(Request $request)
{
    $person = Person::find($request->id);
    return view('person.edit', ['form' => $person]);
}

public function update(Request $request)
{
    $this->validate($request, Person::$rules);
    $person = Person::find($request->id);
    $form = $request->all();
    unset($form['_token']);
    $person->fill($form)->save();
    return redirect('/person');
}
```

基本的な処理には、実は新しいものなど何もありません。すべて既にやっていることだったりします。

editでは、Person::findを使ってidパラメータの値のモデルを取得し、これをformという値に設定しています。このPersonインスタンスが、edit.blade.phpのフォームのvalueに表示されることになります。

肝心のモデル更新を行う**update**は、先ほど新規作成で作ったcreateメソッドと非常に似ています。違いは、**newではなくPerson::findでインスタンスを用意する**、という点だけです。

Person::findでインスタンスを取得し、fillで送信されたフォームの内容を反映し、saveを呼び出す。これでモデルの更新ができてしまいます。

ルート情報を追記する

最後に、ルート情報を追記してアクションを完成させましょう。web.phpに以下の文を追記して下さい。

リスト6-24

```
Route::get('person/edit', 'PersonController@edit');
Route::post('person/edit', 'PersonController@update');
```

すべて記述したら、**/person/edit?id=番号**というように、idパラメータを付けてアクセスをして下さい。これで、指定のIDの内容がフォームに表示されます。そのままフォームの値を書き換えて送信すると、モデルの内容が書き換わります。

図6-12：/person/edit?id=○○というようにアクセスし、表示された値を書き換えて送信する。

モデルの削除

残るは、モデルの削除ですね。削除は、非常に簡単です。モデルのインスタンスから、「delete」メソッドを呼び出すだけです。

```
モデルインスタンス ->delete();
```

このような形です。引数などは必要ありません。では、これもサンプルを作成して試してみましょう。

del.blade.php を作成

まず、テンプレートから作成をします。「views」内の「person」フォルダ内に「del.blade.php」という名前でテンプレートファイルを作成して下さい。そして以下のように記述をします。

リスト6-25

```
@extends('layouts.helloapp')

@section('title', 'Person.Delete')

@section('menubar')
    @parent
    削除ページ
@endsection

@section('content')
    <form action="/person/del" method="post">
    <table>
        @csrf
        <input type="hidden" name="id" value="{{$form->id}}">
        <tr><th>name: </th><td>{{$form->name}}</td></tr>
        <tr><th>mail: </th><td>{{$form->mail}}</td></tr>
        <tr><th>age: </th><td>{{$form->age}}</td></tr>
        <tr><th></th><td><input type="submit" value="send">
            </td></tr>
    </table>
    </form>
@endsection

@section('footer')
copyright 2020 tuyano.
@endsection
```

フォームは用意されていますが、項目として用意してあるのは**<input type="hidden" name="id">**の非表示フィールドだけです。これでIDの値を送信し、そのIDのモデルを検索して削除する、というわけです。

delete および remove アクションの作成

続いて、コントローラです。今回は、**delete**と**remove**の2つのメソッドを用意します。PersonControllerクラスに、以下のメソッドを追記して下さい。

リスト6-26

```php
public function delete(Request $request)
{
    $person = Person::find($request->id);
    return view('person.del', ['form' => $person]);
}

public function remove(Request $request)
{
    Person::find($request->id)->delete();
    return redirect('/person');
}
```

　コントローラのdeleteメソッドでは、Person::findで検索したモデルをそのままformという変数に設定してテンプレートに渡しています。これは、実は更新処理のeditメソッドと同じものです。

　削除を実行している**remove**メソッドでは、やはりPerson::findで指定のIDのモデルを検索し、モデルのdeleteを呼び出して削除をします。非常にシンプルですね。

ルート情報の追加

　最後にルート情報を追記しておきましょう。web.phpに以下の文を追記して下さい。これで削除処理は完成です。

リスト6-27

```php
Route::get('person/del', 'PersonController@delete');
Route::post('person/del', 'PersonController@remove');
```

　更新処理と同様に**/person/del?id=番号**というようにID番号をパラメータに指定してアクセスをして下さい。そのIDの内容が表示されます。そのままボタンを押して送信すれば、そのモデルが削除されます。

図6-13：/person/del?id=○○とアクセスすると、指定したIDの内容が表示される。そのままボタンを押せば、そのモデルが削除される。

モデルとDBクラスの共通性

これで、モデルを使ったCRUDの基本が一通りわかりました。実際にやってみて、どこか見たことがある感じがしたことでしょう。Eloquentによるモデル操作は、DBクラスのクエリビルダを使った操作に似ています。whereによる検索や、deleteによる削除はほぼ同じですし、新規作成や更新の手順が違っているぐらいでしょう。

が、モデルにメソッドを追加したり、スコープを使った絞り込みをしたりするなど、モデルにはDBクラスにない強力な機能がいろいろと揃っています。より本格的な開発にはEloquentによるモデル、比較的簡単でシンプルな操作にはDBクラス、というように、開発内容に合わせてどちらでも使えるようにしておくとよいでしょう。

6-4 モデルのリレーション

複数のテーブルが関連しながら動くプログラムでは、モデルの「リレーション」と呼ばれる機能を使い、テーブルを関連付けて操作します。このリレーションの使い方をここで説明しましょう。

モデルのリレーションとは？

データベースを利用するアプリケーションでは、1つのテーブルだけで全てが完結する、ということはあまりありません。それよりも、複数のテーブルを組み合わせて利用することのほうが多いでしょう。
そのような場合に重要となってくるのが、**テーブルの関連付け**です。

例えば、掲示板のアプリケーションを考えてみましょう。掲示板にはさまざまなメッセージを投稿します。ですから、「メッセージを管理するテーブルが必要だ」ということは誰でも思いつくでしょう。

が、それだけでは掲示板としては不完全です。そのメッセージを投稿したのは誰か？ということもわからないといけません。そこで、利用者のテーブルを用意し、それを元にログインしてメッセージを投稿するような仕組みを考えることになるでしょう。
このとき、メッセージのテーブルでは、「どの利用者がそのメッセージを投稿したか」がわかるような仕掛けが必要になります。例えば、投稿した利用者のIDをメッセージに保管し、それを元に利用者情報が得られるようにする、という具合ですね。

しかし、メッセージをずらっと一覧表示したとき、1つ1つのメッセージについて、投稿者のIDを元に利用者テーブルからレコードを検索して名前を取り出して表示して……

といったことを繰り返していくのは非常に面倒です。それに一覧リストを表示するために一体どれだけデータベースにアクセスしないといけないか、を考えると非常に無駄なやり方といえます。

SQLデータベースには、「あるテーブルのレコードが別のテーブルのレコードに関連付けられる」といったことを設定する仕組みが用意されています。これを元に効率的に関連レコードを取得できれば、無駄なデータベースアクセスもなくなり、複数のテーブルにまたがった情報をまとめて取り出せるようになります。

このようなテーブルどうしの関連付けを、「**リレーション**」と呼びます。Eloquentには、リレーションを簡単に実装するための仕組みが用意されています。その基本を覚え、複数のテーブル情報をスムーズに利用できるようにしましょう。

図6-14：掲示板を考えたとき、投稿メッセージに投稿者のIDを保管し、それを元に利用者を取得する。このような関連付けが「リレーション」だ。

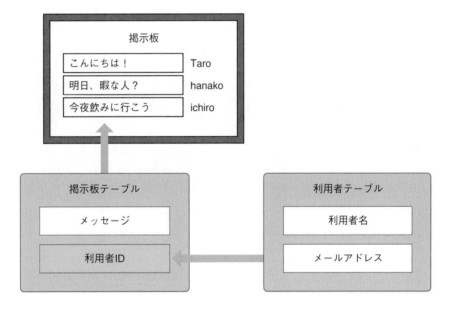

boardsテーブルを利用する

では、テーブルの関連付け（リレーション）について説明をしていきましょう。が、その前に、実際にリレーションの動作を確認できるよう、テーブルをもう1つ用意することにしましょう。

既に、peopleというテーブルを作成して、ユーザーの基本情報を保存できるようにしてあります。これに関連付けるものとして、簡単なメッセージを管理する「boards」というテーブルを作成することにしましょう。

このテーブルには、以下のようなフィールドを用意します。

id	レコードに割り振られるIDです。
person_id	関連するpeopleテーブルのレコードIDを保管します。
title	投稿メッセージのタイトルです。
message	投稿したメッセージです。
created_at	制作日時です。
updated_at	更新日時です。

　最後のcreated_at/updated_atは、マイグレーションを使ってテーブルを作成すると自動生成されるものでした。今回もマイグレーションを利用してテーブルを作成することにしましょう。
　なお、「SQLコマンドを使って自分でテーブルを作っておきたい」という人のために、SQLクエリ文を掲載してきましょう。以下のようにSQLコマンドを実行します。

リスト6-28
```
CREATE TABLE "boards" (
        "id" integer not null primary key autoincrement,
        "person_id" integer not null,
        "title" varchar not null,
        "message" varchar not null,
        "created_at" datetime null,
        "updated_at" datetime null
);
```

マイグレーションの作成

　では、boardsテーブルを利用するための準備を整えていきましょう。まず、boardsテーブルを作成するためのマイグレーションファイルを用意します。既に、直接SQLクエリを実行してテーブルを作成している場合は必要ありませんが、そうでない人は、マイグレーションファイルを作成し、それを利用してテーブルを生成して下さい。

　マイグレーションファイルは、artisanコマンドで作成できました。コマンドプロンプトあるいはターミナルでプロジェクトのフォルダ（「laravelapp」フォルダ）内に移動し、以下のようにコマンドを実行します。

```
php artisan make:migration create_boards_table
```

図6-15：make:migrationコマンドでマイグレーションファイルを作成する。

```
D:¥tuyan¥Desktop¥laravelapp> php artisan migrate
Migrating: 2019_11_11_080748_create_boards_table
Migrated:  2019_11_11_080748_create_boards_table (0.19 seconds)

D:¥tuyan¥Desktop¥laravelapp>
```

　これで、「database」内の「migrations」フォルダの中に「xxxx_create_boards_table.php」（xxxxは任意の日時）というマイグレーションファイルが作成されます。ここに、テーブル生成と削除の処理を用意すればいいのでしたね。

マイグレーション処理の記述

　作成されたマイグレーションファイル（xxxx_create_boards_table.php）を開き、マイグレーションの処理を記述しましょう。以下のように書き換えて下さい。

リスト6-29

```php
<?php
use Illuminate\Support\Facades\Schema;
use Illuminate\Database\Schema\Blueprint;
use Illuminate\Database\Migrations\Migration;

class CreateBoardsTable extends Migration
{

    public function up()
    {
        Schema::create('boards', function (Blueprint $table) {
            $table->increments('id');
            $table->integer('person_id');
            $table->string('title');
            $table->string('message');
            $table->timestamps();
        });
    }

    public function down()
    {
        Schema::dropIfExists('boards');
    }
}
```

　ここでは、**up**メソッドにテーブル生成の処理を、**down**メソッドにテーブル削除の処理をそれぞれ用意しました。
　テーブルの生成は、**Schema::create**メソッドを利用しました。第1引数には、テーブ

ル名('boards')を指定します。第2引数のクロージャでは、以下のようにテーブルのフィールドを設定しています。

```
$table->increments('id');
```

プライマリキー「id」の指定です。オートインクリメントを指定して設定します。

```
$table->integer('person_id');
```

person_idフィールドです。これは、関連するpeopleテーブルのレコードIDを保管するためのものです。関連するレコードは1つなので、people_idではなく、単数形のperson_idという名前にしておきます。

```
$table->string('title');
$table->string('message');
```

その他のフィールド設定です。titleとmessageというフィールドを追加設定します。いずれもstringメソッドで用意しておきます。

```
$table->timestamps();
```

作成日時と更新日時を保管する**created_at**と**updated_at**フィールドを追加します。これらはLarabelにより自動生成されるフィールドで、値の保存も自動で行ってくれます。

マイグレーションの実行

では、ファイルを保存したら、コマンドプロンプトまたはターミナルからマイグレーションを実行しましょう。これは以下のようなコマンドになります。

```
php artisan migrate
```

図6-16：artisan migrateコマンドでマイグレーションを実行する。

これで、create_boards_tableが実行され、boardsテーブルが用意されます。実際にDB Browserでデータベースファイルを開いてみると、boardsテーブルが作成されていることが確認できるでしょう。「Database Structure」というタブで表示されるリストの「Tables」というところに、「boards」テーブルが表示されています。

図6-17：データベースファイルをDB Borwserで開くと、boardsというテーブルが作成されていることがわかる。

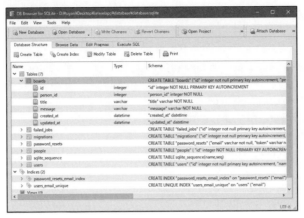

モデルの作成

これでテーブルの用意はできました。続いて、モデルを作成します。これもコマンドでスクリプトファイルを生成できましたね。コマンドプロンプトまたはターミナルから以下のように実行して下さい。

```
php artisan make:model Board
```

図6-18：make:modelコマンドでBoardモデルを生成する。

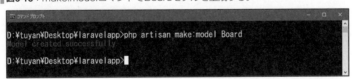

これで、「app」内に「Board.php」という名前でモデルのファイルが作成されます。モデルは、このように単数形の名前で作成をします。テーブルがboardsでしたから、モデルは「Board」となります。

スクリプトの作成

では、作成されたBoard.phpファイルを開き、スクリプトを完成させましょう。以下のように内容を書き換えて下さい。

リスト6-30

```
<?php
namespace App;
```

```
use Illuminate\Database\Eloquent\Model;

class Board extends Model
{

    protected $guarded = array('id');

     public static $rules = array(
         'person_id' => 'required',
         'title' => 'required',
         'message' => 'required'
    );

    public function getData()
    {
        return $this->id . ': ' . $this->title;
    }
}
```

ここでは、基本的なバリデーションの設定情報と、データの内容をテキストで返すgetDataメソッドを用意しておきました。これらは、既に説明済みのものですね。

BoardControllerの作成

続いて、コントローラを作成しましょう。コマンドプロンプトまたはターミナルから、以下のようにコマンドを実行して下さい。

```
php artisan make:controller BoardController
```

図6-19：make:controllerコマンドでBoardControllerを作成する。

これで、「Http」内の「Controllers」フォルダに「BoardController.php」が作成されます。このファイルを開いて、ソースコードを記述しましょう。ここでは、レコードを一覧表示するindexと、新規投稿のためのadd/createといったメソッドを用意しておくことにします。

リスト6-31

```php
<?php
namespace App\Http\Controllers;
```

```
use App\Board;
use Illuminate\Http\Request;

class BoardController extends Controller
{

    public function index(Request $request)
    {
        $items = Board::all();
        return view('board.index', ['items' => $items]);
    }

    public function add(Request $request)
    {
        return view('board.add');
    }

    public function create(Request $request)
    {
        $this->validate($request, Board::$rules);
        $board = new Board;
        $form = $request->all();
        unset($form['_token']);
        $board->fill($form)->save();
        return redirect('/board');
    }
}
```

　indexでは、Board::allで全レコードを呼び出し、これを$itemsという変数に渡しています。addは特に何も処理はしておらず、createでフォーム送信された値を元にnew Boardを作成し、saveで保存をしています。いずれも処理の基本は既に説明済みですから、改めて補足することはないでしょう。

テンプレートの作成

　コントローラでindexとadd/createアクションを用意したので、これらのテンプレートも用意しておく必要があります。「views」内に「board」という名前でフォルダを用意し、その中に「index.blade.php」「add.blade.php」という2つのテンプレートファイルを用意しましょう。

index.blade.php

　index.blade.phpは、以下のように記述しておきます。

リスト6-32

```
@extends('layouts.helloapp')

@section('title', 'Board.index')

@section('menubar')
    @parent
    ボード・ページ
@endsection

@section('content')
    <table>
    <tr><th>Data</th></tr>
    @foreach ($items as $item)
        <tr>
            <td>{{$item->getData()}}</td>
        </tr>
    @endforeach
    </table>
@endsection

@section('footer')
copyright 2020 tuyano.
@endsection
```

　テーブルを利用し、**@foreach ($items as $item)**で$itemsから順に値を取り出し表示
していきます。内容の表示は、**{{$item->getData()}}**というようにgetDataを利用してお
きました。ここでは、どんなレコードが得られているかがわかればいいので、これで十
分でしょう。

■図6-20：/boardで表示されるindex.blade.phpテンプレートを使った画面。投稿するとこのように表示
される。なお、実際の利用はルート情報を記述してからでないと行えないので注意。

add.blade.php

続いて、add.blade.phpです。こちらは投稿をするためのフォームを用意しておきます。以下のように内容を記述して下さい。

リスト6-33

```
@extends('layouts.helloapp')

@section('title', 'Board.Add')

@section('menubar')
    @parent
    投稿ページ
@endsection

@section('content')
    <form action="/board/add" method="post">
    <table>
        @csrf
        <tr><th>person id: </th><td><input type="number"
            name="person_id"></td></tr>
        <tr><th>title: </th><td><input type="text"
            name="title"></td></tr>
        <tr><th>message: </th><td><input type="text"
            name="message"></td></tr>
        <tr><th></th><td><input type="submit"
            value="send"></td></tr>
    </table>
    </form>
@endsection

@section('footer')
copyright 2020 tuyano.
@endsection
```

ここでは、**person_id**、**title**、**message**といった名前のコントロールを持ったフォームを用意しておきました。これらに入力して送信すれば、Boardモデルを保存し、boardsテーブルにレコードが追加されるようになる、というわけです。

図6-21：/board/addにアクセスすると表示される、add.bllade.phpを利用した画面。これもルート情報を記述してからでないと利用できないので注意すること。

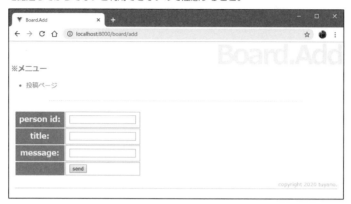

ルート情報の記述

最後に、ルート情報を記述しましょう。web.phpを開き、以下のようにルート情報を追記して下さい。

リスト6-34

```
Route::get('board', 'BoardController@index');

Route::get('board/add', 'BoardController@add');
Route::post('board/add', 'BoardController@create');
```

これで、/board/addにアクセスし、フォームに値を記入して送信すればレコードが保存されます。また、/boardにアクセスすると、投稿したboardsテーブルの一覧が表示されるようになります。初期状態では何もレコードがないので表示はされませんので、/board/addにアクセスしていくつか投稿をしてから表示を確認するとよいでしょう。

2つのテーブルの関係について

これでようやく、複数レコードのリレーションをチェックする環境が整いました。では、リレーションの働きについて説明していくことにしましょう。

リレーションを考える場合、まず「2つのテーブルの関係」について理解をしておかないといけません。リレーションの関係があるテーブルでは、一方に「外部キー」と呼ばれる項目が用意されています。外部キーというのは、関連するもう1つのテーブルのレコードIDを保管しておくフィールドのことです。ここでは、boardsテーブル側に、person_idという外部キーが用意されていました。

2つのテーブルの関係を考えるとき、外部キーを持たない側のテーブルが主テーブル（中心となるテーブル）、外部キーによって主テーブルの関連情報を保管している側の

テーブルが従テーブル（主テーブルにしたがって扱われるテーブル）となります。今回の例でいえば、peopleテーブルが主テーブルであり、peopleテーブルのIDを保管しているboardsテーブルが従テーブルとなります。

リレーションを考えるとき、「どちら側のテーブルにどんなものが用意されるか」をよく理解していないといけません。そのためにも、「主テーブルと従テーブル」の関係をよく頭に入れておいて下さい。

図6-22：他のテーブルから参照される側のテーブルが主テーブル、主テーブルのID情報を保管している側が従テーブルとなる。

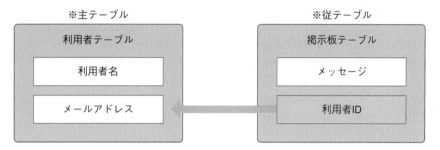

has One結合

リレーションには、いくつかの種類があります。もっともシンプルなのは、「has One」と呼ばれるリレーションです。

「has One」は、2つのテーブルが「1対1」の関係で関連付けられているものをいいます。このhas Oneの関連付けは、主テーブル側にそのための設定を用意しておきます。つまり、has Oneは、「主テーブルから、それに関連する従テーブルを取得する」ための機能といってよいでしょう。

図6-23：主テーブル側から、関連する従テーブルの1つのレコードを結びつけて取り出せるようにするのがhas Oneのリレーション。

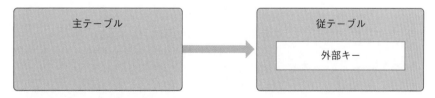

Person モデルの修正

では、実際にhas Oneの動作を確かめてみましょう。has Oneの機能を利用できるようにするためには、主テーブル側（ここではPersonモデル）に、そのためのコードを追記しておく必要があります。

Person.phpを開いて、Personクラスに以下のメソッドを追加して下さい。

リスト6-35

```php
public function board()
{
    return $this->hasOne('App\Board');
}
```

　ここでは、「board」という名前のメソッドを定義してあります。このメソッドの中では、$thisの「hasOne」メソッドが呼び出されています。引数には、has Oneで関連付けられるモデルを指定します。そしてhasOneの戻り値をそのままreturnで返しています。
　このように、リレーションは、モデルクラスの中にちょっとしたメソッドを追加するだけです。メソッド名は、リレーションで関連付けるモデル名(ただし、1対1で1つしか取り出されないので、単数形の名前にしてあります)。そしてその内部で実行しているのは、「hasOne」という名前のメソッドです。

　hasOneは、モデルから引数に指定したモデルへの関連付けを設定します。これにより、このpeopleテーブルのレコードに関連付けを行ったboardsテーブルのレコードが取り出せるようになるのです。

テンプレートの修正

　続いて、リレーションによって取り出された関連テーブルの情報を表示するようにテンプレートを修正しましょう。
　ここでは、person側のindex.blade.php(**board側ではないので注意!**)を修正しましょう。@section('content')ディレクトリ部分を以下のように修正して下さい。

リスト6-36

```php
@section('content')
    <table>
    <tr><th>Person</th><th>Board</th></tr>
    @foreach ($items as $item)
        <tr>
            <td>{{$item->getData()}}</td>
            <td>@if ($item->board != null)
                    {{$item->board->getData()}}
                @endif
            </td>
        </tr>
    @endforeach
    </table>
@endsection
```

図6-24：/personにアクセスすると、利用者の情報と、それに関連付けられたboardsテーブルのレコード情報が出力される。

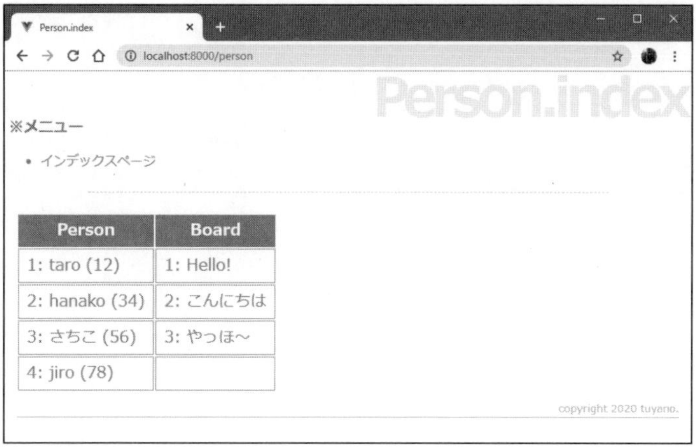

/personにアクセスすると、各利用者ごとに、投稿を行っていた場合はその中から1つを取得し、その内容を出力しています。

ここでは、**$item->getData()**でpersonの情報を表示し、更にその後に、以下のような形で関連するboardsテーブルのgetData()を出力しています。

```
{{$item->board->getData()}}
```

先ほど、Personモデルに「board」というメソッドを追加したことを思い出して下さい。メソッドですから、本来は**$item->board()**となるはずです。が、リレーションの設定を行った場合、このように**$this->board**というプロパティとして扱えるようになります。

このboardプロパティには、関連付けられたBoardモデルのインスタンスが入っています。そこから必要な情報を取り出して利用できるのです。

has Many結合

has Oneは、1対1の関係でした。が、例えば利用者と掲示板データの場合、1人の利用者がいくつも投稿をすることもあります。このような場合には、「has Many（1対多）」結合と呼ばれるリレーションが使われます。

has Manyは、has Oneと同様、主テーブル側に用意するリレーションです。これにより、主テーブルのレコードと関連する、複数の従テーブルレコードに関連付けを行うことができます。

図6-25：主テーブルから、複数の従テーブルのレコードに関連付けるのがhas Many結合だ。

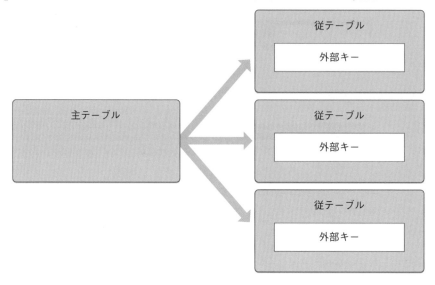

Person モデルの修正

では、これも試してみましょう。先ほど、Personモデルに追加した「board」メソッドを以下のように書き換えて下さい。

リスト6-37

```
public function boards()
{
    return $this->hasMany('App\Board');
}
```

今回は、複数のレコードと関連付けられるので、メソッド名は「boards」と複数形にしました。そしてその内部では、**$this->hasMany**の戻り値をそのままreturnしています。これで、Person内のboardsプロパティで、関連する複数のBoardインスタンスが取り出せるようになります。

index.blade.php の修正

では、テンプレートも修正をしましょう。person側のindex.blade.php（**board側ではありません！**）の@section('content')ディレクトリ部分を以下のように修正して下さい。

リスト6-38

```
@section('content')
    <table>
    <tr><th>Person</th><th>Board</th></tr>
    @foreach ($items as $item)
```

```
        <tr>
            <td>{{$item->getData()}}</td>
            <td>
            @if ($item->boards != null)
                <table width="100%">
                @foreach ($item->boards as $obj)
                    <tr><td>{{$obj->getData()}}</td></tr>
                @endforeach
                </table>
            @endif
            </td>
        </tr>
    @endforeach
    </table>
@endsection
```

▌図6-26：/personにアクセスすると、それぞれの利用者の投稿がすべてまとめて表示される。

　修正したら、/personにアクセスしてみましょう。それぞれの利用者のところに、投稿したテキストのタイトルがすべて表示されるようになります。

　ここでは、$item->boardsがnullでなければ、以下のように繰り返し処理を行っています。

```
@foreach ($item->boards as $obj)
    <tr><td>{{$obj->getData()}}</td></tr>
@endforeach
```

$item->boardsから順に値を$objに取り出し、そこからgetDataの内容を出力しています。こうすることで、boardsに関連付けられたすべてのレコードの値を表示しています。

belongs To結合

has Oneやhas Manyは、主テーブル側から関連する従テーブルを取り出すものでした。が、逆に「従テーブル側から、関連付けている主テーブルのレコードを取り出す」というものも必要です。これが「belongs To」です。

belongs Toは、従テーブルに用意されている外部キーで関連付けられている主テーブルのレコードを取り出すものです。これは、基本的に1つのレコードだけが取り出されます。

たとえば、サンプルで考えるなら、掲示板の投稿データには、投稿者のレコードIDが設定されています。投稿者からは複数の投稿が関連付けられています（has Many）が、投稿側からは、投稿者は常に一人です。ですから、belongs Toで得られるのは常に1つのレコードだけです。

図6-27：従テーブル側から、関連する主テーブルを取り出すのがbelongs To結合だ。

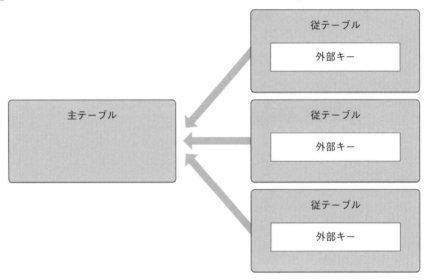

Board モデルの修正

では、サンプルで試してみましょう。今度は、Boardモデルクラス側を修正します。Boardクラス内にpersonメソッドを追記し、getDataメソッドを修正して下さい。

リスト6-39

```
// 新たにメソッドを追加
public function person()
```

```
{
    return $this->belongsTo('App\Person');
}


// 既にあるメソッドを修正
public function getData()
{
    return $this->id . ': ' . $this->title . ' ('
        . $this->person->name . ')';
}
```

図6-28：/boardにアクセスすると、投稿のタイトルと投稿者の名前が表示される。

修正したら、/boardにアクセスしてみましょう。投稿したメッセージのタイトルと投稿者の名前が一覧表示されます。

メッセージには、投稿者の情報は含まれていません。ですから、これはPersonから取り出していることになります。getDataメソッドを見ると、**$this->person->name**というようにして投稿者の名前を取り出していることがわかります。belongsToにより、このようにしてPersonの情報が取り出せるようになっているのです。

関連レコードの有無

Boardモデルは、投稿者のレコードとなるPersonモデルに必ず関連付けられています。つまり、Personと関連性を持たないBoardは存在しないわけです。

が、Personは違います。利用者の中には頻繁に投稿する人もあれば、全くしないで見ているだけの人もいます。つまり、Personは、関連するBoardを複数保つ場合もあれば、まったく持たない場合もあるわけです。

このような場合、「関連するBoardを持っているPersonのみ」を取り出すようなことができれば、ずいぶんと便利ですね。逆に「Boardを持たないPerson」だけを取り出せてもいろいろ役に立ちそうです。

こうした関連付けの有無は、モデルにある「has」「doesntHave」といったメソッドを使って簡単に取り出すことができます。これらは、whereメソッドと同様にビルダを返すメソッドです。ですから、これらを呼び出した後、getやfirstを使ってモデルを取得します。

■指定のリレーションの値を持つ

```
モデル ::has( リレーション名 )->get();
```

■指定のリレーションの値を持たない

```
モデル ::doesntHave( リレーション名 )->get();
```

投稿を持つ・持たないを分ける

では、実際に利用してみましょう。/personのアクションを修正し、投稿（Board）を持つものと持たないものを別々に表示させてみましょう。

まず、PersonControllerの修正です。indexメソッドを以下のように修正して下さい。

リスト6-40

```
public function index(Request $request)
{
    $hasItems = Person::has('boards')->get();
    $noItems = Person::doesntHave('boards')->get();
    $param = ['hasItems' => $hasItems, 'noItems' => $noItems];
    return view('person.index', $param);
}
```

ここでは、**Person::has('boards')** と **Person::doesntHave('boards')** をそれぞれ、getで取り出しています。これで、Boardを持つものと持たないものをそれぞれ変数に取り出せました。

では、これらを画面に表示するようにindex.blade.php（「person」内にあるもの）の@section('content')ディレクティブ部分を修正しましょう。

リスト6-41

```
@section('content')
    <table>
    <tr><th>Person</th><th>Board</th></tr>
```

```
    @foreach ($hasItems as $item)
        <tr>
            <td>{{$item->getData()}}</td>
            <td>
                <table width="100%">
                @foreach ($item->boards as $obj)
                    <tr><td>{{$obj->getData()}}</td></tr>
                @endforeach
                </table>
            </td>
        </tr>
    @endforeach
    </table>
    <div style="margin:10px;"></div>
    <table>
    <tr><th>Person</th></tr>
    @foreach ($noItems as $item)
        <tr>
            <td>{{$item->getData()}}</td>
        </tr>
    @endforeach
    </table>
@endsection
```

図6-29：投稿している人としていない人をそれぞれ別々にリスト表示する。

285

修正したら、/personにアクセスしてみて下さい。関連するBoardを持つものが一覧表示され、その下にBoardを持たないものの一覧が表示されます。

withによるEagerローディング

リレーションは大変便利ですが、しかしこれまで説明したやり方は、コード的には省エネ・コーディングできましたが、データベースの側からすると実はあまり省エネにはなっていません。

例えば、**Person::all**で全Personを取得する場合を考えてみましょう。リレーションによるレコードの取得は、実は内部的には「まずPersonを全部取り出し、そこから1つ1つのPersonに関連付けられているBoardを取り出す」といったやり方をしています。

投稿されたBoardが10個あったとすると、Board全体を取得するのに1回、それから10個のBoardそれぞれで関連するPersonを取得するのに10回、計11回もデータベースに問い合わせをしているのです。

これは、一般に「N+1問題」と呼ばれています。N個のレコードがあった場合、1回レコードの取得を実行しただけでN+1回もデータベースアクセスを行うことになるのです。

もっとデータベースアクセスの回数を減らすことはできないのか。実は、できます。それには「with」というメソッドを利用するのです。

```
モデル ::with( リレーション名 )->get();
```

このような形で実行すればいいのです。このwithを使うと何が違うのか。それはレコードの取得の仕方が違うのです。例えば、withを使ってBoardを取得すると、

❶まず、Boardだけを取得します。

❷得られたBoardのperson_idの値をまとめ、それらのIDのPersonを取得します。

——このように、たった2回のデータベースアクセスですべてを取得できてしまうのです。データベースアクセスの省エネ化としては、実に大幅なアクセス減を実現できます。

with で Board を取得する

では、実際に試してみましょう。BoardControllerクラスのindexを以下のように修正してみて下さい。

リスト6-42

```
public function index(Request $request)
{
    $items = Board::with('person')->get();
```

```
        return view('board.index', ['items' => $items]);
}
```

これでOKなんですが、withを使っても関連するPersonが正しく得られていることを確認する意味で、index.blade.php（「board」内のもの）の@section('content')ディレクティブを少し修正しましょう。

リスト6-43

```
@section('content')
    <table>
    <tr><th>Message</th><th>Name</th></tr>
    @foreach ($items as $item)
        <tr>
            <td>{{$item->message}}</td>
            <td>{{$item->person->name}}</td>
        </tr>
    @endforeach
    </table>
@endsection
```

これで、取得したBoardのmessageと、そのperson内にあるnameを一覧表示します。実際に/boardにアクセスして表示を確認しましょう。問題なくリレーションのレコードまで取り出せていることがわかるでしょう。

図6-30：/boardにアクセスする。問題なくPersonのnameも取り出せているのがわかる。

このwithのようなやり方を、「Eagerローディング」と呼びます。これは、レコード数が多くなり、1回のallメソッドで膨大なアクセスを行うようになったとき、劇的な効果を得ることができます。

　特にクラウドなどを利用してアプリケーションを公開する場合、データベースのアクセス数の増加はそのまま料金に跳ね返ってきます。少しでもアクセス回数を減らせれば、コスト減にも役立つでしょう。

Chapter 7

RESTfulサービス/
セッション/
ペジネーション/
認証/テスト

MVCの基本がわかればアプリケーションは作れますが、しかしそれがすべてではありません。より本格的なアプリケーション開発のために知っておきたい機能について、いくつかピックアップして紹介しましょう。これらをマスターすることで、より高度なアプリ開発が可能となるでしょう。

7-1 リソースコントローラとRESTful

Webの世界では、「REST」と呼ばれるサービスがあります。このRESTに対応した（RESTful）サービスを作成する方法について説明しましょう。

RESTfulとは？

Webアプリケーションというのは、ここまで作成してきたように、いくつかのWebページがあり、そこにアクセスをするとアプリケーションの画面が表示され、そこでさまざまな作業などを行うような仕組みになっています。画面には各種の表示やインターフェイスとなるGUI部品が表示され、それらを操作していくわけですね。

ところが、Webの世界では、こうした「画面に表示される部分」を持たないものもあります。「Webサービス」と呼ばれるものなどがそれです。これらは、サーバーにアクセスして必要な情報を取得したり、情報を送って保存したりできますが、しかし一般的なWebアプリに見られるような画面表示は持っていません。

こうしたWebサービスは、利用者が自分でWebブラウザからアクセスして利用するのではなく、**他のプログラムがアクセスして利用する**ためのものと考えてよいでしょう。こうしたWebサービスの分野でよく耳にするのが「REST」あるいは「RESTful」といった言葉です。

REpresentational State Transfer

RESTというのは、「REpresentational State Transfer」の略で、分散型システムを構築するための考え方です。インターネットのあちこちにプログラムが分散して存在し、それらが相互にやり取りしながら動くようなシステムを考えたとき、どういう仕組みにしたらいいか、その一つの答えがRESTです。

RESTは、HTTPのメソッド（GETやPOSTなど）を使って決まったルールに従ったアドレスにアクセスすることで、必要な情報を取得したり、情報を保存したりできるようにします。HTTPですから、他のサーバーからアクセスして情報を取り出したりできるのです。

このRESTにもとづいて設計されているプログラムは「RESTful」である、と表現されます。RESTfulなサービスは、情報の取得や送信など基本的な操作の方法が統一されているため、他のプログラムから簡単にアクセスしてサービスを利用できます。

図7-1：RESTは、HTTPのメソッドを使い、必要な情報をやり取りするための仕組みを提供する。

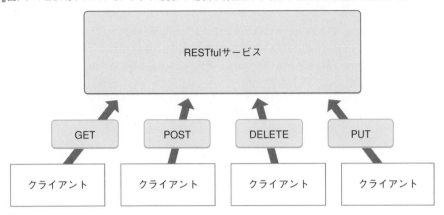

マイグレーションの作成

では、実際に簡単なサンプルを作成しながらRESTfulサービス開発の手順を説明していくことにしましょう。

ここでは、ごく簡単なデータベーステーブルを用意し、その情報を取り出したり操作したりするRESTfulサービスに近いものを作成してみます。まずは、サービスで利用するテーブルから作成していきましょう。

これは、マイグレーションファイルを作成して作っていくことにします。まずはマイグレーションファイルを作成しましょう。コマンドプロンプトまたはターミナルでプロジェクトのフォルダ（「laravelapp」フォルダ）内にカレントディレクトリを移動し、以下のようにコマンドを実行します。

```
php artisan make:migration create_restdata_table
```

これで、「database」内の「migrations」フォルダ内に、「xxxx_create_restdata_table.php」（xxxxは任意の日時の値）というスクリプトファイルが作成されます。

図7-2：make:migrationでマイグレーションファイルを作成する。

マイグレーションファイルの記述

では、作成されたマイグレーションファイルのスクリプトを記述しましょう。xxxx_create_restdata_table.phpを開き、以下のように内容を記述して下さい。

リスト7-1

```php
<?php
use Illuminate\Support\Facades\Schema;
use Illuminate\Database\Schema\Blueprint;
use Illuminate\Database\Migrations\Migration;

class CreateRestdataTable extends Migration
{
    public function up()
    {
        Schema::create('restdata',
                function (Blueprint $table) {
            $table->increments('id');
            $table->string('message');
            $table->string('url');
            $table->timestamps();
        });
    }

    public function down()
    {
        Schema::dropIfExists('restdata');
    }
}
```

　マイグレーションクラスでは、**up**でテーブル生成の処理、**down**でテーブル削除の処理をするのが基本でした。

　テーブルの作成は既に何度か行いましたが、**Schema::create**というメソッドを使って行います。この第2引数に指定したクロージャ内で、$tableのメソッドを呼び出してフィールドを設定していきます。ここでは、以下のような項目を用意しました。

id	プライマリキーとなるフィールドです。
message	メッセージを保管するものです。
url	関連するアドレスを保管するものです。

　ごくシンプルですが、これでよいでしょう。この3つの項目に加え、$table->timestamps();でcreated_atとupdated_atを追加してあります。

　downメソッドは、いつもの通りSchema::dropIfExistsでテーブルを削除するようにしてあります。

マイグレーションの実行

　では、マイグレーションを実行しましょう。以下のようにコマンドプロンプトまたはターミナルから実行して下さい。

```
php artisan migrate
```

図7-3：artisan migrateでマイグレーションを実行する。

```
D:¥tuyan¥Desktop¥laravelapp>php artisan migrate
Migrating: 2019_11_11_084002_create_restdata_table
Migrated:  2019_11_11_084002_create_restdata_table (0.11 seconds)

D:¥tuyan¥Desktop¥laravelapp>
```

モデルの作成

　ダミーとしていくつかレコードを用意しておく必要があります。が、シードを作成する前に、モデルを作っておくことにしましょう。
　コマンドプロンプトまたはターミナルから以下のコマンドを実行して下さい。

```
php artisan make:model Restdata
```

　これで、「Restdata.php」というファイルが「app」フォルダ内に作成されます。これが、今回のrestdataテーブルを扱うモデルとなります。

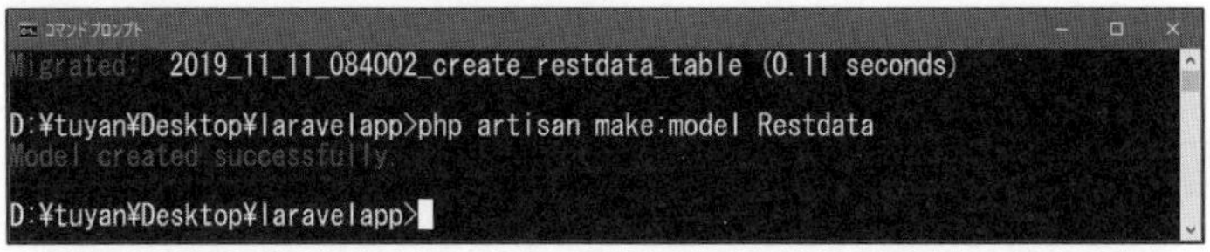

図7-4：make:modelでモデルを作成する。

```
Migrated:  2019_11_11_084002_create_restdata_table (0.11 seconds)

D:¥tuyan¥Desktop¥laravelapp>php artisan make:model Restdata
Model created successfully.

D:¥tuyan¥Desktop¥laravelapp>
```

▋Restdata モデルの記述

　では、作成されたRestdata.phpを開き、スクリプトを記述しましょう。以下のように内容を書き換えて下さい。

リスト7-2

```php
<?php
namespace App;

use Illuminate\Database\Eloquent\Model;

class Restdata extends Model
{
    protected $table = 'restdata';
    protected $guarded = array('id');
```

```
    public static $rules = array(
        'message' => 'required',
        'url' => 'required'
    );

    public function getData()
    {
        return $this->id . ':' . $this->mssage
            . '(' . $this->url . ')';
    }
}
```

ここでは、クラスの最初に「$table」というメンバ変数を用意してあります。これは、テーブル名を指定するためのものです。Eloquentでは、テーブル名はモデル名の複数形になっていますが、今回は「restdata」という単数形複数形がわかりにくい名前なので、ここでは$tableを使って'restdata'テーブルを使うように指定してあります。

Note

なお、dataの単数形はdatumです。あえて単数形のモデル名というならRestdatumとなるでしょう。

その他は、既に使ったものばかりです。$rulesでバリデーションのルール設定を用意し、getDataで簡単なテキストを出力するようにしておきました。

シードの作成

では、シードを用意しましょう。まずはシーダーファイルを作ります。コマンドプロンプトまたはターミナルから以下のようにコマンドを実行しましょう。

```
php artisan make:seeder RestdataTableSeeder
```

これで、「database」内の「seeds」フォルダ内に「RestdataTableSeeder.php」というファイルが作成されます。

図7-5：make:seederでシーダーファイルを作成する。

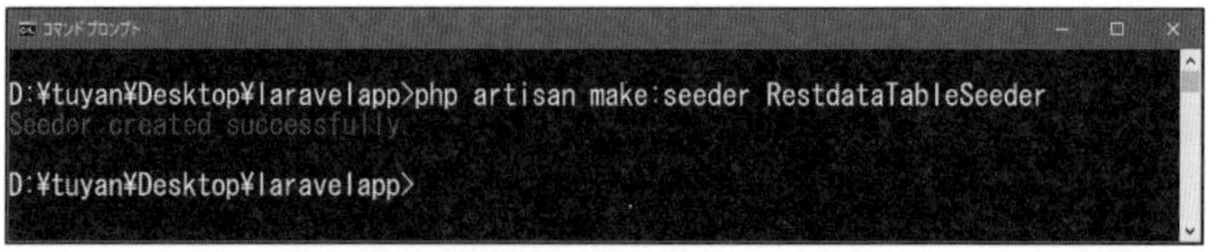

RestdataTableSeeder の記述

では、作成されたシーダーファイルを記述しましょう。RestdataTableSeeder.phpを開き、以下のように記述しておきましょう。

リスト7-3

```php
<?php
use Illuminate\Database\Seeder;
use App\Restdata;

class RestdataTableSeeder extends Seeder
{
    public function run()
    {
        $param = [
            'message' => 'Google Japan',
            'url' => 'https://www.google.co.jp',
        ];
        $restdata = new Restdata;
        $restdata->fill($param)->save();
        $param = [
            'message' => 'Yahoo Japan',
            'url' => 'https://www.yahoo.co.jp',
        ];
        $restdata = new Restdata;
        $restdata->fill($param)->save();
        $param = [
            'message' => 'MSN Japan',
            'url' => 'http://www.msn.com/ja-jp',
        ];
        $restdata = new Restdata;
        $restdata->fill($param)->save();
    }
}
```

　ここでは、ダミーとして3つのレコードを保存するようにしてあります。今回は、DB
クラスではなく、先ほど作成したRestdataモデルクラスを使ってレコードを作成してい
ます。
　まず、保存する値を連想配列にまとめておき、new Restdataでインスタンスを作成後、
fillで連想配列の値を適用します。そして、saveで保存すれば作業完了です。

DatabaseSeeder の登録

　作成したRestdataTableSeederクラスは、DatabaseSeederに登録をしておかないといけ
ません。では、「seeder」内にある「DatabaseSeeder.php」を開き、以下のように修正して
下さい。

リスト7-4

```php
<?php
```

```
use Illuminate\Database\Seeder;

class DatabaseSeeder extends Seeder
{
    public function run()
    {
        $this->call(RestdataTableSeeder::class);
    }
}
```

これで、シードの実行時にRestdataTableSeederのrunが呼び出され、実行されるようになります。

シードの実行

では、シードを実行しましょう。コマンドプロンプトまたはターミナルから以下のように実行して下さい。

```
php artisan db:seed
```

図7-6：artisan db:seedでシードを登録する。

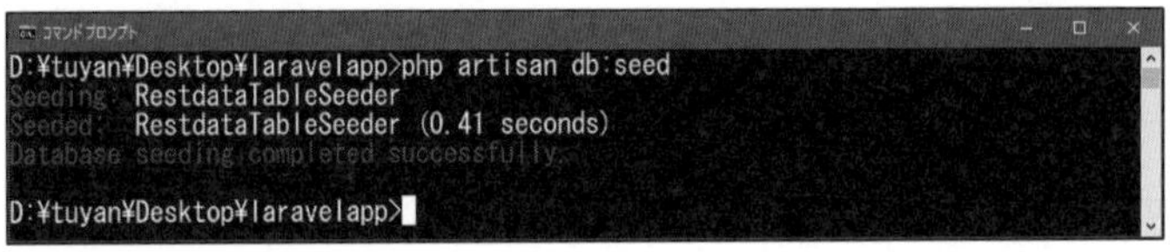

RestdataTableSeederのrunが実行され、用意しておいた3つのダミーレコードがテーブルに登録されます。これで、データベース関連の準備は完了です。

RESTコントローラの作成

では、作成されたRestdataモデルを利用したRESTfulサービスを作成しましょう。サービスは、普通のWebアプリと同様、コントローラを作成して作ります。
コマンドプロンプトまたはターミナルから以下のようにコマンドを実行して下さい。

```
php artisan make:controller RestappController --resource
```

これで、「http」内の「controllers」フォルダ内に「RestappController.php」というファイルが作成されます。
今回、コントローラを作成する際に「--resource」というオプションを追記しました。これは、「リソース」としてコントローラにメソッド類を追記しておくためのものです。

図7-7：make:controllerに--resourceオプションを付けてリソースコントローラを作成する。

図7-7：make:controllerに--resourceオプションを付けてリソースコントローラを作成する。

```
D:\tuyan\Desktop\laravelapp>php artisan make:controller RestappController
—resource
Controller created successfully.

D:\tuyan\Desktop\laravelapp>
```

Column　リソースについて

　「リソース」というのは、CRUD関係の機能一式をセットにして登録し、扱えるようにしたものです。通常、コントローラでは1つ1つの機能をメソッドとして用意し、そのルート情報を1つずつ記述していきます。が、リソースとしてルート情報を登録すると、CRUD関連のアクセスがすべて一括して使えるようになります。

　ただし、アクセスのアドレスやアクションメソッドは最初から決められた形になります。また一式まとめて作成されるため、それらのメソッドは最初から全て作成しておく必要があります。

リソースコントローラについて

　さて、作成されたRestappController.phpを見てみましょう。これは、デフォルトでいくつものメソッドが用意されています。全スクリプトを挙げておくと以下のようになるでしょう（コメント類は省略してあります）。

リスト7-5

```php
<?php
namespace App\Http\Controllers;

use Illuminate\Http\Request;

class RestappController extends Controller
{
    public function index()
    {
        //
    }

    public function create()
    {
        //
    }

    public function store(Request $request)
```

```
    {
        //
    }

    public function show($id)
    {
        //
    }

    public function edit($id)
    {
        //
    }

    public function update(Request $request, $id)
    {
        //
    }

    public function destroy($id)
    {
        //
    }
}
```

リソースのアクション

　このリソースコントローラに用意されているメソッド類は、RESTの基本的な操作に合わせて生成されています。用意されているメソッドについて簡単にまとめると以下のようになるでしょう。

一覧表示	index
新規作成	create、store
レコード表示	show
更新処理	edit、update
削除処理	destroy

　既にCRUDの基本的な処理は作成しましたから、それぞれがどのような処理を用意すればいいか、だいたい想像がつくでしょう。基本的なプログラムの作りは、普通のコントローラと変わりないのです。ただ、メソッド名が最初から指定されている、という違いがあるだけです。

ルート情報の追記

　では、リソースコントローラに用意されている、これらのアクションメソッドのルート情報は、どのように用意すればいいのでしょうか。これは、実はとても簡単です。

　web.phpに、以下のような文を追記して下さい。RestappControllerの7つのアクションメソッドが全て、ルート登録されます。

リスト7-6

```
Route::resource('rest', 'RestappController');
```

　これで、/rest下にCRUD関係のアクセスがまとめて登録されます。

　Route::resourcesは、コントローラを作成する際、**--resource**オプションを付けて生成された7つのアクションを一括して登録する働きをします。

/コントローラ	index
/コントローラ/create	create
/コントローラ	store(POST送信)
/コントローラ/番号	show(番号 = ID)
/コントローラ/番号/edit	edit(番号 = ID)
/コントローラ/番号	update(番号 = ID、PUT/PATCH送信)
/コントローラ/番号	delete(番号 = ID、DELETE送信)

　このようなアクセスを行うコントローラ(リソースコントローラ)をLaravelでは「Resourceful(リソースフル)」である、と表現します。Resourcefulなコントローラでは、CRUDの基本的なアクセスを一式セットで用意してくれるのです。

indexおよびshowを作成する

　では、コントローラのアクションメソッドを使ってみましょう。ここでは、レコードデータを取得するindexとshowメソッドを用意してみます。

リスト7-7

```
//use App\Restdata; を追記

public function index()
{
    $items = Restdata::all();
    return $items->toArray();
}


public function show($id)
{
```

```
        $item = Restdata::find($id);
        return $item->toArray();
    }
```

　メソッドを修正したら、実際にアクセスをしてみましょう。/restにアクセスすると、登録された全レコードがJSON形式によるデータの配列として出力されます。また、/rest/1というようにID番号をつけてアクセスすると、そのID番号のレコードがJSON形式で出力されます。

図7-8：/restにアクセスすると、すべてのレコードをJSON形式の配列として出力する。

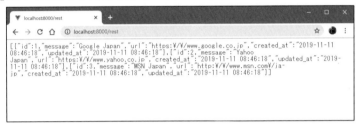

図7-9：/rest/1とアクセスすると、id＝1のレコードがJSON形式で表示される。

JSONは配列をreturnする

　ここでは、JSONデータを生成するための特別な作業は行っていません。ただ、**Restdata::all**で取得したコレクションから、**toArray**というメソッドを使って配列の形でレコード情報を取り出し、それをreturnしているだけです。

　実はLaravelでは、アクションメソッドで配列をreturnすると、自動的にその配列データをJSON形式に変換して出力してくれるようになっているのです。JSON形式であれば、外部のサーバーからアクセスして、取得したデータを簡単に処理することができます。

レコードの追加

　レコードの追加や更新などは、やはりフォームなどのGUIが必要となります。が、可能であれば、そうしたフォームを他のコントロールなどからでも簡単に組み込んで利用できるようにしておきたいところですね。そうすることで、レコード作成もサービスとして開放することができます。

では、サンプルのフォームテンプレートを作成し、それを他のコントローラから読み込んで利用する、ということをやってみましょう。

create.blade.php の作成

まずは、フォームのテンプレートを作成します。これは、「views」内に新たに「rest」というフォルダを作成し、その中に配置することにしましょう。フォルダを用意できたら、「create.blade.php」という名前でファイルを作成して下さい。ソースコードは以下のように記述しておきます。

リスト7-8

```
<form action="/rest" method="post">
<table>
    @csrf
    <tr><th>message: </th><td><input type="text" name="message"
        value="{{old('message')}}"></td></tr>
    <tr><th>url: </th><td><input type="text" name="url"
        value="{{old('url')}}"></td></tr>
    <tr><th></th><td><input type="submit" value="send"></td></tr>
</table>
</form>
```

見ればわかるように、フォームだけのテンプレートです。送信先は、/restを指定しておきます。Resourcefulでは、レコードの作成は/rest/createにGETアクセスしてフォームを表示し、/restにPOST送信して作成保存の処理が実行されるようになっています。

create および store アクションの作成

では、アクションの処理を作成しましょう。**リスト7-5**のRestappController.phpを開き、**create**と**store**アクションメソッドを以下のように修正して下さい。

リスト7-9

```
public function create()
{
    return view('rest.create');
}

public function store(Request $request)
{
    $restdata = new Restdata;
    $form = $request->all();
    unset($form['_token']);
    $restdata->fill($form)->save();
    return redirect('/rest');
}
```

　createアクションでは、先ほど作成したcreate.blade.phpのテンプレートを表示するようにしてあります。フォームだけですが、表示そのものは行えます。そしてPOST送信した先のstoreアクションでは、new Restdataを行い、送信されたフォームの情報をfillで適用してsaveで保存しています。

　これらは、既にやったことですから、改めて説明するまでもないでしょう。

図7-10：/rest/createにアクセスすると、フォームだけ表示される。

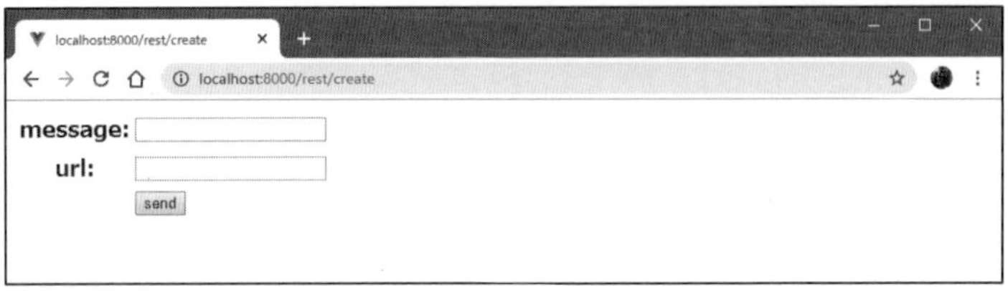

```
 ▼ localhost:8000/rest/create      ×   ＋                      –  □  ✕
 ←  →  C  ⏷   ① localhost:8000/rest/create               ☆  ⬤  ⋮

message: [_____]
    url: [_____]
         [ send ]
```

フォームを/hello/restに埋め込む

　では、用意できた/rest/createのフォームを他のWebページに埋め込んで使ってみましょう。ここでは、/hello/restというアクションを用意して、ここにフォームを埋め込んでみます。

　まず、テンプレートを作りましょう。「views」内の「hello」フォルダの中に「rest.blade.php」という名前でファイルを作って下さい。そして以下のように記述します。

リスト7-10

```
<html>
<head>
    <title>hello/Rest</title>
    <style>
    body {font-size:16pt; color:#999; margin: 5px; }
    h1 { font-size:50pt; text-align:right; color:#f6f6f6;
        margin:-20px 0px -30px 0px; letter-spacing:-4pt; }
    th {background-color:#999; color:fff; padding:5px 10px; }
    td {border: solid 1px #aaa; color:#999; padding:5px 10px; }
    .content {margin:10px; }
    </style>
</head>
<body>
    <h1>Rest</h1>

    @include('rest.create')

</body>
</html>
```

　ここでは、ボディ部分に「@include」というディレクティブが書かれていますね。これは、指定したテンプレートをその部分にインポートして出力するものでした。これにより、他のところにあるテンプレートをこのWebページの中に組み込んで表示することができます。

　続いて、HelloControllerクラスにrestアクションメソッドを追記しましょう。以下のようなものです。

リスト7-11

```
public function rest(Request $request)
{
    return view('hello.rest');
}
```

　単純に、今作成したrest.blade.phpのテンプレートを使ってWebページを表示しているだけのものです。後は、/hello/restのルート情報をweb.phpに以下のように追記するだけです。

リスト7-12

```
Route::get('hello/rest', 'HelloController@rest');
```

　これで一通りできました。では、/hello/restにアクセスしてみて下さい。/rest/createで表示されるフォームがページ内に組み込まれて表示されます。そのまま項目を記入し送信すれば、レコードが保存されます。

図7-11：/hello/restにアクセスし、フォーム送信すると、レコードが追加される。

　ここでは新規作成の例を挙げましたが、更新や削除も同様に作成し、他のページなどから利用できるようになるでしょう。

RESTfulサービスにするために

　ここで利用したLaravelの機能は、正確には**Resourcefulであって、RESTfulではありません**。では、RESTfulにしていくためには、どのように実装を用意すべきなのでしょうか。

　RESTfulでは、CRUDはすべて**同じアドレスで、アクセスに使うHTTPメソッドの違いによって処理を分ける**のが一般的です。HTTPメソッドのメソッドと、実行されるCRUDの関係を整理すると、以下のようになります。

HTTP	CRUD
GET	Read。レコードの取得。
POST	Create。レコードの新規作成。
PUT	Update。レコードの更新。
DELETE	Delete。レコードの削除。

　このような形で調整していくことでRESTfulなサービスになっていきます。よく見ると、これらはLaravelのResourcefulにすべて用意されていることに気がつくはずです。Resourcefulでは、これらの他に、CreateとUpdateのフォームとなる部分を追加しているだけであって、すべて実装すればRESTfulとして機能するようになっているのです（RESTfulなサービスでは、入力のためのフォーム部分は不要ですから）。

　先ほど説明したRerourcefullのアクションを、RESTful対応という点でもう一度整理してみましょう。

■RESTfulに必要なもの

/コントローラ	index
/コントローラ	store（POST送信）
/コントローラ/番号	show（番号 = ID）
/コントローラ/番号	update（番号 = ID、PUT/PATCH送信）
/コントローラ/番号	delete（番号 = ID、DELETE送信）

■いらないもの

/コントローラ/create	create（新規作成のフォーム）
/コントローラ/番号/edit	edit（番号 = ID。更新のフォーム）

　いかがですか。Resourcefulを実装していけば、自然とRESTfulなサービスが完成していくことがよくわかるでしょう。

7-2 セッション

セッションは、サーバー＝クライアント間の接続を維持し、個々のクライアントごとに各種のサービスや情報などを保持する技術です。セッションの基本的な使い方をマスターしましょう。

セッションについて

本格的なアプリケーション開発では、「クライアント＝サーバー間の接続を維持する仕組み」が必要となってきます。

例えば、オンラインショップのようなものを考えたとき、商品ページを移動するたびに、カートに入れた商品がクリアされてしまったら使い物になりません。あちこちのページに移動しても、カートに入れた商品が常に保存されていなければいけません。そのためには、クライアントとサーバーの接続を維持し、「今、アクセスしているクライアントはこの人だ」ということをサーバー側で把握できなければいけません。

このようなクライアントとサーバーの接続維持のための仕組みを提供するのが「セッション」と呼ばれる機能です。

▌セッション＝クッキー＋データベース

セッションを使えば、クライアントとサーバーの間の接続を維持することができます。クライアントは、それぞれに各種の情報を保持することができます。例えば、カートに商品を入れると、それぞれのクライアントごとに「カートに入れた商品」情報が保持し続けられるわけです。

もともとWebで使われている技術は、こうした連続した接続を考えていません。では、どうやってこのようなことを可能にしているのでしょうか。

その秘密は、「クッキー」と「データベース」にあります。セッションでは、それぞれのクライアントごとに、IDとなる値をクッキーとして保管します（これを「セッションID」といいます）。そして、クライアントごとの情報（例えば、カートに入れた商品情報）は、そのセッションIDに関連付けてデータベースに保存するのです。セッションから情報を取り出すときは、クライアントのセッションIDを使ってデータベースからデータを検索して取り出せばいい、というわけです。

図7-12：クライアントからサーバーへセッションIDが送られると、そのIDを元にデータベースからクライアントの情報を取り出して処理をする。

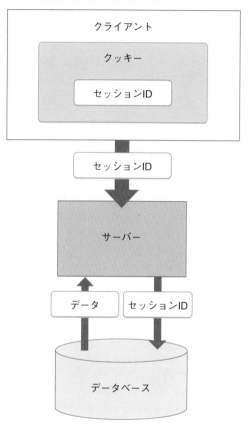

セッションを利用する

このようにセッションは、クッキーとデータベースを組み合わせて動かすのが基本といえます。ただし、実をいえばデータベースは必須というわけではありません。

Laravelでは、データベースの他に、ファイルやメモリキャッシュなどを使ってセッションを保存する手段を持っています（デフォルトでは、ファイルを利用するように設定されています）。このため、データベースの設定などを行わなくとも、すぐにセッションは利用することができます。

セッション操作の基本

セッションの操作は非常にシンプルです。「値に名前をつけて保存する」「名前を指定して値を取得する」、この2つの操作だけしかありません。

■値を保存する

```
《Request》->session()->put( キー , 値 );
```

■値を取得する

```
$ 変数 =《Request》->session()->get( キー );
```

　非常に単純ですね。セッションは、**キー**（値に割り当てる名前）の文字列と保存する**値**がセットになっています。保存するときも取り出すときも、常にキーを使って値の読み書きを行います。

セッション利用アクションを作る

　では、セッションを利用するアクションを作ってみましょう。今回は、以前作成したHelloControllerに「session」というアクションを追加して試してみることにします。
　まず、画面表示用のテンプレートを作りましょう。「views」内の「hello」フォルダ内に、「session.blade.php」という名前でファイルを作成して下さい。そして以下のようにソースコードを記述します。

リスト7-13

```
@extends('layouts.helloapp')

@section('title', 'Session')

@section('menubar')
    @parent
    セッションページ
@endsection

@section('content')
    <p>{{$session_data}}</p>
    <form action="/hello/session" method="post">
    @csrf
    <input type="text" name="input">
    <input type="submit" value="send">
    </form>
@endsection

@section('footer')
copyright 2020 tuyano.
@endsection
```

ここでは、**$session_data**という変数の表示と、**name="input"**という入力フィールドのあるフォームを用意してあります。フォームからテキストを送信すると、それをセッションに保存し、保存された値を$session_dataに代入して表示しよう、というわけです。

フォームの送信先は、**/hello/session**としてあります。この/hello/sessionにGETとPOSTのアクションを用意して処理を行います。

HelloController のアクション作成

では、コントローラにアクションを作成しましょう。「Http」内の「Controllers」フォルダにある「HelloController.php」を開き、HelloControllerクラスに以下の2つのアクションメソッドを追加して下さい。

リスト7-14

```php
public function ses_get(Request $request)
{
    $sesdata = $request->session()->get('msg');
    return view('hello.session', ['session_data' => $sesdata]);
}

public function ses_put(Request $request)
{
    $msg = $request->input;
    $request->session()->put('msg', $msg);
    return redirect('hello/session');
}
```

ses_getは、/hello/sessionにアクセスしたときの処理です。ここでは、以下のようにしてセッションから「msg」という値を取り出しています。

```php
$sesdata = $request->session()->get('msg');
```

こうして取り出した値を、session_dataという名前でテンプレートに渡しています。

もう1つの**ses_put**は、/hello/sessionにフォームをPOST送信したときの処理です。ここでは、**$request->input**の値を取り出し、それを以下のようにしてセッションに保管しています。

```php
$request->session()->put('msg', $msg);
```

これで、**$msg**の値が**'msg'**という名前でセッションに保管されます。セッションの利用は、わずかこれだけのコードで実現できるのです。

ルート情報の追記

最後に、ルート情報を追記しましょう。web.phpを開き、以下のように追記して下さい。

リスト7-15

```
Route::get('hello/session', 'HelloController@ses_get');
Route::post('hello/session', 'HelloController@ses_put');
```

これで完成です。実際に、/hello/sessionにアクセスをして、何かテキストを書いて送信してみて下さい。セッションに保存され、/hello/sessionに何度アクセスしてもそのテキストが記憶されていて表示されるようになります。

図7-13：フォームに何か記入して送信すると、セッションに保管され、それが画面に表示されるようになる。

データベースをセッションで使う

これで、セッションの利用ができるようになりました。しかし、ファイルに保存しておくというやり方は、やや不安です。セッションファイルは、「storage」内の「framework」フォルダ内にある「sessions」というところに保管されます。

実際に確認してみると、ここに多数のファイルが保存されていることがわかるはずです。それぞれのセッションごとにファイルが作られるため、本格的に稼働させるようになると、アクセスによっては数千数万のファイルがここに配置されることになります。各セッションごとに異なるファイルを読み書きするため、処理速度もそれほど速くはありません。

こうした点を考えるなら、やはり正式稼働前にデータベースを利用する形に変更しておくべきでしょう。

session.php について

セッションに関する設定情報は、「config」フォルダ内にある「session.php」というファイルに用意されています。このファイルを開くと、以下のように記述がされています（コメント類は省略してあります）。

リスト7-16

```php
<?php
return [
    'driver' => env('SESSION_DRIVER', 'file'),
    'lifetime' => 120,
```

```
    'expire_on_close' => true, // default = false
    'encrypt' => false,
    'files' => storage_path('framework/sessions'),
    'connection' => null,
    'table' => 'sessions',
    'store' => null,
    'lottery' => [2, 100],
    'cookie' => 'laravel_session',
    'path' => '/',
    'domain' => env('SESSION_DOMAIN', null),
    'secure' => env('SESSION_SECURE_COOKIE', false),
    'http_only' => true,
];
```

　かなり多くのコメントがつけられているので、複雑そうに見えるかもしれませんが、やっているのはこのような連想配列をreturnする、というだけのことです。これら配列にまとめられているのが、セッションに関する設定です。

セッションの保存先をデータベースに変更する

　セッションをデータベースに変更する場合は、このsession.phpの中の**'driver'**の項目を変更します。以下のように修正して下さい。

リスト7-17

```
'driver' => env('SESSION_DRIVER', 'database'),
```

　これで、データベース利用のドライバーが使われるようになります。続いて、プロジェクトフォルダ内にある「.env」というファイルを修正します。
　ファイルを開き、「SESSION_DRIVER」という項目を探して下さい。この項目を以下のように修正します。

リスト7-18

```
SESSION_DRIVER=database
```

　データベースを利用するように、セッションの設定が変更できました。ただし！　まだやることがあります。セッション用テーブルをデータベースに準備することです。

セッション用マイグレーションの作成

　セッション用のテーブルは、仕様が決まっており、それに従った形で用意しなければいけません。これを手作業で作成するのは勧められません。
　Laravelには、artisanコマンドを使ってセッション用テーブルを作成する機能が用意されていますので、これを使いましょう。まず、専用のマイグレーションファイルを作ります。コマンドプロンプトまたはターミナルから以下のように実行して下さい。

```
php artisan session:table
```

図7-14：artisan session:tableを実行し、セッション用のマイグレーションファイルを作成する。

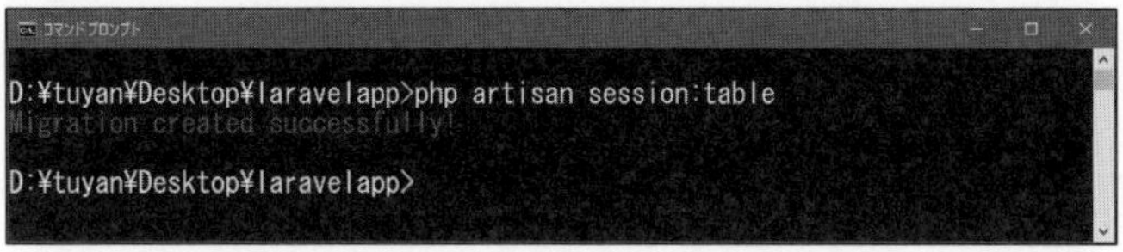

　これで、「database」内の「migrations」フォルダに「xxxx_session_table.php」（xxxxは任意の日時）というマイグレーションファイルが作成されます。この中に、セッション用テーブルを作成する処理が記述されています。中を見ると以下のようになっているのがわかるでしょう。

リスト7-19

```php
<?php
use Illuminate\Support\Facades\Schema;
use Illuminate\Database\Schema\Blueprint;
use Illuminate\Database\Migrations\Migration;

class CreateSessionsTable extends Migration
{
    public function up()
    {
        Schema::create('sessions', function (Blueprint $table) {
            $table->string('id')->unique();
            $table->unsignedInteger('user_id')->nullable();
            $table->string('ip_address', 45)->nullable();
            $table->text('user_agent')->nullable();
            $table->text('payload');
            $table->integer('last_activity');
        });
    }

    public function down()
    {
        Schema::dropIfExists('sessions');
    }
}
```

　セッション用テーブルは、「sessions」という名前で作成し、「id」「user_id」「ip_address」「user_agent」「payload」「last_activity」といったフィールドが用意されています。これらの情報が、セッションを確立するために必要な情報というわけです。

▌マイグレーション実行

　では、マイグレーションを実行してテーブルを生成しましょう。コマンドプロンプトまたはターミナルから以下のように実行して下さい。

```
php artisan migrate
```

▌**図7-15**：artisan migrateでマイグレーションを実行する

```
D:¥tuyan¥Desktop¥laravelapp>php artisan migrate
Migrating:  2019_11_11_092000_create_sessions_table
Migrated    2019_11_11_092000_create_sessions_table (0.52 seconds)

D:¥tuyan¥Desktop¥laravelapp>
```

　これで、データベースを利用してセッションが動作するようになります。実際に/hello/sessionにアクセスして、値がセッションに保管されるか確認しましょう。

7-3 ペジネーション

　ペジネーションは、データベースに保管されているレコードを、一定数ごとに取り出し表示していく技術です。その基本的な使い方を覚えましょう。

ペジネーションとは？

　データベースで多量のデータを扱うようになると、考えなければならないのが「データの表示の仕方」です。これまでのように、allで全レコードを取得して表示する、といったやり方はできません。全レコードの中から、表示する部分だけを取り出して処理する必要が生じます。

　このように、レコードを一定数ずつ取り出して表示していくための仕組みが「ペジネーション」です。ペジネーションは、レコード全体をページ分けして表示するための機能を提要します。1ページ当たりいくつのレコードを表示するかを指定し、その数ごとにレコードを取り出して表示していきます。

　また、ページ分けをしての表示は、前後のページに移動する機能も用意しなければいけません。でなければ、必要なレコードにたどり着けなくなってしまいますから。つまりペジネーションは、「ページ分けしてレコードを取得する機能」と「指定のページに表示を移動するための機能」の2つの機能によって実現されるもの、といえるでしょう。

図7-16：ペジネーションは、レコード全体から指定のページに表示するものだけを取り出す機能。リンクなどを使い、簡単に前後のページに移動できるようになっている。

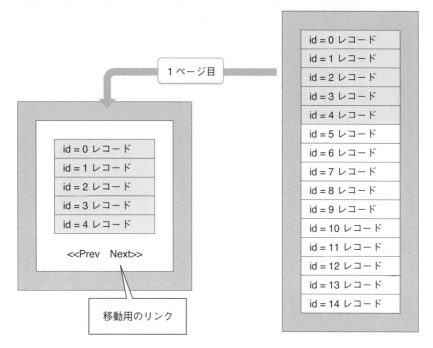

DBクラスとsimplePaginate

　では、実際にペジネーションを使ってレコードを表示させてみましょう。ここでは、先に作成したHelloControllerのindexアクションメソッドを利用することにします。

　「Controllers」フォルダ内からHelloController.phpを開き、indexメソッドを以下のように修正して下さい。

リスト7-20

```
// use App\Person; を追記

public function index(Request $request)
{
    $items = DB::table('people')->simplePaginate(5);
    return view('hello.index', ['items' => $items]);
}
```

　ここでは、5項目ずつレコードを取り出して表示するようにしてあります。レコードの取得部分を見るとこうなっていますね。

```
$items = DB::table('people')->simplePaginate(5);
```

　　テーブルは、**DB::table('people')**というように指定してあります。そしてその中の「simplePaginate」というメソッドを呼び出しています。これは以下のように利用します。

```
$変数 = DB::table( テーブル名 )->simplePaginate( 表示数 );
```

　　DB::tableでテーブルを指定し、その戻り値のインスタンスからsimplePaginateメソッドを呼び出します。これは引数に、1ページ当たりの表示レコード数を指定します。これで、1ページ分のレコードだけが取り出されます。

　　「ページ当たりのレコード数はわかった、ではページ数はどうやって設定するんだ？」と思った人。ページ数の設定は必要ありません。このsimlePaginateの戻り値には、前後のページに移動するリンクの情報も含まれており、移動はそれらを使って作成されたリンクで行うようになっているのです。

ページの表示を作成する

　　では、テンプレートを修正しましょう。「views」内の「hello」フォルダにあるindex.blade.phpを開き、以下のように記述して下さい。

リスト7-21

```
@extends('layouts.helloapp')
<style>
    .pagination { font-size:10pt; }
    .pagination li { display:inline-block }
</style>
@section('title', 'Index')

@section('menubar')
    @parent
    インデックスページ
@endsection

@section('content')
    <table>
    <tr><th>Name</th><th>Mail</th><th>Age</th></tr>
    @foreach ($items as $item)
        <tr>
            <td>{{$item->name}}</td>
            <td>{{$item->mail}}</td>
            <td>{{$item->age}}</td>
        </tr>
    @endforeach
    </table>
```

```
    {{ $items->links() }}
@endsection

@section('footer')
copyright 2020 tuyano.
@endsection
```

　これで修正は完了です。/helloにアクセスをしてみて下さい。レコードデータが5項目
だけ表示されます。その下には、「<<Previous」「Next>>」といったリンクが表示されます。
このリンクをクリックすることで前後のページに移動することができます。

図7-17：1ページ分のレコードが表示される。下の<<PreviousとNext>>リンクをクリックすれば、前
後のページに移動できる。

ページ移動の仕組み

　ここでは、コントローラ側から受け取った**$items**から順に値を取り出して、テーブル
を表示しています。そしてその下では、以下のような文が用意されています。

```
{{ $items->links() }}
```

　$itemsは、simplePaginateで取得したインスタンスです。ここから順に値を取り出し
てレコードの内容を出力しています。が、実はそれがすべてではありません。$itemsには、
前後の移動のためのリンクを生成する機能も含まれています。それが、「links」というメ
ソッドです。linksで得られた値を出力することで、以下のようなタグが生成されるので
す。

```
<ul class="pagination">
        <li class="disabled"><span>&laquo; Previous</span></li>
```

```
        <li><a href="http://localhost:8000/hello?page=2"
            rel="next">Next &raquo;</a></li>
    </ul>
```

　次のページに移動するリンクを見てみると、href="http://localhost:8000/hello?page=2"というように設定されています。/hello に ?page=番号 とパラメータを付けることで、表示するページを設定することができるのです。

　ということは、特定のページに移動する場合は、pageに番号を指定してアクセスすればいいことがわかります。例えば、**/hello?page=10**とすれば、10ページ目を表示させることができます。

DBクラスとモデル

　ここでは、DBクラスを利用してページ移動をしました。これは、以下のように呼び出せばよかったんですね。

```
DB::table( テーブル名 )->simplePaginate( 表示数 );
```

　では、モデルを利用している場合はどうすればよいのでしょうか。実は、モデルもまったく同様にペジネーションを利用できます。例えば、ここではPersonモデルクラスを使っていますが、

```
$items = Person::simplePaginate(5);
```

このように実行すれば、まったく同様にページ単位でレコードを取得することができます。もちろん、linksメソッドで移動のリンクを生成することもできます。

並び順を設定する

　このsimplePaginateは、基本的にはレコードを取得するgetなどの代わりとして利用するものと考えるとよいでしょう。ですから、データベースを扱う各種のメソッド（whereやorderByなど）のメソッドももちろん併用することができます。

　例えば、「年齢の若い順に並べ替えて表示する」という場合はどうすればいいでしょうか。

■DBクラス利用の場合

```
$items = DB::table('people')->orderBy('age', 'asc')
        ->simplePaginate(5);
```

■モデル利用の場合

```
$items = Person::orderBy('age', 'asc')
        ->simplePaginate(5);
```

このように、orderByを呼び出した後でsimplePaginateを呼び出せば、並び順を変更した状態でページ分け表示することができます。

注意したいのは、**メソッドの呼び出し順**です。simplePaginateは、常に一番最後に呼び出すようにします。間違えて、simplePaginate->orderByとやってしまうとエラーになります。

ソート順を変更する

では、更に一歩進んで、「一覧リストの項目部分をクリックしたら、ソート順が変更される」という仕組みを考えてみましょう。例えば、「Name」のところをクリックしたらname順に、「Age」をクリックしたらage順にレコードが並び替わる、というものです。もちろん、前後の移動のリンクをクリックすれば、指定した並び順でページ移動をします。

これには、何らかの形でソートするフィールド名を伝えるようにしなければいけません。一番簡単なのは、クエリー文字列を使った方法でしょう。既にペジネーションでは表示するページ番号をpage=1というようにして伝えています。これにsort=nameといった項目を追加して処理すればできそうですね。

index アクションの修正

では、やってみましょう。まずコントローラ側の修正です。HelloControllerクラスのindexメソッドを以下のように修正して下さい。

リスト7-22

```php
public function index(Request $request)
{
    $sort = $request->sort;
    //$items = DB::table('people')->orderBy($sort, 'asc')
    //      ->simplePaginate(5);
    $items = Person::orderBy($sort, 'asc')
        ->simplePaginate(5);
    $param = ['items' => $items, 'sort' => $sort];
    return view('hello.index', $param);
}
```

（コメント部分は、DBクラスを利用した場合の書き方）

ここでは、**$request->sort**の値を変数に取り出し、それをorderByの引数に指定しています。こうすることで、クエリー文字列として**sort=○○**と渡されたフィールド名でレコードを並べ替えることができます。

テンプレートの修正

続いて、テンプレートの修正です。「hello」内のindex.blade.phpを以下のように書き換えて下さい。

リスト7-23

```
@extends('layouts.helloapp')
<style>
    .pagination { font-size:10pt; }
    .pagination li { display:inline-block }
    tr th a:link { color: white; }
    tr th a:visited { color: white; }
    tr th a:hover { color: white; }
    tr th a:active { color: white; }
</style>
@section('title', 'Index')

@section('menubar')
    @parent
    インデックスページ
@endsection

@section('content')
    <table>
    <tr>
        <th><a href="/hello?sort=name">name</a></th>
        <th><a href="/hello?sort=mail">mail</a></th>
        <th><a href="/hello?sort=age">age</a></th>
    </tr>
    @foreach ($items as $item)
        <tr>
            <td>{{$item->name}}</td>
            <td>{{$item->mail}}</td>
            <td>{{$item->age}}</td>
        </tr>
    @endforeach
    </table>
    {{ $items->appends(['sort' => $sort])->links() }}
@endsection

@section('footer')
copyright 2020 tuyano.
@endsection
```

図7-18：レコードを表示しているテーブルの一番上にある項目名の部分をクリックすると、その項目でレコードを並べ替える。

　修正したら、/hello?sort = nameにアクセスしてみて下さい。レコードのデータがテーブルにまとめて表示されますが、そのヘッダー部分にある「name」「mail」「age」といったラベルをクリックすると、その項目でレコードを並べ替えます。また、下にある前後のページ移動リンクも、設定した並べ替えの順番に従って実行されます。

ソート用リンクの仕組み

　ここでは、クリックしてレコードの並び順を変更するために、以下のような形でリンクを用意しています。

```
<a href="/hello?sort=name">name</a>
```

　これは、name順に並べ替えるリンクです。クエリー文字列に**sort=name**と指定してあります。HelloControllerのindexアクション側では、$request->sortの値を取り出してorderByしていましたから、これでname順にソートしてレコードを取り出すことができます。

links にパラメータを追加する

　前後に移動するリンクを生成するlinksメソッドのところでは、以下のような書き方に変わっています。

```
{{ $items->appends(['sort' => $sort])->links() }}
```

　ここで利用している「appends」というメソッドは、生成するリンクにパラメータを追加します。ここでは、**['sort' => $sort]**と引数に指定していますが、これにより、**sort=**○○といったパラメータが追加された形でリンク先が設定されるようになります。

つまり、<a>タグのhrefに設定されるアドレスは、**/hello?sort=○○&page=○○**といった形になるわけです。これにより、表示するページ番号とソートするフィールド名をクエリー文字列でサーバーに送ることができます。

paginateメソッドの利用

simplePaginateは、前後の移動を行う単純なリンクを持っていますが、ページ数が多い場合は、ページ番号のリンクも表示される「paginate」メソッドを利用することができます。

HelloControllerのindexアクションメソッドを修正してみましょう。

リスト7-24

```php
public function index(Request $request)
{
    $sort = $request->sort;
    $items = Person::orderBy($sort, 'asc')
        ->paginate(5);
    $param = ['items' => $items, 'sort' => $sort];
    return view('hello.index', $param);
}
```

図7-19：paginateを使うと、ページ番号のリンクが表示される。

修正したら、/helloにアクセスしてみて下さい。今度は、前後の移動の記号の間にページ番号が表示されるようになります。ページ数が多くなると、このほうが使いやすいですね。

ここでは、simplePaginateメソッドを、ただpaginateに書き換えただけです。テンプレート側は一切変更はしていません。メソッドを替えるだけで、リンクまで表示が変わってしまうのですね。

リンクのテンプレートを用意する

では、このページ移動のリンクをカスタマイズしたい場合はどうすればいいのでしょうか。実は、リンクを生成する**links**メソッドは、使用するテンプレートを指定することができます。linksの引数にテンプレート名を指定することで、そのテンプレートを利用してページ移動のリンクを生成させることができるのです。

とはいっても、具体的にどのようにテンプレートを用意すればいいのかわからないでしょう。そこで、Laravelにデフォルトで用意されているテンプレートをファイルとして追加し、利用できるようにしましょう。

コマンドプロンプトまたはターミナルから、以下のようにコマンドを実行して下さい。

```
php artisan vendor:publish --tag=laravel-pagination
```

図7-20：artisan vendor:publishを使い、ページネーションのテンプレートを作成する。

これで、「views」内に「vendor」というフォルダが作成され、更にその中に「pagination」というフォルダが用意されます。このフォルダ内に、Laravelが利用するページネーション用のテンプレートファイルが保存されます。

標準では5種類のファイルが用意されています。「simple～」で始まるものはsimplePaginate用、simpleがついていないのがpaginate用です。それぞれ、defaultとbootstrap-4というものが用意されています。

これらのファイルをベースにして中身をカスタマイズし、linksで指定して実行すれば、カスタマイズされた表示を作成できます。

▌simple-default.blade.php の中身

では例として、もっとも単純なsimple-default.blade.phpテンプレートの中身がどうなっているか見てみましょう。

リスト7-25

```
@if ($paginator->hasPages())
    <ul class="pagination">
        {{-- Previous Page Link --}}
        @if ($paginator->onFirstPage())
            <li class="disabled"><span>
                @lang('pagination.previous')</span></li>
```

```
        @else
            <li><a href="{{ $paginator->previousPageUrl() }}"
                rel="prev">@lang('pagination.previous')</a></li>
        @endif

        {{-- Next Page Link --}}
        @if ($paginator->hasMorePages())
            <li><a href="{{ $paginator->nextPageUrl() }}"
                rel="next">@lang('pagination.next')</a></li>
        @else
            <li class="disabled"><span>@lang('pagination.next')
                </span></li>
        @endif
    </ul>
@endif
```

　$paginator**という変数にあるメソッドを多用しているのがわかります。この$paginatorは、paginateやsimplePaginateで返されたインスタンス**です。変数名は違いますが（サンプルでは$items）、テンプレートに渡される際には$paginatorとして渡されるようになっています。変数名を$paginatorに変更する必要はありません。

　では、ここで使われているペジネーション独自のメソッドや値について整理しておきましょう。

$paginator->hasPages()

　複数のページがあるかどうかをチェックします。あればtrue、なければfalseです。

$paginator->onFirstPage()

　最初のページを表示しているかどうかをチェックします。最初のページならtrue、そうでなければfalseです。

@lang('pagination.previous')

　国際化対応のリソースからpagination.previousという名前の値を取り出しています。

$paginator->hasMorePages()

　現在のページより先にページがあればtrue、なければfalseを返します。

$paginator->previousPageUrl()

前のページのURLを返します。

```
@lang('pagination.next')
```

国際化対応のリソースからpagination.nextという名前の値を取り出しています。

■その他に用意されているメソッド

```
$paginator->currentPage();
```

現在開いているページ番号を返します。

```
$paginator->count();
```

ページに表示されているレコード数を返します。

```
$paginator->nextPageUrl()
```

次のページのURLを返します。

```
$paginator->url( 番号 )
```

引数に指定したページ番号のURLを返します。

これらを利用してテンプレートを作成していくことになります。
この他、simpleのついていないテンプレートファイルでは、「$elements」という変数も用意されています。これは、ページ番号の表示に使われるデータの配列で、配列の各項目にはページ番号とリンクのURLが保管されています。default.blade.phpでは、この$elementsを使ってページ番号の表示を行う処理が用意されています。

Bootstrapの利用について

ここで表示したペジネーションのリンクは、非常にシンプルなものでした。これでも実用上は問題ないですが、もう少しきちんとデザインされたリンクにしたいところですね。
ここで、生成されたペジネーション関係のタグがどのようになっているのか見てみましょう。デフォルトではこんな形になっているはずです。

```
<nav>
    <ul class="pagination">
        <li class="page-item disabled" ……略……>
        ……以下略……
```

<ul>と<li>を使ってリンクが作成されていますが、それぞれには**class**が設定されていることがわかります。これらのクラスは、「**Bootstrap**」というフレームワーク用のものです。デフォルトで生成されるペジネーションリンクは、Bootstrapを利用することでデザインされるようにクラス設定がされているのです。

Bootstrapは、ただクラスを利用してデザインをするだけなら、<link>タグを1つ書くだけで利用できるようになります。レイアウトのベースとなっているhelloapp.blade.phpファイルを開き、<head>内に以下のタグを追記しましょう。

リスト7-26

```
<link rel="stylesheet"
    href="https://stackpath.bootstrapcdn.com/bootstrap/4.3.1/css/
        bootstrap.min.css">
```

これで、ペジネーションリンクの表示が変わります。Bootstrapは、標準でペジネーション用のコンポーネントデザインが用意されており、それを利用するようにclass属性が設定されていたのです。

図7-21：Bootstrapを組み込むとページ移動のリンクが変わる。

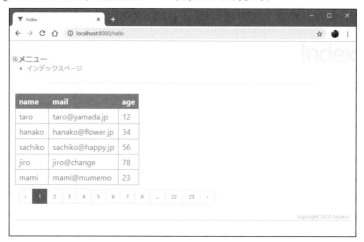

Bootstrapは、class属性を指定するだけで非常に簡単にWebページをデザインできます。興味のある人は別途学習してみましょう。

Note

本書の姉妹書に『CSSフレームワークBootstrap入門』があります。

7-4 ユーザー認証

ログインしないと使えないようなサービスの開発に不可欠なのが、ユーザー認証機能です。Laravelに標準装備されている認証機能「Auth」の使い方について説明しましょう。

認証機能とAuth

個々のユーザーに対してサービスを提供するようなWebアプリケーションでは、どうやって各ユーザーを識別し、対処するかは重要です。例えば掲示板のようなものからオンラインショッピングのようなものまで、ユーザーごとに情報を管理し、処理するサービスは多数あります。

こうしたWebアプリケーションでは、ユーザーを登録し、ログインしてから操作を行うように設計するのが一般的です。このようなユーザーのログインに関する処理を行うのが、「ユーザー認証」と一般に呼ばれる機能です。

ユーザー認証は、ざっと以下のような機能を提供します。

- ・ユーザーの登録
- ・ユーザーのログインとログアウト
- ・ユーザー情報の管理などを行うホーム画面
- ・ログインしていないユーザーのアクセスを制限するアクセス制限
- ・現在のユーザーのログイン状態などをプログラム内から調べるための各種機能

こうした機能を一から開発していくのはかなり大変です。Laravelでは、標準で認証機能を持っており、簡単に実装することができます。これは「Auth」というクラスで、サービスプロバイダやファサードなど多数のプログラムで構成されています。このAuth機能の基本的な使い方がわかれば、ユーザー登録型のWebアプリケーションの開発が可能になります。

Authをセットアップする

Auth機能は、実はLaravelには標準で用意されていません。以前は組み込まれていたのですが、Laravel 6以降では「**laravel/ui**」というパッケージに移されています。laravel/uiは、Laravelにフロントエンドのフレームワークなどを組み込む際のベースとなる機能を提供します。このlaravel/uiを使い、認証関連のフロントエンド部分を生成します。フロントエンド関係は、**npm**というパッケージ管理ツールを利用しており、Node.jsがインストールされている必要があります。

整理すると、Auth利用のためには以下のものをインストールする必要があります。

laravel/ui	Composerを使いインストールします。
npm	Node.jsがインストールされている必要があります。

　laravel/uiのインストールとAuth関連の生成は、今までと同様、ComposerやArtisanを使って行います。が、その前に、Node.jsだけはインストールしておく必要があるでしょう。まだの人は以下にアクセスし、Node.jsをダウンロードしてインストールしておきましょう。

　　https://nodejs.org/ja/

図7-22：Node.jsのサイト。ここからNode.jsをダウンロードし、インストールしておく。

laravel/ui をインストールする

　続いて、laravel/uiパッケージをインストールします。これは、**Bootstrap**と**Vue**というフロントエンドフレームワークを利用するスカフォールド機能を提供します。コマンドプロンプトまたはターミナルか以下を実行して下さい。これで、laravel/uiがアプリケーションに組み込まれます。

```
composer require laravel/ui
```

図7-23：laravel/uiをインストールする。

```
D:\tuyan\Desktop\laravelapp>composer require laravel/ui
Using version 1.1 for laravel/ui
./composer.json has been updated
Loading composer repositories with package information
Updating dependencies (including require-dev)
Package operations: 1 install, 0 updates, 0 removals
  - Installing laravel/ui (v1.1.1): Downloading (100%)
Writing lock file
Generating optimized autoload files
> Illuminate\Foundation\ComposerScripts::postAutoloadDump
> @php artisan package:discover --ansi
Discovered Package: facade/ignition
Discovered Package: fideloper/proxy
Discovered Package: laravel/tinker
Discovered Package: laravel/ui
Discovered Package: nesbot/carbon
Discovered Package: nunomaduro/collision
Package manifest generated successfully.

D:\tuyan\Desktop\laravelapp>
```

Auth 関連ファイルを生成する

　では、laravel/uiを利用してAuth関連ファイルを生成しましょう。**artisan ui**というコマンドを利用します。コマンドプロンプトまたはターミナルから実行して下さい。

```
php artisan ui vue --auth
```

図7-24：laravel/uiを使い、Auth関連ファイルを作成する

　これで、Auth関連のファイルが生成されます。ただし、この段階ではまだアプリケーションでは利用できません。これは、Laravel（PHPフレームワーク）側の作業です。この後、フロントエンド側の作業を行う必要があります。

　では、引き続き以下のコマンドを実行しましょう。

```
npm install && npm run dev
```

図7-25：npmコマンドでフロントエンド側の作業を行う。

　これで、必要なフロントエンド側のモジュールが組み込まれ、プロジェクトのフロントエンド関連のファイル類がビルドされます。これでようやくAuth関連の機能が利用可能になりました。

Userモデルクラスについて

Authは、データベースに「**users**」というテーブルを用意し、ここに利用者情報を保存して管理します。Laravelのプロジェクトでは、「app」フォルダ内に「**user.php**」というモデルクラスのファイルが作成されます。これが、usersテーブルを利用するためのモデルクラスになります。ここには以下のようなクラスが作成されています。

リスト7-27

```php
<?php
namespace App;

use Illuminate\Contracts\Auth\MustVerifyEmail;
use Illuminate\Foundation\Auth\User as Authenticatable;
use Illuminate\Notifications\Notifiable;

class User extends Authenticatable
{
    use Notifiable;

    protected $fillable = [
        'name', 'email', 'password',
    ];

    protected $hidden = [
        'password', 'remember_token',
    ];

    protected $casts = [
        'email_verified_at' => 'datetime',
    ];
}
```

モデルクラスは、**Authenticatable**というインターフェイスを継承して作られています。Authによって組み込まれる認証機能では、このAuthenticatableを継承したモデルクラスが必要です。通常のModelを継承したモデルクラスは利用できないので、注意して下さい。

作成される users テーブル

このUserクラスは「users」というテーブルを利用します。usersテーブルは、ここまでの間にマイグレーションを実行した際、データベース側に作成されているはずです（従って改めてマイグレーションする必要はありません）。SQLiteの場合、以下のような形でテーブルが作成されています。

リスト7-28

```
CREATE TABLE "users" (
  "id"    integer NOT NULL PRIMARY KEY AUTOINCREMENT,
  "name" varchar NOT NULL,
  "email" varchar NOT NULL,
  "email_verified_at"    datetime,
  "password"      varchar NOT NULL,
  "remember_token"       varchar,
  "created_at"    datetime,
  "updated_at"    datetime
);
```

　かなりいろいろな項目が用意されていることがわかるでしょう。これらは、認証のために登録される利用者情報として用意されているもので、「認証で使うためには必須」と考えて下さい。これらに、更に項目を加えてカスタマイズすることは可能ですが、ここにあるものを「不要だから」と削除したりは、絶対にしないで下さい。

/helloでログインをチェックする

　では、Authによるユーザー認証機能を使ってみましょう。ここでは、先ほどまでサンプルに使っていた/helloアクションを修正して、ログイン状態をチェックする処理を追加してみます。
　まずは、コントローラの修正です。HelloControllerクラスのindexアクションメソッドを以下のように修正します。

リスト7-29

```
// use Illuminate\Support\Facades\Auth; を追記

public function index(Request $request)
{
    $user = Auth::user();
    $sort = $request->sort;
    $items = Person::orderBy($sort, 'asc')
        ->simplePaginate(5);
    $param = ['items' => $items, 'sort' => $sort,
        'user' => $user];
    return view('hello.index', $param);
}
```

　ここでは、**Auth::user**というメソッドの戻り値を変数$userに入れて、テンプレートに渡しています。このAuth::userは、ログインしているユーザーのモデルインスタンス（Authでは、**Userというモデルクラス**が用意されています）を返します。ログインしていなければnullとなります。

テンプレートの修正

　続いて、テンプレート側の修正です。「views」内の「hello」フォルダの中からindex.blade.phpを開いて下さい。そして、@section('content')の次の行に以下のスクリプトを追加して下さい。

リスト7-30

```
@if (Auth::check())
<p>USER: {{$user->name . ' (' . $user->email . ')'}}</p>
@else
<p>※ログインしていません。(<a href="/login">ログイン</a>|
    <a href="/register">登録</a>)</p>
@endif
```

　ここでは、**Auth::check**という値をチェックしています。これは、現在アクセスしているユーザーがログインしているかどうかを確認するものです。ログインしていればtrue、していなければfalseとなります。これにより、ログイン時とそうでないときの表示を変えていたのです。

　修正ができたら、/helloにアクセスしてみましょう。Authは、認証に関連する機能を全て持っています。それらの働きを確認しておきましょう。

Authの認証関係ページ

　まずは、/helloにアクセスをしてみて下さい。この状態では、画面には「※ログインしていません」といった表示が現れます。これが、認証されていない状態の画面になります。

図7-26：ログインしていない状態。

■認証ページ

ページに表示されている「登録」リンクをクリックすると、ユーザーの登録画面に移動します。これは、/registerというアドレスになります。ここでユーザー名・メールアドレス・パスワードを入力し送信すると、それが登録されます。

図7-27：ユーザー登録の画面。

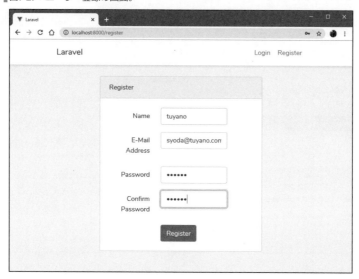

■ログインページ

既にユーザー登録してある場合は、/helloで「ログイン」リンクをクリックするとログイン画面になります。ここで登録してあるメールアドレスとパスワードを入力して送信すれば、ログインできます。

図7-28：ログイン画面。ここで登録済みのペールアドレスとパスワードを入力する。

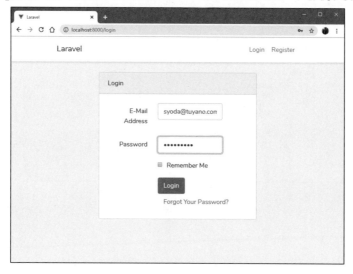

■ログイン後の/helloページ

　ログインした後で、再び/helloにアクセスしてみましょう。すると、今度は「USER: ○○」というように、ログインしているユーザー名とメールアドレスが表示されます。指定の名前でログインできていることがわかります。

図7-29：ログインして/helloにアクセスすると、ログインユーザーの名前とメールアドレスが表示される。

■ホーム画面

　ログイン後、/homeにアクセスしてみましょう。すると、ホーム画面という呼ばれる表示が現れます。これは、ログインの状態などを表示するページです。ここには、ログインしている自分自身の情報が表示されます。ここからログアウトすることもできます。

図7-30：ホーム画面。ログイン中のユーザーの情報が表示される。ここからメニューを選んでログアウトさせることもできる。

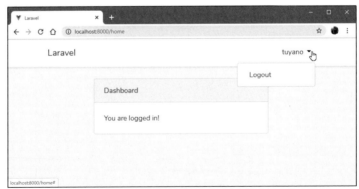

ここで使われた利用者の登録ページやログインページは、Authにより自動生成されたページです。これらのページのテンプレートは、「views」フォルダ内に作成されている「auth」フォルダの中に以下のようにまとめられています。

login.blade.php	ログインページ
register.blade.php	利用者登録ページ
verify.blade.php	メール認証ページ
password/confirm.blade.php	パスワード確認カード
password/email.blade.php	メールアドレス確認カード
password/reset.blade.php	リセットカード

「password」内にあるものはページ全体ではなくカードとして表示されるフォームです。これらは、必要に応じてAuthから呼び出されて使われます。ログインや登録ページなどのデザインを調整したい場合は、これらのテンプレートファイルを修正すればいいでしょう。

特定ページの保護

アクションやテンプレート内で、ログイン中のユーザーを示す値($user)の値を使ってログインしているかどうかをチェックする、というのは比較的簡単に行えます。これは、Authミドルウェアを利用します。

ルート情報を記述してあるweb.phpを開き、/helloのルート情報を探して下さい。**Route::get('hello', 'HelloController@index')**といった形で記述されているはずです。
この文を見つけたら、その後に処理を追記して、以下のように修正して下さい。

リスト7-31

```
Route::get('hello', 'HelloController@index')
    ->middleware('auth');
```

これで、/helloアクションはログイン必須となります。ログインせずに/helloにアクセスすると、ログインページにリダイレクトされます。

ログイン処理の実装

Authは、このようにユーザー登録やログインといった基本的な機能をすべて持っており、そこにリダイレクトするだけで処理を行えるようになっています。これは非常に便利ですが、「独自にログインページを作って使いたい」ということもあるでしょう。

ユーザーのログイン処理は、Authクラスにあるメソッドで簡単に行えます。ですから、

独自にアクションを作成し、その中でログイン処理を行うこともできるのです。

　ログイン処理は、Authクラスの「attempt」というメソッドで行います。基本的な処理の流れを整理すると以下のようになります。

```
if (Auth::attempt(['email' => 文字列 , 'password' => 文字列 ])) {
    ……ログイン成功時の処理……
} else {
    ……ログイン失敗時の処理……
}
```

　Auth::attemptでは、引数にemailとpasswordというキーを持った連想配列を渡します。これらの値を元にログインを実行し、成功すればtrue、失敗すればfalseを返します。ログインに必要な処理は、たったこれだけなのです。

auth.blade.php の作成

　では、実際に簡単なログインページを作ってみましょう。ここでは、/hello/authというアクションを作成し、ログイン処理を行ってみます。

　まずは、テンプレートの用意です。「views」内の「hello」フォルダ内に、新たに「auth.blade.php」という名前でファイルを作成しましょう。そして以下のように内容を記述しておきます。

リスト7-32

```
@extends('layouts.helloapp')

@section('title', 'ユーザー認証')

@section('menubar')
    @parent
    ユーザー認証ページ
@endsection

@section('content')
<p>{{$message}}</p>
    <form action="/hello/auth" method="post">
    <table>
        @csrf
        <tr><th>mail: </th><td><input type="text"
            name="email"></td></tr>
        <tr><th>pass: </th><td><input type="password"
            name="password"></td></tr>
        <tr><th></th><td><input type="submit"
            value="send"></td></tr>
```

```
      </table>
      </form>
@endsection

@section('footer')
copyright 2020 tuyano.
@endsection
```

　ここでは、$message変数の出力と、/hello/authにPOST送信するフォームを用意して
あります。フォームには、emailとpasswordという2つの入力コントロールがあります。
このフォームでログインし、結果を$messageに表示しよう、というわけです。

アクションの作成

　続いて、アクションを作りましょう。HelloControllerクラスに、以下のアクションメソッ
ドを追記して下さい。

リスト7-33

```php
public function getAuth(Request $request)
{
    $param = ['message' => 'ログインして下さい。'];
    return view('hello.auth', $param);
}

public function postAuth(Request $request)
{
    $email = $request->email;
    $password = $request->password;
    if (Auth::attempt(['email' => $email,
            'password' => $password])) {
        $msg = 'ログインしました。(' . Auth::user()->name . ')';
    } else {
        $msg = 'ログインに失敗しました。';
    }
    return view('hello.auth', ['message' => $msg]);
}
```

　最後に、web.phpに以下のルート情報を追記して完成です。

リスト7-34

```php
Route::get('hello/auth', 'HelloController@getAuth');
Route::post('hello/auth', 'HelloController@postAuth');
```

図7-31：/hello/authにアクセスし、メールアドレスとパスワードを入力する。それらが登録されていればログインの表示がされ、登録が見つからないとログイン失敗の表示がされる。

ここでは、**getAuth**と**postAuth**の2つのアクションメソッドを用意してあります。

getAuthでは、messageという値をつけてhello.authテンプレートを表示させているだけです。

postAuthでは、送信されたemailとpasswordの値を取り出し、それらを使ってAuth::attemptを実行しています。これで、送信されたフォームの値でログイン処理が行われます。後は、結果に応じてメッセージを設定し、hello.authテンプレートを表示するだけです。

単にメッセージの表示でログイン状態を確認しましたが、実際の利用では、例えばログイン時には別のページにリダイレクトして移動するような形になるでしょう。

7-5　ユニットテスト

Laravelには、各種のテスト機能があります。その中でも、もっとも基本となる「ユニットテスト」の使い方について、ここで説明しましょう。

ユニットテストとPHPUnit

アプリケーションの開発では、プログラムが正常に動作しているかをチェックする作業が重要になります。これに用いられるのが「ユニットテスト」です。

　ユニットテストは、「単体テスト」とも呼ばれます。プログラム全体ではなく、1つ1つの機能（ユニット）について動作を確認していくものです。Laravelでは、PHP用のユニットテストプログラム「PHPUnit」が組み込まれており、これを利用してユニットテストを行うことができます。

　ユニットテストには、テストのスクリプトファイルを作成し、そこにテストの内容を記述しておく必要があります。これは、プロジェクトフォルダ内にある「tests」フォルダの中にまとめられています。

　このフォルダの中には「Feature」と「Unit」というフォルダが用意されています。これらの中に「ExampleTest.php」というファイルが用意されています。これは、サンプルとしてデフォルトで用意されているテスト用のスクリプトファイルです。このファイルを参考に、テスト処理を作成していけばいいというわけです。

ExampleTest.php について

　では、デフォルトで用意されているExampleTest.phpがどのようになっているか、中身を見てみましょう（コメントは省略）。

リスト7-35

```php
<?php
namespace Tests\Unit;

use Illuminate\Foundation\Testing\RefreshDatabase;
use Tests\TestCase;

class ExampleTest extends TestCase
{
    public function testBasicTest()
    {
        $this->assertTrue(true);
    }
}
```

　これは、「Unit」フォルダにあるExampleTest.phpの中身です。「Feature」フォルダにあるExampleTest.phpは、クラスの基本構成は同じですがサンプルで用意される内容が微妙に異なるため、後ほど説明します。
　ユニットテストのスクリプトファイルは、以下のような形で記述されます。

```php
class クラス名 extends TestCase
{
    public function test○○()
    {
        ……テスト処理……
```

```
    }
}
```

ユニットテストのプログラムは、**TestCase**クラスを継承して作成されます。メソッド名は、testExampleとなっていますが、これは必ずこの名前で用意するわけではありません。

TestCaseクラスにあるメソッドは、「test」で始まる名前のメソッドをテスト用のメソッドと判断し、テスト時にそれらをすべて実行するようになっています。したがって、testABCでもtestOKでも、どんな名前でも（冒頭にtestさえついていれば）構わないのです。

テスト用データベースの準備

では、実際にユニットテストを行ってみましょう。まず、テスト用のデータベースファイルを用意しましょう。今のところはまだ本格的なプログラムは作っていませんが、実際の開発では「正式公開時に使っているデータベースをそのままテストで使う」というのは非常に危険です。テスト用のデータベースを用意しておき、それを利用するようにしておくべきです。

コマンドプロンプトまたはターミナルから以下のように実行しましょう。

```
touch database/database_test.sqlite
```

これで、「database」フォルダ内に「database_test.sqlite」というファイルが作成されます。これをテスト時に利用することにしましょう。なお、touchコマンドが使えない場合は、DB Browserを使って空のデータベースファイル「database_test.sqlite」を「database」フォルダ内に作成し、利用して下さい。

phpunit.xml の追記

続いて、PHPUnitの設定に使用するデータベースの情報を追記します。プロジェクトフォルダを開いたところに「phpunit.xml」というファイルがあるのでこれを開いて下さい。これはXMLであり、<phpunit>というタグの中に各種の設定情報が記述されています。

この中から、<php>というタグ（中に、<env name="○○" value="○○">といったタグがいくつか用意されています）の中に、以下のタグを追記して下さい。

リスト7-36
```
<env name="DB_DATABASE" value="database\database_test.sqlite"/>
```

DB_DATABASEというのが、PHPUnitで使用するデータベース名です。ここではSQLiteを使っているので、データベースファイルのパスを記述します。MySQLやPostgreSQLの場合は、使用するデータベース名を指定するだけでOKです。

ダミーレコードの用意

　続いて、テストで利用するダミーレコードの情報を用意しましょう。これは、「database」内の「factories」フォルダの中に用意されます。

　デフォルトでは、「UserFactory.php」というファイルが用意されています。これは名前の通り、モデルを作成するスクリプトです。これを開くと、以下のようなスクリプトがサンプルとして用意されています。

リスト7-37

```php
<?php
/** @var \Illuminate\Database\Eloquent\Factory $factory */
use App\User;
use Faker\Generator as Faker;
use Illuminate\Support\Str;

$factory->define(User::class, function (Faker $faker) {
    return [
        'name' => $faker->name,
        'email' => $faker->unique()->safeEmail,
        'email_verified_at' => now(),
        'password' => '$2y$10$92I……略……', // password
        'remember_token' => Str::random(10),
    ];
});
```

　ここでは、**$factory->define**というメソッドを呼び出しています。これがモデルを生成する処理を設定するものです。これは、以下のように定義されます。

```
$factory->define( モデルクラス , function(Faker\Generator $faker){
    ……処理を用意する……
    return [ データ配列 ];
});
```

　defineメソッドは、第1引数に生成するモデルクラス、第2引数にクロージャを用意します。クロージャには**Faker\Generatorクラスのインスタンス**が渡されており、これを利用してフェイクデータを用意し、モデルに設定する各フィールドの値を連想配列にまとめてreturnします。このreturnされた配列の値を使ってモデルが生成され、データベースに保存されるのです。

　サンプルで用意されているのは、**Userモデルクラス**を生成する処理です。これは、Authによる認証で利用されているモデルでしたね。Authを利用するテストでは、必ずUserモデルが必要となりますから、最初から用意してあるのでしょう。

　今回は、この他にPersonモデルも利用することにしましょう。では、UserFactory.php に以下の処理を追記して下さい。

リスト7-38

```php
$factory->define(App\Person::class,
        function (Faker $faker) {
    return [
        'name' => $faker->name,
        'mail' => $faker->safeEmail,
        'age' => random_int(1,99),
    ];
});
```

　これで、UserとPersonのモデルを生成するための仕組みができました。Personでは、nameとmailの値をFaker\Generatorから受け取り、ageは乱数を使って値を設定しています。

ユニットテストのスクリプト作成

　では、ユニットテストのスクリプトを作りましょう。これはコマンドで作成できます。コマンドプロンプトまたはターミナルから以下のコマンドを実行して下さい。

リスト7-39

```
php artisan make:test HelloTest
```

図7-32：make:testでユニットテストのスクリプトを作成する。

　これで、「tests」内の「Feature」フォルダの中に「HelloTest.php」というファイルが作成されます。これが新たに作成されたユニットテストのファイルです。では、ここに簡単なサンプルを書いてテストしていくことにしましょう。

一般的な値のテスト

　まずは、Laravel以前の問題として、PHPの一般的な値(数値やテキスト、配列など)をチェックしてみます。スクリプトを以下のように書き換えて下さい。

リスト7-40

```php
<?php
```

```
namespace Tests\Feature;

use Tests\TestCase;
use Illuminate\Foundation\Testing\WithoutMiddleware;
use Illuminate\Foundation\Testing\DatabaseMigrations;
use Illuminate\Foundation\Testing\DatabaseTransactions;

class HelloTest extends TestCase
{

    public function testHello()
    {
        $this->assertTrue(true);

        $arr = [];
        $this->assertEmpty($arr);

        $msg = "Hello";
        $this->assertEquals('Hello', $msg);

        $n = random_int(0, 100);
        $this->assertLessThan(100, $n);
    }
}
```

　記述したら、コマンドプロンプトまたはターミナルからPHPUnitを実行します。プロジェクトのフォルダにカレントディレクトリがあることを確認し、以下のように実行して下さい。

■Windowsの場合

```
vendor\bin\phpunit
```

■macOSの場合

```
vendor/bin/phpunit
```

図7-33：phpunitを実行する。全テストを通過できたら「OK」と表示される。

　最後に「OK (3 tests, 6 assertions)」と表示されれば、すべてのチェックを正しくクリアしています。OK以外のメッセージが出た場合は、どこかでテストに失敗していると考えてよいでしょう。

値をチェックするためのメソッド

　ここでは、**$this->assertTrue**とか、**$this->assertEquals**といったメソッドを呼び出していますね。この「assert○○」が、値をチェックするメソッドです。これらのメソッドの引数にチェックする値を入れて呼び出せば、値が正しいかどうかをチェックしてくれます。

　assert〜で始まるメソッドには、非常に多くのものが用意されています。すべてを一度に覚えるのは無理なので、とりあえず以下のものだけでも覚えて使えるようになっておきましょう。これだけでも使えるようになれば、一通りのチェックは行えるようになります。

```
assertTrue( 値 )
assertFalse( 値 )
```

　引数の値(真偽値)をチェックします。assertTrueは、引数の値がtrueかどうかを調べ、assertFalseは逆に引数がfalseであることを調べます。

```
assertEquals( 値1, 値2 )
assertNotEquals( 値1, 値2 )
```

　引数の2つの値が等しいかどうかをチェックします。assertEqualsは等しければtrue、assertNotEqualsは等しくなければtrueになります。

```
assertLessThan( 値1 , 値2 )
assertLessThanOrEqual( 値1 , 値2 )
assertGreaterThan( 値1 , 値2 )
assertGreaterThanOrEqual( 値1 , 値2 )
```

　2つの値のどちらが大きいかをチェックします。前者2つは第1引数より第2引数のほうが小さい(または等しい)、後者2つは第1引数より第2引数のほうが大きい(または等しい)ことをチェックします。

```
assertEmpty( 値 )
assertNotEmpty( 値 )
assertNull( 値 )
assertNotNull( 値 )
```

　引数の値が空またはnullかどうかをチェックします。assertEmptyとassertNullは、値が空またはnullならtrue、残りの2つは逆に空あるいはnullでないならtrueになります。

```
assertStringStartsWith( 値1, 値2 )
assertStringEndsWith( 値1, 値2 )
```

　引数の文字列が指定の文字列で始まる、あるいは終わるかどうかをチェックします。第2引数の「値2」に調べる文字列を指定し、「値1」には「値2」の最初または最後となる文字列を指定します。値2の最初または最後が値1ならばtrue、そうでないならfalseとなります。

指定アドレスにアクセスする

　Webアプリケーションの場合、個々の変数などの値をチェックするよりも、作成したアクションのアドレスにちゃんとアクセスできるかのほうが重要でしょう。こうしたテストもLaravelには用意されています。
　Laravelプロジェクトにはテスト用スクリプトが2つ用意されていましたね。この内、「**Feature**」フォルダ内にある**ExampleTest.php**については中身を確認していませんでした。このファイルを開いて見てみましょう。

リスト7-41

```php
<?php

namespace Tests\Feature;

use Illuminate\Foundation\Testing\RefreshDatabase;
use Tests\TestCase;

class ExampleTest extends TestCase
{
    public function testBasicTest()
    {
        $response = $this->get('/');

        $response->assertStatus(200);
    }
}
```

用意されるクラスは、「Unit」フォルダにあったスクリプトと同じで、TestCaseを継承したクラスです。が、testBasicTestメソッドに用意されている処理が違います。ここでは**$this->get**というメソッドを実行し、その戻り値から**assertStatus**というメソッドを呼び出しています。これは、トップページにGETアクセスをし、正しくアクセスできているかをチェックするものだったのです。$this->getでGETアクセスを行い、その戻り値のassertStatusでアクセス時のステータスコードをチェックしているのです。

これらの使い方については後述するとして、こんな具合にメソッドを呼び出すことで、Webアプリケーションの特定アドレスにアクセスするテストも簡単に作ることができるのです。

Webページにアクセスする

では、Webページにアクセスし、結果を確認するテストを作ってみましょう。HelloTestクラスを以下のように修正して下さい。

リスト7-42

```
// use App\User; を追記

class HelloTest extends TestCase
{
    use DatabaseMigrations;

    public function testHello()
    {
        $this->assertTrue(true);

        $response = $this->get('/');
        $response->assertStatus(200);


        $response = $this->get('/hello');
        $response->assertStatus(302);


        $user = factory(User::class)->create();
        $response = $this->actingAs($user)->get('/hello');
        $response->assertStatus(200);


        $response = $this->get('/no_route');
        $response->assertStatus(404);
    }
}
```

記述したら、phpunitコマンドを実行してテストを行いましょう。

図7-34：実行するとエラーなくテストを通過した。

なお、ここでは、web.phpに記述してある/helloのルート設定に以下のような形で Authを指定してあり、ログインしなければアクセスできないようになっている状態を想定しています。

```
Route::get('hello', 'HelloController@index')->middleware('auth');
```

指定アドレスへのアクセス手順

では、どのようにして指定のアドレスにアクセスをしているのか見てみましょう。これは大きく2つの文に分かれます。1つはアクセスしてレスポンスを取得する処理、もう1つはレスポンスから状態をチェックする処理です。

■レスポンスの取得

```
$response = $this->get('/');
```

まず、指定のアドレスにGETアクセスし、Responseインスタンスを取得します。これは「get」メソッドで行えます。引数にはアクセスするアドレスを指定します。

同様に、「post」「put」「patch」「delete」といったメソッドも用意されています。使い方はいずれも同じです。

■アクセスしたステータスを調べる

```
$response->assertStatus(200);
```

アクセスの状況は、レスポンスのステータスコードを知ればわかります。それをチェックするのが「assertStatus」です。引数に指定したステータスコードかどうかをチェックします。正常にアクセスできた場合は、200になります。

認証が必要なページへのアクセス

/helloへのアクセスでは、ステータスコードが「302」かどうかチェックしています。302は、「ページは存在する（が、アクセスできない）」ことを示す番号です。普通にアクセスすると、認証が必要なページは302になります。

ここでは、認証してアクセスする処理も用意してあります。これはアクセスの際に、ログイン情報を追加しておくのです。

まず、ログインするUserモデルのインスタンスを作成します。

```
$user = factory(User::class)->create();
```

　モデルの作成は、**factory**を使います。引数にモデルのクラスを指定して実行し、更に**create**メソッドを呼び出します。これで指定のモデルが作成されます。

　このモデルの作成は、先にModelFactory.phpで用意しておいた**$factory->define**のクロージャによって得られた値を元にインスタンス生成が行われています。

```
$response = $this->actingAs($user)->get('/hello');
```

　作成されたUserインスタンスを「actingAs」というメソッドの引数に指定し、更にgetを呼び出して/helloにアクセスします。このように、**$this->actingAs->get**と呼び出すことで、指定のUserでログインした状態でアクセスすることができます。このとき、Userインスタンスに保管されている値がデータベーステーブルに登録済みであるかどうかは問いません。登録されていない値を設定されたUserインスタンスであっても、ログインしアクセスすることができます。

　最後に、ページのないアドレスにアクセスして、結果が「404」となるのも確認しています。ページが見つからない場合は、このようにステータスコードは404が返されます。

データベースをテストする

　データベースのテストについても行ってみましょう。HelloTestクラスを以下のように書き換えて、テストを実行してみて下さい。

リスト7-43

```php
// use App\User;
// use App\Person; を追記

class HelloTest extends TestCase
{
    use DatabaseMigrations;

    public function testHello()
    {
        // ダミーで利用するデータ
        factory(User::class)->create([
            'name' => 'AAA',
            'email' => 'BBB@CCC.COM',
            'password' => 'ABCABC',
        ]);
        factory(User::class, 10)->create();

        $this->assertDatabaseHas('users', [
```

```
            'name' => 'AAA',
            'email' => 'BBB@CCC.COM',
            'password' => 'ABCABC',
        ]);

        // ダミーで利用するデータ
        factory(Person::class)->create([
            'name' => 'XXX',
            'mail' => 'YYY@ZZZ.COM',
            'age' => 123,
        ]);
        factory(Person::class, 10)->create();

        $this->assertDatabaseHas('people', [
            'name' => 'XXX',
            'mail' => 'YYY@ZZZ.COM',
            'age' => 123,
        ]);


    }
}
```

図7-35：phpunitを実行すると、問題なくテストを通過した。

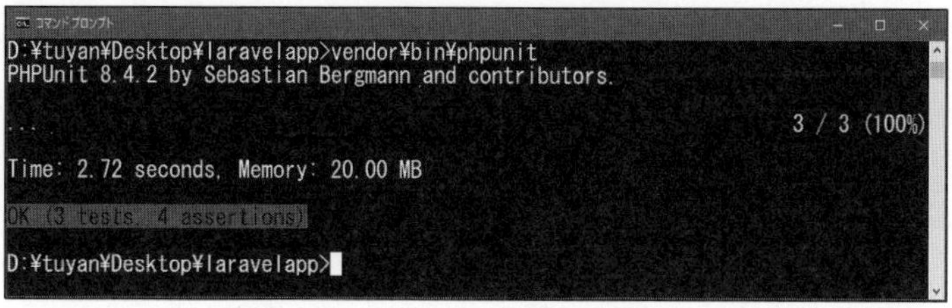

マイグレーションについて

　データベースを利用する場合、注意しておきたいのが「マイグレーション」です。データベースに、必要なテーブルを作成し、必要に応じて値を保存する。そして使い終わったら元の状態に戻す。テストの際にはこうした作業を行う必要があります。「テストなんだから別にそのままでいいのでは？」と思うかもしれませんが、前のテストの値が残っていたりすると、次のテストに影響を与えることもあります。テスト終了時には、テスト前の状態に戻しておく必要があるのです。

　それを行っているのが、クラスの最初の部分に書かれている、この文です。

```
use DatabaseMigrations;
```

これは、実は先ほどの指定アドレスにアクセスするテストのときにも記述してありました。この use 文により、**DatabaseMigrations** というクラスが機能するようになります。

これは、スタート前にマイグレーションを実行し、テスト終了後にはロールバックして初期状態に戻す、という作業を自動で行ってくれるのです。つまり、この1文さえ書いてあれば、データベースのマイグレーションやロールバックは考えなくてよいのです。

モデルの作成

モデルの作成は、既にやりました。factory->create でレコードを新たに作り、保存することができました。が、単に create するだけだと、ModelFactory に用意した形でレコードが保存されます。

ここでは、あらかじめこちらで指定したレコードを1つ保存しておき、そのレコードの有無をチェックしています。このように、指定した値でレコードを保存させたい場合は、create の引数に連想配列で値を用意しておきます。

```
factory(User::class)->create([
    'name' => 'AAA',
    'email' => 'BBB@CCC.COM',
    'password' => 'ABCABC',
]);
```

ここでは、User に name、email、password の値を指定してレコードを保存しています。すべての項目を用意する必要はありません。変更したい項目だけを用意すれば、それ以外は ModelFactory に用意したやり方で値が設定されます。

また、レコードを多数作成したい場合もあるでしょう。この場合は、factory の第2引数に、作成するインスタンス数を指定してやります。

```
factory(User::class, 10)->create();
```

これで、User モデルを10個生成し、保存することができます。多数のダミーレコードを生成したい場合は、これで数百数千のレコードを自動的に生成することができます。

ユニットテスト以外のテスト

これで、基本的なコントローラやモデルの動作確認は一通りできるようになります。が、これが Laravel のテストのすべてというわけではありません。

Laravel には、「ブラウザテスト」といって、Web ブラウザから実際にアクセスして動作を確認するテスト機能も用意されています。また、アプリケーションの一部を**モック**（本物を擬似的に再現するプログラム）して動作をチェックする機能もあります。

ユニットテストは、テストの基本中の基本ですが、これがすべてというわけではありません。本書の続編『PHP フレームワーク Laravel 実践開発』では、モック利用のテストの実際などについて説明してあります。テストについて更に知りたい方は、そちらを参照して下さい。

7-6 今後の学習

　これで、Laravelの基本的な使い方についての説明をすべて終わります。本書では、MVCの基本的なアーキテクチャを中心に、アプリケーション開発に必要と思われる機能をピックアップして説明をしました。ここまで説明した事柄を一通り理解し、自分なりに使えるようになれば、Laravelによる基本的なアプリケーション開発は行えるようになるでしょう。

　とはいえ、「これらがわかればLaravelはマスターできた」というわけではありません。Laravelには、本書で取り上げた機能以外にもまだまだ多くの機能が用意されています。本書でLaravelの基本部分がわかったなら、更にその他の機能についても学んでいきたいところです。

　では、これから先、どのような事柄について学んでいけばいいのでしょうか。ここで簡単にまとめておきましょう。

フロントエンドとの連携

　最近のWebアプリケーションでは、フロントエンドに**React**や**Vue.js**といったフレームワークを利用することが多くなっています。Laravelを用いる場合でも、これらのフロントエンドフレームワークを利用したいと考える人は多いでしょう。

　本格的なアプリ開発を考えているなら、こうしたフロントエンドフレームワークとの連携処理について学ぶ必要があるでしょう。

サービス関連

　Laravelでは、アプリケーションの各種機能を「**サービス**」と呼ばれる機能を使って組み込んでいます。本書でもサービスについては少しだけ触れましたが、このサービスの使いこなしは、本格開発を行う上で非常に重要になります。

　また、本書で説明したミドルウェアや、「**ファサード**」と呼ばれる機能も、各種機能をアプリケーションに組み込むための技術として多用されています。これらについても、もう少し踏み込んで理解する必要があるでしょう。

キューとジョブおよびタスク

　さまざまな処理を非同期で行うための仕組みとして、Laravelには「**キュー**」が用意されています。必要に応じて様々な機能を追加し、それを順次実行していくための仕組みです。また、これを利用するものとして、「**イベント**」「**ジョブ**」「**タスク**」が用意されています。

　「リクエストがあったら結果を表示する」という基本部分だけでなく、その時の状況に応じてさまざまな処理をキューに登録し、必要に応じてそれをバックグラウンドで実行していく。こうした仕組みは、単純なWebアプリ以上のものを作ろうと思ったとき、非常に重要となるでしょう。

Artisanコマンドの開発

　Laravelでは、Artisanコマンドを使ってさまざまな作業を行います。Artisanは、アプリの作成や設定などを行う上で必須の機能といえます。

　しかも、このArtisanの機能は、Laravel内で開発し、登録することができるのです。独自のコマンドオプションをプログラミングすることで、Artisanコマンドを更に強力なものにしていくことができるでしょう。

　これらの本書では触れられなかったLaravelの諸機能については、本書の続編である『PHPフレームワークLaravel実践開発』で解説しています。更にLaravelを極めたいと思う人は、是非そちらも参考にして下さい。

おわりに

　本書では、Laravel の基本的な機能の使い方について説明を行ってきました。こうした Laravel の具体的な機能は、本書のような解説書で学ぶことができます。が、Web アプリケーションを開発するためには、実はこれだけでは足りません。もっと重要なものがあるのです。それは、Web アプリケーションを実際に開発運営していく上で得られる「**経験**」です。

　学習例としてアプリケーションの一部を作るだけでは、本格的 Web アプリケーションを開発するためのすべての知識は身につきません。Web アプリの開発運営には、実際に自分で Web アプリを作り、それを公開して運営していく過程で身についていく、「経験に基づいた知識」が不可欠です。

　ある程度、Laravel の技術が頭に入ったら、実際に Web アプリを作って公開してみましょう。自作の Web アプリを運営し、利用者の声に耳を傾けながら細々と修正してブラッシュアップしていく。その過程で、様々な知識やテクニックが身についていくはずです。

　こうした「経験から得られる知識」こそが、実は開発の上で最も重要なものといえるでしょう。それは、あなただけの「**武器**」となるはずです。あなたの開発者としての実力は、こうした経験値を溜めることで、確実にレベルアップしていくはずですよ。

　では、いつの日か、みなさんが開発した Web アプリとインターネット上で出合う日が来ることを願って——。

2019 年 12 月

掌田　津耶乃

さくいん

著者紹介

掌田 津耶乃 （しょうだ　つやの）

　日本初のMac専門月刊誌「Mac＋」の頃から主にMac系雑誌に寄稿する。ハイパーカードの登場により「ビギナーのためのプログラミング」に開眼。以後、Mac、Windows、Web、Android、iPhoneとあらゆるプラットフォームのプログラミングビギナーに向けた書籍を執筆し続ける。

■最近の著作

『C#フレームワークASP.NET Core 3入門』(秀和システム)

『つくってマスター Python』(技術評論社)

『PythonではじめるiOSプログラミング』(ラトルズ)

『Web開発のためのMySQL超入門』(秀和システム)

『PythonフレームワークFlaskで学ぶWebアプリケーションのしくみとつくり方』(ソシム)

『PHPフレームワークLaravel実践開発』(秀和システム)

『見てわかるUnity 2019 C#スクリプト超入門』(秀和システム)

●著書一覧

http://www.amazon.co.jp/-/e/B004L5AED8/

●筆者運営のWebサイト

https://www.tuyano.com

●ご意見・ご感想の送り先

syoda@tuyano.com

カバーデザイン　高橋　サトコ

PHP<ruby>ビーエイチピー</ruby>フレームワーク
Laravel<ruby>ララベルにゅうもんだいはん</ruby>入門 第2版

| 発行日 | 2020年　1月　1日 | 第1版第1刷 |
| | 2022年　6月　1日 | 第1版第5刷 |

著　者　掌田<ruby>しょうだ</ruby>　津耶乃<ruby>つやの</ruby>

発行者　斉藤　和邦
発行所　株式会社 秀和システム
　　　　〒135-0016
　　　　東京都江東区東陽2-4-2　新宮ビル2F
　　　　Tel 03-6264-3105（販売）　　Fax 03-6264-3094
印刷所　日経印刷株式会社

©2020 SYODA Tuyano　　　　　　　　　　Printed in Japan

ISBN978-4-7980-6099-6 C3055